U0938972

珍藏本
纪念版

汉译世界学术名著丛书

# 宇宙体系论

〔法〕皮埃尔·西蒙·拉普拉斯 著

李珩 译

何妙福 潘鼐 校

2017年·北京

Pierre Simon Laplace
**EXPOSITION DU SYSTÈME DU MONDE**
Bachelier Imprimeur-Libraire 1835
根据巴黎巴舍利埃出版社 1835 年版译出

# 汉译世界学术名著丛书
# （120 年纪念版 · 珍藏本）
# 出 版 说 明

2017 年 2 月 11 日，商务印书馆迎来 120 岁的生日。120 年前，商务印书馆前贤怀揣文化救国的理想，抱持“昌明教育，开启民智”的使命，立足本土，放眼寰宇，以出版为津梁，沟通中西，为中国、为世界提供最富智慧的思想文化成果。无论世事白云苍狗，潮流左右激荡，甚至战火硝烟弥漫，始终践行学术报国之志，无改初心。

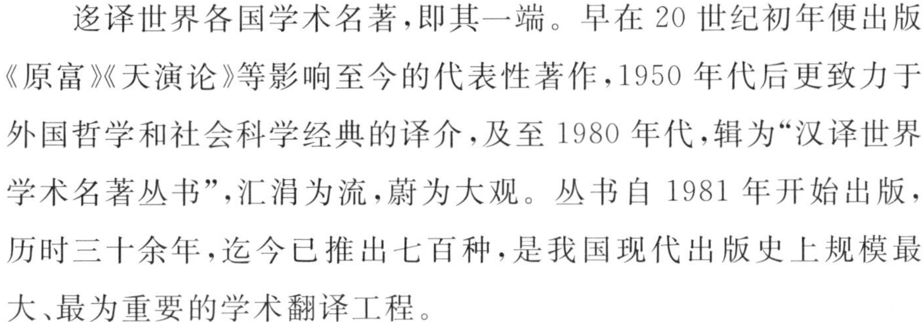

迻译世界各国学术名著，即其一端。早在 20 世纪初年便出版《原富》《天演论》等影响至今的代表性著作，1950 年代后更致力于外国哲学和社会科学经典的译介，及至 1980 年代，辑为“汉译世界学术名著丛书”，汇涓为流，蔚为大观。丛书自 1981 年开始出版，历时三十余年，迄今已推出七百种，是我国现代出版史上规模最大、最为重要的学术翻译工程。

丛书所选之书，立场观点不囿于一派，学科领域不限于一门，皆为文明开启以来，各时代、各国家、各民族的思想与文化精粹，代表着人类已经到达过的精神境界。丛书系统译介世界学术经典，引领时代思想，为本土原创学术的发展提供丰富的文化滋养，为推动中国现代学术和现代化进程做出了突出的贡献。

为纪念商务印书馆成立120周年，我们整体推出“汉译世界学术名著丛书”120年纪念版的珍藏本，寄望既利于文化积累，又便于研读查考，同时向长期支持丛书出版的译者、编者和读者致以敬意。

两甲子后的今天，商务印书馆又站在了一个新的历史时间节点上。我们不仅要铭记先辈的身影和足迹，更须让我们的步伐充满新的时代精神。这是商务人代代相传的事业，更是与国家和民族的命运始终紧密相连的事业。我们责无旁贷，必须做好我们这代人的传承与创造，让我们的努力和成果不仅凝聚成民族文化的记忆，还能成为后来人可以接续的事业。唯此，才能不负前贤，无愧来者。

商务印书馆编辑部

2017年10月

# 目　　录

第六版编者的话 …… 1
宇宙体系 …… 3

第一篇　天体的视运动

第一章　周日运动 …… 7
第二章　太阳和它的运动 …… 10
第三章　时间和它的测量方法 …… 19
第四章　月亮的运动，月相，月食与日食 …… 25
第五章　行星概论，水星与金星 …… 36
第六章　火星 …… 41
第七章　木星和它的卫星 …… 43
第八章　土星与它的卫星和光环 …… 47
第九章　天王星和它的卫星 …… 51
第十章　小行星：谷神星、智神星、婚神星与灶神星 …… 52
第十一章　行星围绕太阳的运动 …… 53
第十二章　彗星 …… 57
第十三章　恒星和它们的运动 …… 58
第十四章　地球的形状，地球表面重力的变化，权度和尺度的

十进制 …………………………………………………… 64
第十五章　潮汐的涨落或海面形状的周日变化 ……………… 86
第十六章　地球的大气与天文折射 ………………………… 93

## 第二篇　天体的真运动

第一章　地球的自转运动…………………………………… 109
第二章　地球围绕太阳的运动……………………………… 112
第三章　由地球运动造成的表观现象……………………… 118
第四章　行星围绕太阳运动的规律及其轨道的形状……… 122
第五章　彗星轨道的形状与它们围绕太阳运动的规律……… 130
第六章　卫星围绕行星运动的规律………………………… 137

## 第三篇　运动定律

第一章　力、力的组合与质点平衡 ………………………… 147
第二章　质点的运动………………………………………… 150
第三章　物体系统的平衡…………………………………… 165
第四章　流体的平衡………………………………………… 175
第五章　物体系统的运动…………………………………… 179

## 第四篇　万有引力理论

第一章　万有引力原理……………………………………… 195
第二章　行星椭圆运动的摄动……………………………… 205
第三章　行星的质量及其表面的重力……………………… 216
第四章　彗星椭圆运动的摄动……………………………… 222

第五章　月球运动的摄动…………………………………… 227
第六章　木卫的摄动…………………………………………… 245
第七章　土星与天王星的卫星…………………………………… 254
第八章　地球与行星的形状及其表面重力的定律………… 256
第九章　土星光环的形状…………………………………… 277
第十章　天体的大气…………………………………………… 280
第十一章　潮汐…………………………………………………… 283
第十二章　海水的稳定平衡…………………………………… 302
第十三章　大气的振荡………………………………………… 304
第十四章　二分点岁差与地轴的章动……………………… 310
第十五章　月球的天平动……………………………………… 319
第十六章　恒星的自行………………………………………… 323
第十七章　万有引力定律的回顾…………………………… 325
第十八章　分子间的引力……………………………………… 332

## 第五篇　天文学史纲要

第一章　古代天文学(直到亚历山大学派)…………………… 375
第二章　自亚历山大学派的建立至阿拉伯人的天文学……… 390
第三章　自托勒密至欧洲革新时代的天文学……………… 405
第四章　近代欧洲的天文学…………………………………… 413
第五章　万有引力的发现……………………………………… 436
第六章　宇宙体系的研究与天文学将来的进展…………… 454

附录一…………………………………………………………… 466

附录二…… 468
附录三…… 469
附录四…… 470
附录五…… 473
附录六…… 475
附录七…… 476

# 第六版编者的话

作者在正在阅读本书的第六版校样时突然逝世。在这个新版本里,他已经编入了几个附录。在他患病的最后几天里,他还在修改校样,可是这一工作并没有做完。

拉普拉斯先生对他的朋友常常谈到,一位学者死后,别人对他的著作难免要加以修改。又说,由于科学史上的偏见,原作一经修改,常常不免损害作者原来的思想。我们谨慎地尊重这个意见,在这第六版里忠实地保留第五版的文字,只更换了作者自己所修改过的章节。本书第四篇内有三章(即第十二章《海水的稳定平衡》,第十七章《万有引力定律的回顾》与第十八章《分子间的引力》),经他在第五版删去而在这一版又由他保留下来。第五版的序言里,拉普拉斯先生曾表示他想将《分析数学应用于与万有引力不同的分子作用的现象所得出的主要结果》包括在第十八章内,可是这一方面的研究近来得到很大的发展,应在本书之外另写一本专著。但是时间不许可实现这一计划,因此我们只好将这几章按照第四版的内容重印在这一版内,这样,它们便再度成为本书第四篇的十二、十七与十八章。我们认为这并不违背作者在上面所说的原则,而且因此可使科学界对本书更感兴趣和更觉有用。

这一版与以前一版相同,直角以 100 等分制量度[①],日子从正午起算[②]，长度单位为米(公尺)，温度单位是将水银温度计在冰点与沸点之间分为 100°，其所受的压力是在纬度 50°处温度 0°时，0.76米的水银柱压。

## 注　释

①直角用百分制计算是法国大革命时的一种改革，以后并未实行，仍以直角为 90°，圆周为 360°。——译者

②日子从正午起算叫做天文日，现已废去不用，日子应从平太阳下中天，即子夜零时起算。——译者

# 宇宙体系

在自然科学的发现里，天文学居领先地位。自从人类开始观天以至今日，广泛地认识了宇宙体系之过去与将来，这个历程实在经过了多么漫长的道路。在取得这些成就以前，人们对天体观测了好多世纪，由天体的视运动而认识地球的真运动，从而发现行星运动的定律，更由这些定律提高到万有引力的原理，最后再根据这个原理去对一切天象，甚至它们的细节，加以全面的了解。这便是人类智慧在天文学上取得的成就。对于这些发现，以及它们的产生与发展所遵循的最简单的法则加以解说，当有两方面的好处，可使读者了解：1.这些重要真理的概况；2.寻找自然规律所应遵循的科学方法。这便是我在本书内所企图达到的目标。

# 第一篇

# 天体的视运动

# 第一章　周日运动

在晴朗的夜里，如果你站在空旷的地方注意天空的景象，便会看见它在不断地变化。星星都在升起或落下，有些从东方出来，有些向西方落下。例如，北极星与大熊座内的星在我们的地方绝不会达到地平线下[①]。在这些运动里，所有的星的相对位置从不改变，它们都在圆周上运动，和我们认为是一个不动之点愈接近的星，它所走的圆周愈小。因此，天穹像是围绕两个固定点在旋转，这两点叫做天球的**极点**，天穹便带着众星所组成的体系而运动。在我们地平上的一个极点叫做**北极**，我们想象在地平下和北极相对的还有另一极点叫做**南极**。

这样便会发生几个有趣的问题需要解决。夜间所看见的星在白昼怎样？刚出现的星从哪里来？落下的星往哪里去？仔细研究天象，便会对这些问题给予简明的回答。早晨当曙光逐渐增强之时，星光逐渐暗弱；夜晚当暮色逐渐变暗之时，星光逐渐明亮。由此可见太阳升起后我们看不见星，不是它们停止发光，而是它们为黎明的曙光和太阳的强光所掩蔽。望远镜发明后使我们能够证实这个解释，即使太阳升起相当高时，在望远镜里我们还可看见亮星。那些距北极相当近，不降到地平下面的星是经常可以看见的。至于那些从东方升起，向西方落下的星，我们自然会认为它们继续在地平面之下而为地平所遮掩的那部分圆周上运动。如果我们到北方地区去，更会体会到这个事实，因为在天穹上对着北方地区的星所运行的圆周愈来愈高出地平，这些星永远不会隐没。至于另外一些在天穹上对着南方的星，便成了永远不会被我们看见的星。如果我们到南方地区去，将会看见相反的现象，有些星常在地平上，有些星交替地升起和落下，有些从前看不见的，现在开始出现。因此，地面并不像我们所看见的是支持天穹的平面，早期的观天者很快便纠正了这种幻觉；接着他们便了解天空四面八方地包围着地球，而且星在天穹上不断地发光，每颗星在天穹上每日描绘出一个圆周。以后我们还会看到天文学常常要纠正这一类幻觉，使我们透过骗人的表面现象去认识真正的事实。

为了对天体运动形成精确的概念，我们设想通过地球的中心与其两个极点有一根轴，天球便围绕这根轴旋转着。与这根轴正交的大圆叫做**赤道**，由于周日运动，天体在平行于赤道的小圆上运行，这些小圆叫做**赤纬圈**。观测者的**天顶**是其铅垂线与天球相交的一点；与天顶直接相反的一点叫做**天底**。经过天顶与两极的大圆叫做**子午圈**，它将天体在地平上所绘的弧平分为二，当天体达到子午圈时，它们便达到最高或最低处。最后，与铅垂线正交的大圆，或平行于观测处静止的水面的大圆，叫做**地平**。

北极的高度是不落的星在最高与最低处的平均高度，这是决定北极的高度的一个简易的方法。如果你向北行，将看见北极升高，升高的度数大约和你所走过的路程成正比。因此，地球的表面是凸出的，它的形状与球相似。地球的曲面表现在海洋面上，海船驶近岸时，海员先看见陆地上的最高点，跟着挨次出现被地球弧线所遮掩的较低的部分。太阳初升时，阳光先照山峰，然后达到平原，这也是由于地球的曲面所造成的现象。

## 注　释

①这是在法国所看见的情况，相当于我国黑龙江、吉林一带地区所看见的星空。——译者

# 第二章　太阳和它的运动

一切天体都参加天球的周日运动，但是有些天体有其自身的运动，追踪这些运动有其重要性，因为它们可以引导我们认识真正的宇宙体系。正如测量远处物体的距离，我们是从两个不同的位置去观测它的，因此为了发现自然的结构，我们应从各个观察点去考察它，在它给予我们的现象的变化里，观测它的规律的发展。在地球上我们可用实验的方法使现象改变，对于天象我们便只能仔细地测定天体运动呈现出的各种现象。用这些方法向自然界探询，并将其答案加以数学的分析，由于这一系列审慎处理的归纳，我们便会达到从一切特殊事实所导出的带有普遍性的现象。我们应该致力于发现这些带有普遍性的重大现象，并将它们的数目尽量减少，因为万物的本性及其“第一因”是我们永远不能认识的。



太阳有一种与周日运动相反的自身运动。我们从夜间看见随季节变化与循环的天象而认识这一运动。在太阳运动的路径上比太阳稍后一些时间降落的恒星，不久便掩没在阳光里，然后又在太阳的前面升起，可见太阳是朝着这些恒星由西向东运行的。很多年代以来，我们跟踪太阳的运动（所以现在能以很高的精确度来测定它），即每天观测太阳中天（即到子午圈时）的高度和太阳中天与恒星中天之间所经历的时间。这些观测为我们提供太阳运动在子午圈上与在赤纬圈上的两个分量，这些分量之和便是太阳围绕地球的视运动。由此我们求得太阳在其轨道（黄道）上的运动，1801年初黄道与赤道的交角为26g07315，即23°.46584[①]。

四季的变化更是由于黄道与赤道不在同一平面内所引起的。当太阳由其周年运动达到赤道时，更由于它的周日运动，便在很接近于赤道的圆周上运行。由于赤道为各处的地平均分为二，因而到处的昼夜都是等长的。所以赤道与黄道的交点称为二分点。太阳从春分点出发在其轨道前进时，它在我们地平上的中天高度日益增加，它每天所走的赤纬圈上可见的弧不断地增长，因而白昼逐日变长，直到太阳达到其最大高度时为止。这时白昼最长，因为太阳的中天高度达到其极大值，所以高度的变化小得不能觉察，如果只考虑与昼长有关的中天高度，这时太阳好像停止不动。黄道上与这一极大值相对之点叫做夏至点。那时太阳所走的赤纬圈叫做北回归线。接着太阳再向赤道运行，由秋分点通过赤道，直至冬至点而达其极小值。那时太阳所走的赤纬圈叫做南回归线，与之相对应的白昼在一年内为极短。自此以后太阳复向赤道运行，再由春分点过赤道，如此年复一年地周而复始。

这便是太阳与四季恒常的运行。春季是春分与夏至之间的一段时间；夏季是夏至与秋分之间的一段时间；秋季是秋分与冬至之间的一段时间；冬季是冬至与春分之间的一段时间。

由于太阳出现在地平上是使气候变热的原因，好像夏季与春季的温度应当相同，冬季与秋季的温度应当相同。但是温度高低不是太阳出现的瞬间效应而是长时间的累积效应。温度达到最高时应在太阳在地平上极高处之时（即夏至日）以后的某些日子里。

地球上从赤道至两极，气候有显著的变化。赤道上，地平将所有赤纬圈平分为二，因此那里昼夜终年等长。在二分日太阳中午上升到天顶。在二至日太阳中天高度最低，等于黄赤交角的余角；冬至和夏至中午的日影在相反的方向上，这是在我们的纬度地方绝不会有的现象，我们这里中午的日影总指北方。因此可以说赤道上每年有两个冬季和两个夏季。北极的高度小于黄赤交角的地方（热带）皆发生与这相同的现象；北极的高度超过黄赤交角的地方（温带）太阳绝不会到天顶，一年内只有一个夏季、一个冬季；愈近北极的地方，夏至白昼愈长，冬至白昼愈短，到了天顶与北极相距只有黄赤交角那样远时，夏至日太阳便不落下，冬至日太阳便不升起。在比这更接近两极的地方（寒带）冬至日前后太阳出现在地平上或隐藏在地平下的日子可以延续几日或几月。最后，在两极点正下面的地方，地平即是赤道；当太阳与极点在赤道的同一侧时太阳常在地平之上；当太阳与极点不在赤道的同一侧时，太阳便常在地平之下；因此两极地方每年只有一昼和一夜，各长 6 个月。



现在特别跟踪太阳的运行。首先我们注意到二分日之间的时间与二至日之间的时间是不等的：从春分到秋分（即春夏两季），比从秋分返回到春分的时间（即秋冬两季）约长 8 天，因此太阳的运动不是均匀的。由精密而众多的观测，得知太阳在轨道上与冬至点接近的一点运行最快，而在轨道上与此相对的点，即与夏至点接近的一点，太阳运行最慢。太阳在前一点每日走 $1^{\circ}.0194$，在后一点每日走 $0^{\circ}.9532$；因此一年内太阳的运动速率是有变化的，其最大和最小值可以或快或慢于平均值的 336/10000。

这一变化累积起来可以在太阳的运动上产生一个感觉得到的

差数。为了从这差数寻觅定律，我们可以考虑这样一些角度适宜于表达这些差数，即它们的正弦与余弦在这些角度增加并在圆周上运行一周时能回到原来的数值。因此，按照这个方法去表达天体运动的一切差数有两个困难，一方面是分开这些差数，另一方面是决定这些差数所依赖的角。我们所讨论的差数，是于太阳每运行一周时恢复其原值，因此可使它依赖太阳运动的角度和这角度的整倍数。而且将这差数表达为这角度的正弦级数时，我们发现只须保留这个级数的头两项便可得到很好的近似值，其中第一项与太阳和它在轨道上运行最速的一点之间的角距离的正弦成正比，第二项比第一项约小 95 倍，与这角距离的 2 倍的正弦成正比[②]。

太阳视直径的测量向我们证明了它和角速度相同，是随地球—太阳间的距离而变化的。这视直径按照角速度变化的规律而变化，但小 2 倍。太阳运行速度最快时视直径是 32′35″.6，速度最慢时视直径是 31′31″.0，因而其平均值是 32′3″.3[③]。

太阳—地球之间的距离是其视直径的倒数，这距离的变长与其视直径的变短遵循相同的规律。太阳轨道与地球最近的一点叫做**近地点**，最远的一点叫做**远地点**。在近地点处太阳的视直径与速度均最大，在远地点这两者均最小。

要太阳的视运动变缓，只须使它更远离地球。但是如果只是这个原因造成太阳运动的变化，而且假设太阳的真速度不变，那么，它的视速度与其视直径将按相同的比例而变小。然而，实际上视速度是按视直径的 2 倍而变小，因此当太阳远离地球时，太阳的运动将有真实的变缓。由于这一变缓与距离的增加两者的综合效应，太阳的角速度按距离的平方增加而减少，因此角速度与距离的平方数的乘积差不多是一个常数。太阳视直径的测量与其日常运动的观测的比较，证实这个结果。

连接太阳中心与地球中心的直线叫做向径，并知道一天内这个向径绕地球扫过的扇形面积与这向径的平方和太阳每天的视运动（即扫过的角度）之乘积成正比。因此这个面积是常数，而且从一定向径开始后，它在若干日内所扫过的总面积和太阳在这个定向径上开始所经过的日数按正比增大。所以向径所扫过的面积和时间成正比。太阳的角速度与其对于焦点的距离之间的关系，应当看作是这运动理论的一个基本定律，除非观测须使我们加以修改。

如果每天记下太阳的位置及其向径的长度，而且通过这些向径的末端绘一条曲线，我们便会发现只在连接最长与最短两向径末端的直线那个方向上特别伸长。这一曲线形似椭圆，使我们将它与椭圆比较而认出这两曲线确是相同的，于是我们断定：太阳的轨道是椭圆，地球的中心在其一个焦点上。

椭圆是一条有名的曲线，在几何学里属于一种圆锥曲线。其绘法是简易的，即固定两点（叫做焦点）于一平面上，而将一根丝线（应比两焦点间的距离长）的两端系在两焦点上，并将其拖紧于一笔尖上，则这个笔尖在这平面上运动时所绘出的曲线便是椭圆。这样绘出的椭圆显然在连接两焦点的直线的方向上伸长，这条直线延长到椭圆的两端形成长轴，其长度等于所用的丝线的长度。由中心与长轴正交而延长到椭圆上一段直线叫做短轴；一个焦点与中心之间的距离与长轴之比叫做椭圆的偏心率。如果两焦点相合为一点，则椭圆变为正圆；如果使两焦点离开愈远，则椭圆愈扁即偏心率愈大，如果两焦点间的距离无限地增长，而一焦点与曲线最接近之点（顶点）间的距离仍是有限的，则椭圆便成了抛物线。

太阳运行的椭圆轨道与正圆相差很少，太阳—地球间的最长距离与其平均距离（即长轴半径）之差，如上所说只是长轴的0.0168（约1/60）。这个差数便是偏心率，太阳轨道的偏心率变小很慢，在一个世纪里也难以觉察。

为了对于太阳的椭圆运动有一个正确的概念，假想有一点在以地心为中心、半径为近地距的圆周上做等速运动；更假设这一点与太阳同时从近地点出发，而且这一点的角运动等于太阳的平均角运动。当这一假想点的向径围绕地球做等速运动时，太阳的向径的运动是不等速的，只是它和近地距与椭圆的弧常常形成与时间成正比的扇形面积。起初，太阳的向径在假想的运动点的向径前面，这两个向径之间形成一个角，这个角增大到某一极限值后开始变小，当太阳到远地点时再度为零，于是这两个向径与长轴重合。在椭圆的第二个半周里，假想点的向径开始在太阳的向径前面，这两向径间夹角，与前半周里在和近地点有相同的角距处两向径的夹角完全相等，以后假想点的向径与太阳的向径又和长轴重合。太阳的向径在假想点前面的角度叫做中心差。中心差的极大值在本世纪之初（即1801年1月1日开始的子夜）是1°.92426，中心差每世纪大约减少17″.2。绕地球运动的这个假想点的角运动由太阳在其轨道上的运行周期而定。将这角运动加上中心差便得太阳的角运动。中心差的研究是数学上一个有趣的问题，这个问题只能够有近似解；但由于太阳轨道的偏心率小，致使级数收敛得

很快，因而容易编制为数字表。

太阳椭圆轨道的长轴不是固定在天空里，这个长轴对于恒星的周年运动约为 11″.7，转动方向与太阳的转动方向相同。

太阳的轨道与赤道相当接近，据计算求得这轨道与赤道的交角（黄赤交角）每世纪减少 48″。

太阳椭圆运动的理论还不能确切地表示近代的观测，由于观测精度的增高发现有些小的差数只靠观测还不能得出其规律。这些差数属于从原因追索现象的那一部分天文学，将在本书第四篇内讨论。

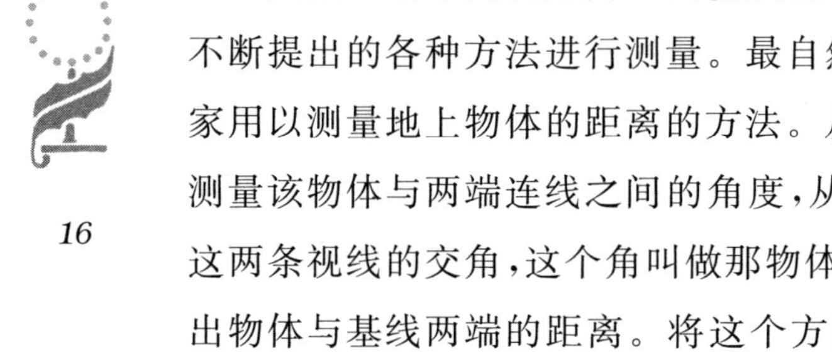

太阳—地球间的距离一向使观测者感觉兴趣，他们曾经使用不断提出的各种方法进行测量。最自然与最简单的方法是几何学家用以测量地上物体的距离的方法。从一条已知长度的基线两端测量该物体与两端连线之间的角度，从 180°减去这两角之和便得这两条视线的交角，这个角叫做那物体的**视差**，既知视差便容易算出物体与基线两端的距离。将这个方法应用于太阳，我们应当选择地球上尽可能长的距离作为基线。假使在地面同一经度圈上有两位观测者在正午同时观测太阳中心和北极之间的角距离。这两个角距离之差便是在太阳中心对这两位观测者之间的直线距离所张之角；由这两处的北极高度之差，可将这段直线表为地球半径的分数；因此容易得出从太阳中心看地球半径所张之角。这个角叫做太阳的**地平视差**；但是这个角很小，用这个方法不能作精确的测量，这个方法只能表示太阳至少在 9000 倍地球直径之外。以后我们要说天文学还有更精确得多的方法去求太阳的视差。我们现在所用的数值是在日—地间平均距离处太阳的视差很接近于8″.60，由此算出日—地间的平均距离是地球半径的 23984 倍[④]。

我们在太阳表面上观测到不规则而有变化的黑子，有时黑子多而面积大，曾经发现过比地球表面大 4、5 倍的黑子[⑤]。有时(虽然很少)太阳表面在一两年的时间内像是纯洁而无黑子的。黑子外围常有半影，半影之外有比太阳的其他部分更亮的光斑，黑子即在其中出现或消逝。黑子的性质还不明白，但由黑子我们认识太阳有自转现象。由黑子位置与大小的变化，我们得以分辨出它们运动的一些有规则部分，假设太阳有围绕与黄道差不多正交之轴的自转运动，且方向与绕地球运行方向一致，那么这些黑子运动的有规则部分，恰和太阳面上相应点的运动相同。由黑子观测算出太阳的赤道带自转的周期为 25.5 日，而日面赤道与黄道的交角为 $7^{\circ}.5$[⑥]。

大黑子常出现在太阳赤道附近的一带内，在日面经度圈上测量，其宽度不超过赤道两侧 31°，也曾观测到 40°处的黑子。

春分日前后的日出前或日落后，地平上出现以黄道光而得名的纺锤状的白色微弱光辉，其底部落在日面赤道上。因此我们所看见的像一个很扁的回转椭球，其中心与赤道面和太阳的中心与赤道面似相合。黄道光的长度有时看起来像张开 90°的角。由于星光可以透过黄道光，因而反射它的流体是异常稀薄的。一般认为，这流体是太阳的大气，但是这大气可能不会伸长得这样远。我们将于本书结尾部分对于黄道光提出我们的看法[⑦]。

## 注　释

①本书《编者的话》里说过：作者所采用的角的单位，是直角的 1/100，叫

做 grade（表为 g），如改为现今的测角单位（度），应以 0.9 乘之。因此得出 26g07315，= 23°.46581。为了使读者不致混淆，译者已将书中这种未为人使用过的单位都改为一向沿用的单位。——译者

②这差数名叫时差，即由太阳位置所测算得的时刻（视时）与平太阳时之差，以公式表达是 $\odot = l + 2e\sin M + 5/4e^2\sin 2M$，式内 ⊙ 表太阳的真黄经，$l$ 表太阳的平黄经，$e$ 表太阳轨道的偏心率，约为 1/60，$M$ 表平近点角，即差数所依靠的角度。——译者

③太阳的视直径，据现今测得的数字是：极大值 = 32′32″.0，极小值 = 31′26″.5，平均值 = 31′59″.26。——译者

④这是 18 世纪末的数字，已经经过许多次精密观测的修订。1966 年以来采用的数字是：太阳的地平赤道视差为 8″.79418，日—地间的平均距离（天文单位）为 $149690 \times 10^6$ 米，即地球的赤道半径的 23454 倍。近年来求得的天文单位为 149597906 ± 106 公里。——译者

⑤1946 年发现经历 3 个月的大黑子群，长 32 万公里，面积 91 亿平方公里，其中最大一颗的面积为 144660 × 96000 公里，超过地球的面积 12 倍。——译者



⑥现今采用的数字：日面赤道与黄道的交角是 7°15′，日面赤道的自转周期是 25.38 日。——译者

⑦黄道光的成因现时认为是地球轨道上的尘埃质点散射太阳光所造成的，也有人说是日冕的延长部分。——译者

# 第三章　时间和它的测量方法

时间是一连串接续而来的事件在人们记忆里所留下的印象。运动适用于测量时间，因为一个物体不能同时占几个位置，它由一处到另一处必须经过这两处中间的一切地方。假使在它经过这两处之间的直线上的每一点，受到相同的力量，它的运动便是等速的，这直线的各段可用以测量物体经过它们所用的时间。一只摆在每次振荡之末复回到与原先完全相同的地位，这些振荡的周期相同，时间便可用振荡的次数来测量。我们将这方法用于似有等时性的天球的转动，其实人们早已使用这个方法将太阳作为测量时间的目标，太阳复返子午圈与同一个二分点或二至点形成日与年。

平常说的昼是指日出与日没中间的一段时间；夜是太阳在地平面下的一段时间。天文日是周日运动的周期，即连续两个中午或两个子夜之间的时间。这段时间比天球自转一周所形成的恒星日稍长一点，因为如果太阳和一颗恒星同时中天，后一天太阳因有其自己的运动，将比那颗恒星稍迟一点中天。由于太阳绕地球的运动是由西向东，经过一年的时间它中天的次数比恒星中天的次数少一次（一天）。由此算出如果取天文上的平日为单位则恒星日之长为 0.99726957 日。

天文日的长度每天不同，原因有二，即太阳围绕地球运行的不均匀性是由黄赤交角所造成的。前一个原因的效应是明显的，例如夏至日前后太阳运动最缓时比冬至日前后太阳运动最快时，天文日更接近恒星日。

为了认识第二个原因的效果，应注意天文日对于恒星日的超差只是由于太阳绕地球运动在赤道上的分量。设连接太阳在黄道上一天运行所经过的弧的两端与天北极在天球上作两个大圆弧，它们与赤道相交的一段弧，便是太阳每日运动在赤道上的分量，这段弧经过子午圈所需的时间便是天文日超过恒星日的时刻。容易了解在二分日赤道上的这段弧比黄道上对应的一段弧短，两弧的长度之比等于黄赤交角的余弦与1之比；在二至日，这两段弧的长度之比等于1与黄赤交角的余弦之比。因此天文日在前一情形变短，后一情形加长。

为了得到一种与这两种原因无关的平日或平太阳日，假想有另外一个太阳在黄道上做等速运动，而且它和真太阳同时通过太阳轨道的长轴，这便消除太阳绕地球运动的不均匀性效应，然后再消除由于黄赤交角所产生的效应，于是假想有第三个太阳在赤道上运动，与第二假想的太阳同时过春分点而且这两个太阳与春分点的角距离总是相同的。于是这第三个太阳连续两次中天之间所经历的时间形成天文平日。平时由这第三个太阳运转次数而测定，真时则由真太阳的运转次数而测定。通过真太阳与假想的第三个太阳的中心所引的两个子午圈在赤道上所夹的弧，转化为时间（以赤道的全圆周为一天），叫做时差。

每日分为24时，并以子夜为每日的起点，每时再分为60分，每分再分为60秒,秒再分为60“计埃斯”(tierces)。但如把一天分为10时,一时分为100分,一分分为100秒,似更合于天文学上的使用,我们在本书内采用这种百分计时制[①]。

由假想的第二个太阳转回赤道而定平二分点,转回回归线而定平二至点。太阳连续两次过同一个二分点或同一个二至点叫做一回归年,其长度为:365.2422419日[②]。由观测得知太阳复返相同的恒星所需的时间较长,这段时间叫做恒星年,比回归年长0.014119日。由此可见二分点在黄道上逆行,即与太阳运行的方向相反而移动,而且二分点所走的一段弧等于太阳以平均速度在0.014119日内所走的一段弧,即50″.1[③]。这运动对于每个世纪并不完全相同,它使回归年的长度稍有不同,现时(1801)比伊巴谷[④]的时代短了4″.2。

年的开始(即元旦)宜在二分日或二至日中的任何一日。若将元旦放在夏至或秋分,则将把同样的工作(农事)划分和分摊到连续的两年中去,但同样按天文学家们习用的方法将中午作为一日的开始也不方便[⑤]。春分日是大自然觉醒的时节,似应作为新年的开始;冬至也可作为岁首,古代人把这一天作为太阳的再生日来庆祝,在北极地方,这是一年内漫长黑夜的正中间一日。

若以365日为民用年,则它的元旦比较真回归年的元旦不断地提早,于是四季不断地后退,经过约1508年而逆行一周。这种民用年曾在古代埃及使用,这种历法便破坏了历法应有的优点,即月份与节日应和四季以及和农事发生联系。17世纪末法国将每年的元旦作为一种天文现象,按计算定为夏至日或春分日前夕的夜半,以保存对农民有利的宝贵习惯。但是闰年(即366日的一年)按一种很复杂的规则计算,因此将某些年换算为其所含的日数便很困难,于是在历史与纪年学上造成混乱。并且人们必须预先知道的岁首,便成了不确定和任意规定的了(若元旦开始时刻与子夜相差比太阳运行表的误差还小之时,便难确定前后两天的哪一天是元旦)。最后闰年的次序随经度圈而不同,这便成了各国希望采用同一种历法的障碍。由于事实上各国采用其主要天文台的所在处的经度为其地理经度,那么它们能够采用同一经度圈为其年岁的起始吗[6]?因此我们应该不管自然,而采用一种有规则而方便的人为置闰法。最简单的一种方法便是尤利乌斯·恺撒在罗马历法中引进的4年一闰法。就埃及历法言,在一个人生存的短暂期间已能感觉到其岁首与夏至或春分之间的偏离,但就儒略历[7]言,须经历几个世纪在其岁首中才出现同样的偏离,这说明必须采取更复杂的置闰法。11世纪波斯人采用一种异常精密的置闰法。他们采用4年1闰连续7次,以后在第5年才置第8次闰,这样便使回归年为$365^{8}/_{33}$日,比由观测得来的数值仅长0.0001823日,因此须经历很多世纪民用年的岁首才会产生感觉得到的偏离。格列历[8]的置闰法精密度稍差;但容易将年和世纪换算为日数,这是历法的一个主要目标。格里历每4年一闰,除了第4个世纪的末年外,每世纪的末年不闰,这样一年之长为$365^{97}/_{400}$或365.242500日,比真回归年长0.0002581日。但是假使按照这种置闰法,每隔4000年再取消一个闰年,则4000年内只有969个闰年,于是每年长$365^{966}/_{4000}$或365.2422500日,这数字如此接近于由观测定出的回归年365.2422419日,两者之差实在可以略而不计,因为观测本身的误差会影响年的真长度,何况回归年的长度不是严格的常数。

一年分为12个月的来历既很古，而且使用又很普遍。有些民族假定每个月都是30日，为完成一年，他们于12个月外再添上几个附加的日子。别的民族则将这些附加的日子统统包括在一年的12个月内，而使各月的日数不等。一月30日制自然会分为3旬。这种周期容易算出每月的日数表，但每年末附加的日子打乱了与旬有关的事件的次序，这不免引起行政上的混乱。于是为了避免这种不便，使用一种与月和年无关的短周期，例如7日一循环的星期制。这个短周期起源很早，以致不可稽考，许多世纪来便与各国历法不断混合使用。这个制度在世界各国都是一样，这或许与古代天文学所规定的日子的名称有关，或许和相同的物理时刻的对应性有关。这可能是人类知识最古老和最无可辩驳的成就，显示这制度有一共同的来源，然后传播于各地；但是作为这制度的基础的天文体系，表明这制度产生时期人类知识的不完备。

当格里历改革时，将冬至作为岁首是便当的，这会使四季开始的一日同时为某月的第一日。而且还容易使各月的日数更有规律，只须将平年的2月定为29日，闰年30日，而使其他月份交替地为31与30日；且将每月以其序号定名。再将置闰的方法作如上所说的修改，格里历便可算相当完善了。但是，是否应给予格里历以这种更完善的改革呢？我认为为了避免由这样一些改变对我们的习惯，对各民族间的关系，对经过长远年代已经很复杂的纪年学，可能会引起的混乱，还是不必再提出什么修改为宜。如果考虑到格里历现在几乎为欧美各国所采用，而且经历两个世纪才克服了宗教上的困难，而得到普遍的承认，特别是格里历保持了这些可取之点，纵然还有些不很完善，也无关大局，所以我们认为不必提出格外的修改了。因为历法的主要目的是提供一个简便的方法使发生的事件与日子的次序发生联系，并用简便的置闰法，将元旦固定在相同的季节里，这些条件都为格里历所满足了。

100 年的周期称为世纪，这是迄今所用的最长的计时周期，因为现时与已知的最古的史事相距的时间，还不需要另外一种比世纪还长的周期。

## 注　释

① 这是法国大革命时的一种改革，后来没有实行。在本书的中译本均改为现行计时法，即一日 24 小时，每小时 60 分钟，每分钟 60 秒，以免混淆。——译者

②现今公认 1900 年的回归年长为 365.24219879 日。——译者

③太阳连续两次复返一颗恒星比复返春分点所多走的一段弧，叫做岁差，现今采用的数值为 50″.27。——译者

④伊巴谷，亦译喜帕恰斯（Hipparchus）公元前 2 世纪古希腊天文学家，给方位天文学奠定了稳固的基础——译者

⑤这叫做天文日，现已废弃不用。——译者

⑥1884 年国际经度会议采用伦敦格林尼治天文台的经度圈为各国经度圈的起算点，而解决了这个困难。格林尼治平时称为世界时，用于国际事务和科学记录。——译者

⑦儒略历，即古罗马统帅尤利乌斯·恺撒开始采用的历法。尤利乌斯·恺撒，又可译为儒勒·恺撒。——译者

⑧格列历，又称格列高利历，即现今通常采用的公历，系教皇格列高利 1582 年颁行的历法。——译者

# 第四章　月亮的运动，月相，月食与日食

在太阳之后，使我们最感兴趣的天体便是月亮。月相提供一种极其显著的时间单位，很早便为一切民族所使用。月亮亦如太阳。由西向东运行。它的运动的恒星周期在本世纪之初是27.321661423日；这个周期不是恒常不变，将近代的观测和古代的观测比较，无可争辩地证明月亮平均运动有一种加速现象。这现象在古代的观测记录里还不显著，可是随时间而增大。但这加速现象究竟是不断地增长呢，抑或停止而变为减速呢？这是需要经历很多世纪的观测才能知道的。幸而这现象的原因已经为人发现，不待观测，我们已经知道它是周期性的。本世纪之初，月亮和春分点的平均角距离（从春分点按月亮运行的方向计算），对于巴黎皇家天文台平时子夜是111°.61189。

月亮在椭圆轨道上运行，地球在其一个焦点上。其向径绕着焦点扫过的面积差不多与时间成正比。若取月—地间的平均距离为单位，则这椭圆轨道的偏心率是0.0548442，这使其最大的中心差为6°.2869，像是固定不变的。月亮的近地点有一个顺向运动，即与太阳的自身运动为同向；其恒星周期在本世纪之初为3232.575343日，它（近地点）与春分点间的平均角距离是

266°.11233。它的运动不是等速的；当月亮的运动加速时，它减速。

椭圆运动定律还远不能概括对月亮的观测，它受到与太阳的位置显然有关的许多种差数的抑制，我们只谈其中的主要三种：

最大的也是我们最早认识的一种差数，叫做出差。其极大值为1°.3416，与月—地间的角距离的2倍减月亮与其近地点的角距离的正弦成正比。当月亮对于太阳在冲与合的位置时，出差与中心差相混合，出差使中心差不断地变小。因此为了决定月球运动理论中的根数，古代的观测者只能用日月食方法，而且为了预言日月食，他们发现月亮的中心差比它真正的中心差（由于受太阳的摄动使偏心率改变）要小，其差即是出差。

在月球运动里还观测到一个大的差数，当月亮与太阳相冲与合时以及它们相距1/4周时，为零。当日月相距为45°时，其极大值为0°.5950，因此我们断定这差数与月—日间的角距的2倍的正弦成正比。这差数叫做二均差，在日、月食时为零，因此不能从对日、月食的观测去决定它。

最后，当太阳的运动减速时，月亮的运动加速，反之当太阳加速时月亮减速，这样产生一种以周年差得名的差数，其所遵循的定律与太阳的中心差的定律相同只是符号相反而已。这差数的极大值为0°.1867，在日、月食时，与太阳的中心差混合，计算食发生的时刻里，将这两种差数分别考虑，或将月球理论的周年差略去，而将太阳的中心差增加，这两种方法所得的结果是没有差别的。因此，古代天文学家给予太阳的轨道以过大的偏心率，正如由于出差，他们对月亮的轨道赋予过小的偏心率一样。

月球的轨道（白道）与黄道的交角为 5°.1467，这两个轨道的交点在天空上不是固定的，交点有一种与月球本身运动相反的后退运动，由月亮经过黄道时遇见的不同恒星，容易认识有这种运动。月亮对着北极运行到黄道面之上时，它所通过的一个交点叫升交点，而向着南极运行到黄道面之下时所通过的另一个交点叫降交点。本世纪之初交点运动的恒星周期为 6793.39108 日，升交点与春分点之间的平均角距离是 13°.91505；但交点的运动随世纪的进展而变缓。这运动为几个差数所抑制，最大的一个与月—日间的角距的 2 倍的正弦成正比，其极大值为 1°.6292。黄白交角也在变化；其最大差数，在极大时达 0°.1464，与交点运动有关的同一角距的余弦成正比；虽然黄道面有长期的变化，但交角的平均值，在不同的世纪里像是一个常数。

月球的轨道与太阳和一切天体的轨道相同，和地面上抛射物所经过的抛物线一样，不是一种实际的存在。为了表示物体在空间的运动，人们假想把这物体的中心连续所经过的一切位置连成一条曲线，这条线便叫做它的轨道，轨道所在的平面可能是固定的或变化的，这平面由通过物体相邻的两个位置和它运动时环绕的一点所定出。

不按这方式讨论物体的运动，可假想将这运动投射到一个固定的平面上，而测定它的射影曲线与它离射影面的高度。这种极其简单的方法是天文学工作者用以编制天体运动表的方法。

月亮的视直径的变化与其运动的变化的方式相似：当其距离地球最远时视直径为 29′22″，最近时为 33′31″。

通过视差测量的方法（太阳的视差因其太小不能使用）绘出

月亮的平均视差为 57′34″。因此，月亮的直径从地球上看上去是 31′26″.6（平均视直径）之时，地球的直径在月亮上所张的角为 1°55′11″.6；于是地球与月球的直径之比是这两个数字之比，即大约是 3 与 11 之比，月球的体积是地球的体积的 1/49①。

月相是最引人注意的一种天象。黄昏时脱离其附近日光的照射，出现在西方时，是一丝微弱的蛾眉；月亮愈离开太阳时，蛾眉月愈大而终于与太阳相冲，成为整个明亮的圆轮。此后，月亮再与太阳接近，月亮按先前变大的情况逐渐变小，直到黎明时它沉没在日光里。月亮的一弯蛾眉，其凸面向着太阳表明月光来自日光；月相变化的规律，表现月相的幅度几乎与月—日间的角距的正矢成正比而增长，这证明月亮的形状是球形的。

月相的循环依赖于月球运动对于太阳运动的超差，这差数叫做月亮的会合运动。月亮的会合周期即日月相合的平均值的周期，现今是 29.530588716 日；会合月与回归年之比约为 19∶235，换言之即 19 个太阳年里约有 235 个太阴月。

所谓朔望是月亮在白道上与太阳分别形成合与冲的两点。朔时出现新月，望时满月。方照是月—日间的角距为 90°和 270°的两点（按月亮绕地球的运动方向计算）。这两点处的月相叫做上、下弦，是我们看见月亮被照明的半球之一半。严格来说，我们看见的部分比这稍多一点，因为我们看见恰好一半时，月—日间的角距离稍小于 90°。那时，由于照明的半球与黑暗的半球的分界线是一条直线，因而我们得以辨识，观测者与月亮中心的连线正和日月两心的连线正交。因此，在连接日、月两中心和观测者的眼睛的三条直线所形成的三角形里，月亮所在处是直角，而由观测可以求得日—月两心间的角度。由此我们能够决定日—地间的距离与月—地间的距离的比值。由于难于精密地定出什么时刻我们所看见的月轮恰是其一半，因而这不是一个精确的方法；但是，我们由此可得知关于太阳体积的庞大与其距离地球的遥远的这一概念是基本正确的。

月相的解释导致我们对月食的解释，人类还在愚昧的时代，日食与月食是一种恐怖的现象，可是它却不断地引起人们的好奇。月食只能发生于遮掩日光的不透明物体夹在日月两体之间，这不透明物体显然就是地球，因为月食只发生于冲，即地球在日月的中间的时候。地球背着太阳的一面有一锥状的黑影，这影锥的轴在连接太阳与地球的中心的直线上，这影锥轴的长度结束于空间里日月两体的视直径相等之点。月亮在其距地的平均距离处冲日时，从月亮的中心望太阳与地球的视直径分别为 1918″与 6908″；因此地球的影锥之长至少为月—地距的 3.5 倍，月亮穿过地影处的宽度约为月亮的视直径的 8/3。假使白道与黄道同在一平面上时，月亮与太阳相冲（即望日）时，每次都会发生月食；但由于这两个轨道平面相交有一个角度，因而在望日时，月亮不是高于便是低于地球的影锥，只有当月亮在两轨道的交点附近时，才能穿过影锥。如果月轮完全埋没在地影内，将会发生月全食，如果月轮只有一部分埋没在地影内，便出现月偏食。由此可见，在望日时，按月亮对黄白两道的交点的接近程度，可以出现我们所观测到的各种类型的月食。

在被食前，月轮的每点挨次失掉由日轮各处而来的光线，它的亮度逐渐减弱，当其进入地影时，便暗黑无光。月光逐渐变暗的区

域叫做半影，其宽度等于从地球的中心望太阳的视直径。

太阳环绕地球运行的平均周期对于白道的交点而言为346.619851日；这个周期与月亮的会合周期之比非常接近于223∶19，因此在223个太阳月之后，太阳与月亮相对于白道的交点，复返回相同的位置；于是日、月食差不多按前一周期的次序循环，这是预推日、月食的一种简易方法，自古以来便为天文学工作者所利用[②]。可是由于太阳与月亮在运动上有差数，应造成可以觉察的差异；而且在223个月的周期内，太阳与月亮相对于交点复返原来位置也不是严格的；而这些离差经久便使我们在某一周里见食的次序发生改变。

月食时地影成正圆形，因为这一点，古代天文工作者便认识到地球的形状很接近于球；我们以后还要讲到，改进的月行理论能为测量地球扁率提供一个也许是最精密的方法。

只是在太阳与月亮相合时，即月亮插入太阳与地球之间，遮掩太阳的光线时，才发生日食。虽然月球比日球是无比之小，但它却与地球相当接近，因此它的视直径与太阳的视直径相差不远，由于这两个视直径的变化，它们交替地一个比另一个大。假想太阳与月亮的中心和观测者的眼睛同在一直线上：便会看见日食。假设月亮的视直径超过太阳的视直径，就会发生日全食；如果月轮的直径小，观测者看见日轮超出月轮的部分形成一个明亮的环圈，这叫做日环食。如果月亮的中心不在连接观测者与太阳中心的直线上，月轮只能遮掩日轮的一部分，便发生日偏食。由此可见日球与月球对于地球中心的距离的变化以及月合日时，月亮对于其轨道交点的距离的变化，可能在日食上造成很大的差异。这些因素之外，还须加上月亮在地平上的高度，这高度既影响其视直径的大小，而且由于月亮视差的效应会使日、月两中心间的角距离有所增减，因此对于相距稍远的两位观测者言，一位看见日食，另一位却看不见日食。这样日食与月食的现象便不相同，因为地球上凡能够看见月食的地方，其食时与食象都是一样的。

日食时我们常看见像为风所挟带的乌云般的黑影迅速地飞越山岭和平原，从观看者的眼里夺去日光，但在这个影带外的人仍然看得见太阳，这便是日全食现象。日食时人们看到环绕月轮的周围有时出现一圈是灰白色的光晕[③]，可能是太阳的大气；因为它的范围不是月球的范围，而且由月掩日与月掩星两种现象得知月亮几乎没有大气。

假设月面上有大气，便应使光线向它的中心弯曲，而且合理地假定离月面愈远，大气层愈加稀薄，于是射向那里的光线愈近大气愈加弯曲，而形成一条凹向月面的曲线。因此月球上的观测者将能看到还在“地平”下一个角度的星，这现象叫做**地平折光**。“地平”上出现的这颗星的光线，掠过月面之后，继续前进，形成一条曲线，它与原来的光线所经过的曲线相似。因此由于光线受月面大气的折射，月球背后的另一观测者还看得见这颗星。可是月球的直径没有由于大气的折射而产生感觉得到的增长；一颗星被月掩时其被掩时刻应比月面没有大气的情况发生得较迟，据相同的理由，这颗星的复明也较早，所以月面大气的影响主要是使日食或月掩星经过的时间缩短。但是精密而众多的观测恰巧使我们怀疑这种影响，从而断定月面上的地平折射不会超过 1″.6。地球上的地平折射至少要大千倍；月面若有大气必然极其稀薄，稀薄的程度超过我们用最好的抽气机所造成的“真空”。因此我们可以得出结论：地球上的动物不能在月球上呼吸与生活，如果那里有生物的话，当和地球上的生物大不相同。我们应当认为月面是固体的；因为大望远镜里显现那里是不毛之地，有人认为月面有火山甚至火山爆发的迹象。

布盖[④]由实验求得满月时月光的亮度只有太阳中午时的亮度的1/300000，因此月光经过最大反射镜的聚焦，对于温度计不会产生可以觉察到的效果。

尤其在新月附近，月轮上未被阳光照着的部分，我们还看得出微弱的光辉，这叫做灰光，是地球被太阳照亮的半球反射给月球的光线；这说明为什么在新月前后，当地面被阳光照亮的半球的大部分对着月球时，灰光特别显著。事实上地球给予月球上观测者的“地相”与月球给予地球上的观测者的月相，是相似的，但由于地面大于月面，因而地球反射阳光的强度大于月球。

如果仔细观察，必会发现月面上有很多不变的斑痕，这些斑痕表明月球差不多以相同的半球对着我们；这说明月球绕轴自转和绕地球公转有相同的周期；因为假使月球中心处有一位观测者，而且假设月球是透明的，他会看见地球和他的视线围绕它转动，由于这视线经过月面上差不多相同的一点，显然这一点在月面上转动的方向和时间与地球围绕这位观测者转动的方向和时间相同。

可是，如果不断地观测月面便会感觉以上所说的现象稍微有改变；我们看见的一些斑痕交替地接近和远离月轮的边沿。那些很接近边沿的斑痕交替地出现和隐匿，作周期性的摇摆，这现象叫做月亮的经天平动。欲了解这现象的主要原因，应考虑从地球中心所看到的月轮，其周界乃是与月球至地心的向径相正交的一个大圆，面对着地球的半个月球就是投射在这个圆周的平面上的部分，因而其形态与月球的自转运动有关。假使月球没有自转运动，在其每一公转周期内向径在其表面上将描绘出一个大圆周，这大圆的各部分挨次出现于我们的眼里。可是与向径描绘这一圆周的同时，月球由于自转，将这一向径带回到月面上差不多相同的一点来，因而使月球以相同的半球向着地球。可是月球公转运动有许多差数，使这现象发生轻微的变化。因为月球自转运动上没有这些显著的差数，它对于其向径是有变化的，因而它的向径与月面相交之点不断变化；所以月球对于这向径产生对应于其公转运动的差数的摇摆，从而它交替地隐匿和呈现月面的某些部分于我们的眼里。

月球还有另外一种纬天平动，它垂直于经天平动。由于这一运动，月球的两极区域交替地出现和隐匿。为了说明这个现象，假设月球的自转轴与黄道正交。当月球在升交点时，其两极在可见半球的南北两边。但随着月球离开黄道而逐渐升高时，其北极与北极附近的区域隐匿，而其南极附近的区域逐渐出现，直到月球运行到其轨道北边的最高处，而开始再向黄道接近为止。此后上述现象循相反的方向再现，且当月球达到其轨道的降交点后再向黄道下面去时，北极区便重新现出南极区曾经发生过的现象。



月球自转轴刚刚不与黄道正交，其倾角所造成的现象，我们可以用假设月球在黄道面内运动的方式是使其自转轴保持一定的方向来说明。很清楚，每个极点在月球围绕地球的半个公转周期里可见，在另半个公转周期里不可见，因此两极区交替地隐和现[5]。

最后，由于观测者并不在地球的中心，而在其表面上，从他的眼睛到月球中心的视线决定视半球的中心，可见由于月球的视差，这视线按月亮在地平上的高度，与月面相交于显著不同的点。

这一切只因在月球上造成的一种视天平动；这是一种纯粹光学的现象，绝不影响其自转的真运动。然而这自转运动可能有细微的离差，但却很小，使我们不能觉察到。

月球的赤道面的变化却不是这样的。卡西尼[⑥]对于月面斑痕的辛勤观测，发现月球赤道的轴不是如以前想象的与黄道正交的，而且这个轴在各个位置上也不是平行的。这位大天文学家推出如下的结果，为其最美的发现之一，它包含了所有的月球真天平动的理论。假设通过月球的中心作第一个平面与其自转轴正交，这平面与其赤道面重合；再过同一中心作第二个平面与黄道面平行，还有第三个平面即白道面；如果不计交角与交点的周期性差数，则这三个平面总有一条共同的交线，第二个平面在另外两个平面之间，与第一个平面的交角约为 1°.50，与第三个面交角为 5°.144。因此月球的赤道与黄道的交线或者它们的交点常和白道的平交点相合，而且和它相同，有一个逆行运动，其周期为 6793.39108 日。在这个周期内，月球的赤道与白道的两个极点，描绘出了与黄道平行且把黄极包含其中的小圆，使得这三个极点常在天球的一个大圆上。

月面上有很高的山，它们投射在其平原上的阴影形成黑斑，随太阳的位置而变化。在月轮被照明部分的边沿上，山岭以锯齿形出现，并延伸到亮线之外，由这突出度的测量使我们知道山岭的高度，至少是 3000 米[⑦]。由山影的方向知道，月面上布有类似地球上海床那样的坑穴。最后，月面上表现有火山爆发的迹象；新斑痕的出现以及在月轮上的暗处几次观测到的闪光，似乎表示月面上还有活火山。

## 注　释

①现今采用的数值：从月上看地球的平均视直径为 6846″或 1°54′6″，地上看月球的平均视直径为 1865″或 31′5″。——译者

②这叫做沙罗周，即日、月食发生的周期，古代巴比伦人已经发现，用以预测未来的日、月食。——译者

③这叫做日冕，现已证明是太阳大气的最外层。——译者

④布盖（P. Bouguer，1698—1758），法国物理学家。——译者

⑤纬天平动和地球上季节变化的成因相同。——译者

⑥卡西尼（J. D. Cassini，1625—1712），巴黎天文台第一任台长。——译者

⑦月球南极附近的莱布尼茨山，高出平原 8000 余米，可以和地球上的珠穆朗玛峰相比。——译者

# 第五章　行星概论，水星与金星

天穹上有无数闪烁发光的星点，它们的相互位置几乎恒定不变，但其中有 10 颗，当其不被掩没在日光里的时候，经常可以看见它们，并按照一些很复杂的规则运动，天文学的一个主要目的便是寻找这些规则。这 10 颗星叫做行星，其中水星、金星、火星、木星与土星，由于它们是肉眼可以看见的亮星，自远古时代，便为人所认识；待望远镜发明后，人们在望远镜里又发现天王星、谷神星、智神星、婚神星与灶神星。水星与金星对于太阳的角距离在一定范围之内；其他 8 颗行星对于太阳可以在任何角距离处。行星运动的范围在天球上的黄道带内，这一带被黄道等分为上下两半。

水星和太阳的角距是始终不超过 28 。当其开始在黄昏出现时，我们恍惚看见它在朦影里，以后它便越来越离开太阳直到大约 23°时，又转向太阳。在这期间，水星对于恒星循顺行（即由西向东）运动；但当其接近太阳时，它和太阳的距离只有 18°，像是静止不动，这现象叫做留，此后它的运动成为逆行（即由东向西），水星继续接近太阳，终于再被黄昏时的光辉所掩没。经过不能为人看见的若干时间之后，人们在早晨又看见它从日光中出现，并逐渐远离太阳。亦如在其隐没以前一样，它的运动是逆行的；但是水星和太阳的角距达到 18°时，它再度留，留后再度顺行，它继续离开太阳，直到角距达 22°之后，它便接近太阳，复掩没在黎明的光辉里，不久又在黄昏时再表现同样的现象，如是周而复始地循环。

水星在太阳东西两边的最大距离，在 16°到 28°之间变化。水星的摆动周期或者相对于太阳、水星返回相同位置所需时间也有类似变化，自 106 日至 130 日。其逆行段的弧度平均为 13°.5，经历的平均时间为 23 日；但在各次的逆行里，这数字有相当大的差异。一般说来，水星的运动很复杂，它的轨道并不恰好在黄道面上，有时它可以离开黄道 4°.5。

无疑，需要经过长时间的观测，人们才认识到在黎明和黄昏看到的交替地远离和接近太阳的两颗星是相同的，由于这两颗星不能同时出现，才使人们最后觉察到它们是同一颗行星在太阳两侧摆动。

水星的视直径是有变化的，这变化显然和它与太阳的相对位置及其运动的方向有关。当水星掩没于黎明的光辉里，或从黄昏的光辉里出现之时，它的视直径极小；但当其掩没于黄昏的光辉里或黎明从光辉里出现时，它的视直径极大。它的视直径的平均值为 6″.9。

有时水星从黄昏隐没到黎明再现这一段时间里，它投影在太阳的圆面上面，像一个黑点那样在日面的一条弦线上运动。

人们测定这黑点的位置、视直径与逆行运动均和水星应有的情况相符，这现象叫做**水星凌日**，与日环食的情况相同，且由此证明水星的光线是反射日光而来的。水星在强有力的望远镜里看来像月亮那样有位相，也与月亮相同，其明亮的凸弧对着太阳，其明亮部分的大小随水星与太阳的相对位置及其运动的方向而变化。

金星和水星表现的现象相同，不过金星的位相更加显著，在太阳两侧的摆动更大，周期更长而已。金星的最大距角在45°至47°.7之间，相对太阳而言，它继续两次复返到相同位置的平均周期（会合周期）时间是584日。金星的逆行，开始于黄昏时接近太阳，终止于黎明时离开太阳；那时它和太阳的距角约为28°.8，逆行段的弧长约16°，其平均时间约42日。金星并不恰好在黄道上运行，有时候它离开黄道有几度[①]。

金星凌日时间的长短，若在地球上相距颇远的两处观测，有相当大的差异，原因正如地球上不同处观测同一个日食的时间有长短一样。由于金星的视差，地球上各处的观测者看见它对应于日面上不同的黑点，并且看到这些黑点在长短不同的弦线上运动。1769年的一次金星凌日，在南太平洋的塔希提岛与在瑞典拉普兰的卡亚尼堡两地观测到的时间相差超过15分钟。由这时间上的差异可以很精密地测定金星的视差，由此求得，金星合日时它与地球之间的距离。以后还要谈到一个著名的定律，它将金星的视差和太阳及一切行星的视差联系起来，可见金星凌日观测在天文学上的重要性。金星凌日在相距8年连续发生两次之后，便须经历一个多世纪才能再在8年短时间内出现两次，以此类推。最近两次的金星凌日发生于1761年6月5日与1769年6月3日。当时天文学家们分布在许多最适宜于观测的地区，他们将观测所得加以综合整理之后，求得在日—地的平均距离处，太阳的视差为8″.75[②]。今后的两次金星凌日发生在1874年12月8日与1882年12月6日。

金星的视直径变化很大，表明它和地球的距离有很大的变化。

金星凌日时，它最接近地球，其视直径约为 61″，至于其视直径的平均值，据阿拉果（Arago）的观测，是 16″.904[③]。

卡西尼由金星表面上几个黑点运动的观测求得它的自转周期比一日稍短一些。施罗特尔（J. Schröter，1745—1816）对于金星弦角（comes）的变化与其未被照明部分的边沿上几个亮点的观测，证明了这个曾令人怀疑的结果[④]；他求得金星的自转周期为 0.973日，他和卡西尼一样，求得金星的赤道与黄道的交角很大。最后，施罗特尔由观测断定金星表面有高山，由于从暗处过渡到亮处光线的递降定律，他断定金星周围有广袤的大气，其折光率与地球大气的折光率很少差异。在大望远镜里观测这些现象极其困难，在巴黎那样的气候里这种细微的观测简直无法进行；南方澄静大气下的观测者对于这一类的观测应该加以注意。总之，对于印象相当微弱的现象，最重要的是防备想象发生作用，因为想象对于微弱的印象有相当大的影响，原来内心所造成的形象常会修改，甚至改换了眼里所看见的形象。

金星的亮度超过其他行星与恒星，有时它亮到白昼里肉眼也可看见[⑤]。这现象与其对于太阳复返到相同位置有关，发生于下合前后 36 日之内，大约每隔 19 个月（会合周期）重演一次，其最大亮度每 8 年一次。虽然这是一个相当常见的现象，但总会引起一般无知者的惊奇，由于无知而易引起轻信，便会认为这是与当时最显著的事变有关的天象。

## 注　释

①金星轨道与黄道的交角据现今采用的数字为 23′40″。——译者

②太阳的平均地平赤道视差现今的公认值为8″.8。——译者

③金星的视直径，现今公认的数值下合时为61″，上合时为10″。——译者

④金星的自转周期，由光学观测有人认为是大约一日或一月的；用射电望远镜观测得出金星的自转周期为243日，而且是由东向西逆转的，最近的数值为244.3日。——译者

⑤我国史书里常有“太白昼见”的记载，太白是我国古代金星的名称。——译者

# 第六章　火　　星

刚才讨论过的两颗行星，很像太阳的卫星伴随着它；它们围绕地球的平均运动与太阳的运动相同。其他几颗行星对于太阳的角距离可能有任何的数值，但是它们的运动与太阳的运动的关系使我们不怀疑太阳对于这些行星运动的影响。

火星貌似由西向东绕地球运动，其恒星周期平均值大约 687 日，其会合周期，即对于太阳再返回原来位置的时间，约 780 日。火星的运动颇不均匀：黎明从太阳的光辉里出现，我们再看见它时，它顺行最快，以后逐渐缓慢，而终于留住，那时它和太阳的角距离为 136°.8；然后它的运动方向改为逆行，其速度逐渐增加，直至和太阳相冲之时，那时火星的速度达极大，此后再逐渐缓慢而复留住，那时火星接近太阳，角距只有 136°.8。逆行 73 日之后，运动复变为顺行，而且在这期间它所走的逆行弧约为 16°.2。此后火星继续接近太阳，终于掩没在西沉的日光里。这些奇特的现象，从每次冲时周而复始，只是在其逆行弧的长短与时间上有相当大的差异而已。



火星并不恰好在黄道面内运动，它有时离开黄道几度①。火星的视直径变化相当大，在其平均距离处时为 6″.3，随着它接近冲时，视直径越增大，直至冲时为 18″.3。那时火星的视差相当显著，差不多是太阳的视差的2倍。太阳与金星的视差之间的关系同样也存在于太阳与火星的视差之间。在最近几次由金星凌日所测得的太阳视差以前，火星视差的观测已是测定太阳视差的近似方法，它没有金星凌日观测的结果精确。

我们看见火星的圆面，随其与太阳的相对位置而改变其形状，有时成为显著的卵形。火星有位相，证明其光线是日光的反射。火星表面上观测到的斑点使我们认识到它由西向东自转，其周期约为1.02733日，其自转轴与黄道相交成59°.7之角。火星的两极直径比赤道直径稍短。据阿拉果的测量，两极直径的平均值与赤道直径之比为189∶194。

## 注　释

①据现今观测，火星的轨道与黄道的交角为1°51′。——译者

# 第七章　木星和它的卫星

木星由西向东运行、公转周期差不多为 4332.6 日；会合周期约 399 日。木星运动上所受到的差数和火星相似。木星冲日以前，当其与太阳的角距约为 115°之时，运动变为逆行；它的速度增加直到相冲之时，跟着变慢，以至于留住，然后又顺行，接近太阳，直至距离太阳 115°而止。逆行的时间为 121 日，逆行弧长约 10°；但在木星的各次逆行里，其弧度与时间有可觉察到的差异。木星的运动并不恰好在黄道面内；有时可以离开 3°或 4°。

木星表面上有几条暗带显著地互相平行，而且平行于黄道；还有许多斑点，由于它们的运动察出木星由西向东自转，其自转轴差不多与黄道正交，周期为 0.41377 日。由于这些斑点的变化，与这些斑点运动的自转周期之间有显著的差异，所以，我们认为这些斑点并不固定在木星表面之上；它们像是在很骚动的大气里，为各种速度的风所推动的云。

在行星中，木星的亮度仅次于金星；有时它的亮度甚至超过金星。当木星冲时，其视直径最大可以达到 45″.9；而其平均值在赤道方向为 36″.7；在各个方向上视直径是不同的。木星在其自转的两极处显著地呈扁平状，阿拉果由很精密的测量，求得两极径与赤道径之比约为 167∶177。

人们观测到木星周围有4颗小星跟随它不停地运行。它们排列的位置随时变化；它们在木星两侧摆动，由它们摆动范围的大小而定出它们的次序；所谓木卫1便是摆动范围最小的一颗。有时我们看见它经过木星的圆面而投影于其上面，它在其一条弦线上经过；因此木星和它的卫星都是为太阳照亮的不透明体。木卫在太阳与木星之间时，其阴影投射在木星的圆面上，形成木星上的日食，完全相似于月影在地球上形成的日食。

木星背着太阳一面所拖的影锥给我们解释木卫所表现的另外一种现象。有时木卫离木星的圆面还有相当距离时，我们已经看不见它们；木卫3和木卫4有时在圆面的同一边再现。这种消逝与月食完全相似，伴随这现象而来的情况，使我们绝不怀疑这个事实。我们看见木卫总消逝于木星圆面背着太阳的一边，因此是在木星所投射的影锥的一边；当木星愈近冲日时，木卫被食处愈近于圆面；最后，木卫被食的时间恰好对应于它们经过木星的影锥所用的时间。由此可见木卫在木星周围由西向东运行。

木卫被食的观测是决定它们的运动最可靠的方法。比较时间相隔很远的、且在木星冲日附近观测到的木卫食，人们精密地测定了木卫围绕木星运行的恒星周期与会合周期。由此我们求得木卫运动差不多是等速圆周运动，因为这个假设几乎很合乎我们看见木星对于太阳在相同位置上时所发生的木卫食的情况，因此我们可以决定从木星的中心所看见的木卫在任何时刻的位置。

从此得出一个简单而且相当精确的方法，去比较木星—地球间的距离和太阳—地球间的距离。这是古代天文学家所缺少的方法，因为木星的视差，即使以现代观测的精度也难测定，而且当其和地球最接近时，我们也只能据行星的公转周期愈长、其距离愈远的估计，从它的周期去决定它的距离。

假设我们观测了木卫3一次被食的全过程。在其食时的正中(食甚)，从木星的中心去看这颗卫星，它差不多和太阳相冲；因此由这中心看这木卫对于恒星的位置(这是由木星与这木卫的运动容易断定的)，那时正好与由太阳中心看木星中心的位置相同。据对太阳的直接观测或由已知的运动，可得出从太阳中心看地球的位置；因此设想由连接太阳、地球与木星三中心的直线所构成的三角形中，我们可以求得太阳处之角；由直接观测可得地球所在处的角；因此我们可以将食甚时木星—地球间与木星—太阳间的直线距离表为太阳、地球间距离的分数。用此法求得木—地间的距离至少是日—地间距离的5倍，那时木星的视直径为36″.7。在相同的距离处，地球直径所张的角度只有3″.4；因此木星的体积至少是地球的体积的1000倍。

由于木卫的视直径小至不能觉察，因而不能确切决定它们的大小。我们试图根据它们穿过木星的阴影所用的时间去作估计，但由这方法所得的结果有很大的差异，这是由于望远镜的能力、观测者的目力、大气的宁静度、木卫在地平上的高度、木卫对于木星的视距离，以及木卫对着我们的半球的变化等因素所造成的差异。木卫亮度的比较与以上所说的前4种原因无关，它只和它的绝对亮度成正比；因此其亮度的变化可能是由于木卫表面的黑斑因木卫的自转运动依次转向地球，这就表明木卫有自转运动。赫歇耳[①]曾做过这种精细的研究工作，他发现木卫的亮度有交替消长变化，很容易鉴别它的亮度的极大值与极小值，将这些极大值与极小值和这些卫星的相互位置加以比较，使他认识木卫像月亮那样自转，其周期与它们围绕木星公转的周期相同，这结果已由马拉迪(J. P. Maraldi，1665—1729)根据木卫4凌木时对木卫4表面的一个斑点的回转现象的观测而得出来。由于木卫的距离遥远，减弱了表面出现的这种现象，以致亮度只有很小的变化，乍看之下难以觉察，只有这类观测的长期经验才能发现到这种现象。但是我们只能在既不会弄错这种变化的存在，而又不致为引起这些变化的原因所迷惑的极其审慎的情况下，使用这个想象力在其中占支配作用的方法。

## 注　释

①赫歇耳(F. W. Herschel，1738—1822)，英国天文学家，其子J. F. W. 赫歇耳也是天文学家。——译者

# 第八章　土星与它的卫星和光环

土星由西向东运行，周期10759日，其会合周期为378日。土星在距黄道面很近的轨道上运动，其所受到的偏差与火、木两星的运动所受到的偏差相似。土星在冲日前与太阳相距109°时转为逆行，冲日后与太阳相距109°时由留而转为顺行；逆行时间约139日，逆行弧大约6°.3。冲日时土星的视直径达极大值，其平均值约16″.2。

土星在宇宙体系里表现出一个独特的现象。我们看见它两侧常有两个附着的小物体，其形状与大小有很大变化：有时它变为围绕土星的光环；有时完全消逝，那时土星和其他行星一样是圆形的。仔细观察这些奇异的形态并将土星相对于太阳与地球的位置联系起来，惠更斯(C. Huygens，1629—1695)发现这些现象是由环绕土星的一个大而薄的光环所形成，光环的各部分不附着于土星上，而在运动中保持平行。光环与黄道的交角为28°.67，常与地球呈倾斜方向，因而形成椭圆，其宽度最大时大约等于其长度的一半。随着土星与地球间的视线逐渐下降到光环面上，我们所看见的椭圆状光环逐渐缩小，直至这椭圆的后半段为土星所掩蔽，前半段则和土星相重合，但它投在土星圆面上的暗影，形成一条暗带，正如我们在大望远镜里所看见的那样。这说明土星及其光环都是受到太阳照射的不透明体。这以后我们只看见光环延伸在土星两侧的部分，这些部分逐渐减少其宽度；最后当地球位于光环平面时，光环消逝，因为光环很薄不能为人觉察。还有，当太阳来到光环面上时，只照着它的侧面，因此光环也消失了。光环面在太阳与地球之间时，光环继续隐匿；可是由于土星与太阳各自的运动，当太阳与地球同在光环面的一边时，光环又会再度出现。

土星在其公转的每半周内，其光环面与太阳的轨道相交，因而其消逝与再现的现象差不多每 15 年一循环，但其情况常有差异：在同一年内可能有两次消逝和两次再现，而绝不会更多。

在光环消逝期间，其侧面也将所接受的日光反射给我们，但其量极微，不能使我们觉察。可是如将望远镜的口径加大，这是可以看见的，赫歇耳便从他的大望远镜里证实了这个事实；当别的观测者看不见光环的时候，他却不断地看到它。

光环与黄道的交角，可由它表现给我们的椭圆张开到最大之时，而得到测量；由于光环的再现与隐匿，依赖于光环面与地球的相合，光环与黄道面的交点的位置容易由土星的位置而求得。给出交点对于恒星有相同的位置的这一类现象因此发生于光环面与地球相合之时；其他现象则发生于光环面与太阳相合之时；因此当光环出现或隐匿之时，我们可以据土星的位置而认识这现象是由于光环面与太阳或与地球相合而形成的。当光环面经过太阳之时，交点的位置给出从太阳的中心所见的土星的位置；于是我们可以决定土星—地球间的直线距离，正如我们由木卫被食的方法定出木星—地球间的距离一样。在连接太阳、土星与地球三个中心所形成的三角形里，我们可以求得地球与太阳处的两个角，由此容易将太阳、土星间的距离表为太阳轨道的半径的倍数。于是求得当土星的视直径为16″.2时，土星距离太阳比地球距离太阳要远9.5倍左右。

土星在平均距离处时，光环的视直径，根据阿拉果的精密测量，等于38″.43，其视宽度为5″.786。光环表面并不是连续的；中间有一个同心暗带隔开，将其分为内外两环，外环较内环窄。有些观测者看出有若干个暗带，似说明有许多圈光环①。赫歇耳由光环上一些亮点的观测，发现光环由西向东自转，周期为0.437日，其自转轴经过土星的中心而与光环面正交。

土星外围有7颗卫星，均在近似正圆的轨道上由西向东运行。前6颗卫星的轨道很接近于光环面，唯有土卫7的轨道更接近于黄道面。当这颗卫星在土星的东面时，它的光辉微弱到难以觉察，这现象只能产生于土卫7对着我们的半球上的黑斑。由于这现象总出现于这卫星对于我们具有相同的位置上，这说明这颗土卫，像月亮与木卫，绕轴自转的时间等于它绕土星公转的时间。由此可见卫星自转和公转两种周期的相等，像是卫星运动的一个普遍规律。

土星的直径并不是到处一样长；与光环面正交的直径最短，比这面上的直径至少要短1/11。如果我们将土星的扁率和木星的扁率比较，可以有很大的可能性认为土星绕其最短轴相当迅速，而且光环在其赤道面上运转。赫歇耳由直接观测证实这个结论，使我们知道土星亦如太阳系里其他行星，由西向东自转，其周期为0.428日，与木星的自转周期相差颇少。可以注意的是：对于这两个大行星自转周期都很相近，不及半日，至于它们轨道之内的行星，自转周期都很接近一日。

赫歇耳还在土星表面上观测到5个暗带，都差不多和它的赤道平行。

## 注　释

①现今发现土星光环共有4圈，土卫共有10颗。——译者

# 第九章　天王星和它的卫星

天王星由于其体积小，使古代的观测者不能察觉。17世纪末，弗兰斯蒂德（J. Flarnsteed，1646—1719），18世纪默耶尔（Tobias Mayer，1723—1762）与蒙尼耶（P. Le Monnier，1715—1799）都把它当做恒星观测过了，直至1781年赫歇耳才证实它的运动，于是仔细地跟踪它，终于确定它是一颗行星。和火星、木星与土星一样，天王星也由西向东围绕地球运行。其恒星周期约30689日；其轨道很接近于黄道面，其运动在冲日前与太阳相距103°.5时开始逆行；冲日后与太阳接近，直到相距只有103°.5时，停止逆行。逆行期约为151日，逆行弧是3°.6。



如果按照运动的迟缓去判断天王星的距离，它应是在行星系的边界了。天王星的视直径很短，最长时还不到4″。据赫歇耳的观测，天王星有6颗卫星，轨道近似正圆，差不多与黄道面正交。这些卫星须在大望远镜里才看得见；只有天王卫2和4才为其他观测者所辨认。至于其他4颗卫星，赫歇耳公布的观测过少，还不能定出它们的轨道根数，因而它们是否真的存在，还不能确定[①]。

**注　释**

①现今发现的天王星的卫星共有5颗，皆围绕本行星逆行。——译者

# 第十章　小行星[①]：谷神星、智神星、婚神星与灶神星

这4颗行星很小，只能在大望远镜里才看得见。本世纪(19世纪)的第一个夜晚，皮亚齐(C. Piazzi，1746—1826)在意大利巴勒莫城发现了谷神星。1802年奥耳贝斯(H. W. M. Olbers，1758—1840)发现了智神星；1803年哈尔丁(K. L. Harding，1765—1834)又发现了婚神星；最后，在1807年奥耳贝斯更发现了灶神星。和其他行星一样，这些星均由西向东运动；也交替地循顺向与逆向运行。但是由于发现后经历的时间不久，它们的公转周期与运动规律还没有精确测定。我们只知道，它们之间的恒星周期相差很少，前3颗星的恒星周期约为4⅔年，灶神星的恒星周期比其他3颗约短1年。智神星的轨道比其他老的行星距离黄道面都远得多，如要将这偏离包括在内，便应将黄道带显著地放宽。



**注　释**

①小行星旧称(望)远镜行星，迄至1969年10月轨道确定的小行星，已有1748颗得到永久的序号。——译者

# 第十一章　行星围绕太阳的运动

如果我们只是搜集事实，科学将会成为贫乏的词汇，而绝不会发现自然界的伟大定律。由于许多事实的比较，而追求其间的关系，更将现象的范围推广，最后才发现定律。而这些定律常常隐藏在它们对现象的千变万化的影响之中。于是自然的帷幕揭开，向人们指出产生许多观测到的现象的少数原因，当人们彻底了解因果间的连锁关系之时，便可展望将来，在时间进程里应该发展的一系列事实，便会自然地出现在人们的眼前。人们的思想经过长期而有结果的努力之后，才能在宇宙体系的理论里达到这一高度。人们为了说明行星的表面现象最初所想到的假说，不过是这理论的不完全的草图；但这些表面现象一经得到精密的解说以后，便可由理论提供计算的方法，然后再遵循观测的指示，将理论加以不断的修改，而终于窥见宇宙的真实体系。

行星运动里最显著的现象是它们从顺行到逆行的变化，这变化显然只可能是由两种相辅相成的运动产生的结果。古代天文学家为解释这个现象所提出的很自然的假说是 3 颗外行星在本轮上顺行，而本轮的中心又循相同的方向（在均轮上）绕地球运行。由此可见，如果我们设想行星在其本轮的最低处或最接近地球处时，行星的运动和本轮的运动相反，而本轮则永远平行于其自身而移动；因此设想行星的运动胜过本轮的运动，则行星的视运动是逆行的，且达到最大速度。反之，行星在其本轮的最高处时，这两种运动相合，视运动是顺行的而且最快。由第一位置到第二位置，行星继续表现逆行运动，速度不断变小，以至于零，然后变为顺行。但是据观测，逆行运动最速时常出现于行星冲日之时；因此每个行星在本轮上运行的周期须等于它的公转周期，而且行星在最低点处的位置与太阳的位置是相反的。因此我们明白行星的视直径为什么在冲时为极大。至于两颗内行星距离太阳常在一定的角度范围之内，我们也可以解释其运动有交替的顺行与逆行，只须假设它们循顺向在本轮上运动，同时本轮的中心也循顺向绕地球每年运行一周，而且更假设内行星过本轮的最低点时它与太阳处于合的位置。这便是最早的天文学假说，经过托勒密(C. Ptolémée，约90—168)的采用与改进以后，便以他的姓氏得名为托勒密体系。

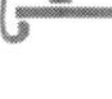



这假说里关于均轮和本轮的绝对大小并无丝毫说明；由表面现象只能定出它们轨道的半径的比值。托勒密也不寻求行星与地球之间的距离；他只假设外行星由于其公转周期较长，因而较远；他将金星的本轮放在太阳的下面，水星的本轮又放在金星下面。在这如此不确定的假说里，我们一点也不明白为什么外行星愈远其逆行弧愈短，而且为什么外行星本轮的动半径常与太阳的向径平行，而且也和两个内行星均轮的动半径半行。这种平行性，经开普勒(J. Kepler，1571—1630)引进托勒密的假说，是为行星在平行和垂直于黄道上的运动的一切观测所表明的。但是如果承认这些本轮和均轮都等于太阳的轨道，则这些现象的原因便很明显。这便可以肯定先前的假说经过这样修改后，便变成将所有的行星当做围绕太阳运行，而太阳围绕地球公转（不管它是真运动或是视运动），但太阳却在行星轨道的中心。行星系的这种简单排列便没有什么不确定之处，而且证明行星的顺行与逆行运动和太阳运动的关系。这一改进从托勒密的假说里取消了均轮与行星每年运行一周的本轮，而这些是托勒密特别引进去解释行星运动在与黄道正交方向上的分量。于是托勒密定出的两颗内行星的本轮的半径与其中心所走的均轮的半径之间的比值，便代表了行星、太阳间的平均距离，而以太阳、地球间的距离的分数表示出，同样的比例的倒数也代表外行星和太阳或和地球间的平均距离。这假说的简单性已足够使我们接受，再加上从望远镜里的观测得到的证明，更使我们对这假说没有什么可怀疑的了。

以前讲过由木卫食可以决定木星、太阳之间的距离，结果是木星围绕太阳的轨道是近圆形的。我们还讲过由土星光环的出现与消逝，可以定出土星、地球间的距离约为地球、太阳间的距离的9.5倍，而根据托勒密测定，这比值很接近土星的轨道半径与其本轮半径之比，因此可以肯定土星的本轮等于太阳的轨道，可见土星是环绕太阳在近似正圆的轨道上运行的。从两颗内行星所观测到的位相，显然证明它们是环绕太阳运行的；由此产生金星的运动情况与其视半径和位相的变化。早晨，金星开始从太阳光辉里出现时，我们看见它先太阳而升起，呈蛾眉月的形态，视直径极大；因此那时金星比太阳更接近地球，即差不多在与太阳相合（下合）的位置，金星逐渐离开太阳时，它的蛾眉形状增大，它的视直径变小。到了距离太阳约45°以后，它愈接近太阳，而愈将其照明的半球呈现在我们眼里；它们的视直径继续变短，直到早晨它沉没于太阳光辉里之时。这时金星是满相的，呈满月形，它的视直径极小，因此它在这位置上距离地球比太阳远（上合）。经过一段消逝不见的时间以后，金星再现于黄昏时，再按与以前相反的次序，而重演其消逝前所表现的现象。金星被照明的半球逐渐背向地球，其位相变小，在其随着它远离太阳的同时，视直径日益增大。到了距离太阳45°以后，金星再转向太阳，它的位相继续变小，视直径继续变长，直到再度沉没于太阳光里。有时，在黄昏消逝与黎明再现的一段时间之中，我们看见金星成为一颗黑点，在太阳的圆面上经过（金星凌日）。由这些观察现象，可见太阳差不多在金星轨道的中心，太阳带着金星同时围绕地球运行。水星表示给我们的现象与金星的现象相似，太阳也在其轨道的中心。

因此我们根据行星的运动与位相等表观现象而导致如下的普遍结论：**一切行星环绕太阳运行，同时在太阳围绕地球做真运动或视运动的公转里，太阳都在行星轨道的焦点上。**引人注意的是这结果由托勒密的假说推出，只须假设这假说里的均轮和每年运行一周的本轮均等于太阳的轨道，于是这假说便不是纯粹出于理想，即只凭想象去表示天体的运动。经过修改以后的假说，行星便不是环绕想象的中心运行，而是将它们的轨道的焦点放在伟大的天体上，而这天体（太阳）由于它的作用，将行星维系在它们的轨道上；于是我们窥破它们所以在正圆轨道上运行的原因。

# 第十二章　彗　　星

有时我们看见有些天体，起初光辉暗淡难以辨认，其后亮度与速度逐渐增大，终于减小以致消逝不能看见。这种天体叫做**彗星**，它们周围总附有一团云雾气，在增大时还拖有一条相当长的彗尾，这些云雾气的彗头与彗尾应当异常稀薄，因为其背后的星光还可穿过，而无显著的减弱。这种拖有长而发光的尾巴的彗星之出现，长期以来就使人类惊吓，因为原因不明的异常事件总会引起人们的恐怖。彗星、日月食与其他许多现象在漫长的愚昧时代里所引起的虚惊，已为科学的光辉所驱散。

彗星和其他天体一样，参加天球的周日运动，由于其视差的渺小，我们知道它们绝不是大气里造成的流星一类的现象。它们的自身运动很复杂，可能在各个方向出现，它们既不像行星那样由西向东运行，而且其轨道面与黄道面的交角也较大。

# 第十三章　恒星和它们的运动

恒星的视差很小，难以测量；即使在大望远镜里，它们的圆面也成了光点。所以，这些星和行星是不相同的，因为行星在望远镜里看，其视直径增大。由于月掩星时，恒星在短暂时间内消逝在月轮后面，这现象说明恒星的视直径之渺小；这一段短暂时间还不到一秒，说明其视直径比 1.6 弧秒还短①。由于亮的恒星光耀夺目，与其视直径的渺小比较，使我们相信它们比行星距离要远得多；它们并不像行星反射日光，而是自己发光；由于最微弱的星与最亮的星都在同一种运动支配之下，在它们之间维持不变的相对位置，所以恒星很可能具有相同的物理性质，它们都是或大或小的发光体，位置在太阳系之外或远或近之处。

在一些恒星的亮度上，我们观测到表现周期性的变化，叫做变星。有时一颗星忽然大放光明，经过一段时间又隐匿不见。例如 1572 年在仙后座内出现的一颗有名的星②。这颗星的亮度在短时期内超过一切亮星，甚至超过木星，然后亮度逐渐微弱，16 个月后终于消逝不见，但在天上的位置却没有改变。这颗星的颜色表现出相当大的变化：起初是耀眼的白色，继后橙黄，终于成了灰色。这些现象的原因究竟在哪里？这是由于恒星表面上有大黑斑，因其自转按周期出现在我们眼前（如最后一颗木卫③那样），或许是由于围绕它运行的暗星遮掩了它的光线，才造成这种周期性变化。至于那些忽然明亮跟着消逝不见的星，可能由于特殊的原因，引起它表面发生大火，这种猜测由它的颜色变化得到证实，因为这种变化类似我们在地上看到的物体着火焚烧而后熄灭的情况。

围绕天穹形似一条无规则腰带的白色微光，我们把它叫做**银河**。在望远镜里，银河分解为无数微弱的星，在我们眼里它们像很接近，以致看去它们好像连接一片的光辉。在天空不同的部分，我们还看见一些微弱的白光，我们把它们叫做**星云**，其中一些的性质像与银河相同。在望远镜里它们也表现为许多恒星的集团；还有一些星云表现为连续一片的白光；星云很可能是很稀薄的发光物质，以各种式样的集团分布在宇宙空间内，由其继续不断的凝结而形成恒星和各种类型的天体。我们在一些星云里，特别是在猎户座内那一团美丽的星云里，所看见的显著的变化，可用这个假说很好地说明，因此它给予这个假说以很大可能性。

天文学家利用恒星相对位置的不变性，将它们看做是一些定点，而作为其他天体的自身运动的定标点；因此为了辨识它们，需要将它们分组，于是我们将恒星分为许多**星座**。此外，还须将恒星在天球上的位置加以精密的决定，现在将决定恒星位置的几个方法叙述如下：

假想通过天球上的两极与一颗恒星的中心做一大圆（这叫做**赤经圈**或时圈），它与大赤道正交。在这大圆上赤道到恒星中心之间的一段弧便是这颗星的**赤纬**，随星所较接近的极是北极或南极，赤纬便分别为北纬或南纬。

在同一赤纬圈上的星具有相同的赤纬，为了决定恒星的位置还需另外一个参数。于是我们选择在赤道上夹在通过星的赤经圈与通过春分点的赤经圈之间的弧。这段弧，按太阳运动的方向即由西至东的方向从春分点起计算，叫做这颗星的赤经。于是，星的位置由其赤经与赤纬而决定。

一颗星在子午圈上的高度，和北极的高度比较，给出它与赤道之间的距离，或它的赤纬④。古代天文学家们对于赤经的测定感到困难，因为他们不能将恒星直接和太阳比较。由于月亮在白昼可以和太阳比较，在夜晚可以和恒星比较，因此为了测量太阳与恒星之间的赤经差，他们使用月亮为中间体，自然应当将观测时间内月亮和太阳的自身运动考虑进去。由于根据太阳的理论，可以算出它的赤经，他们依此推算几颗主要恒星的赤经，而作为测定其他恒星的赤经的根据。喜帕恰斯便根据这个方法，编制了我们知道的第一个星表⑤。多年以后天文学家们不用月亮而用金星作为测量恒星赤经的中间体，因为金星有时白昼可以看见，而且它的运动在短时间内比月亮的运动缓慢而少变化，因而改进了这个方法，使其得到较高的精度。现时出于使用摆钟，提供很精确的时间，我们可以由一颗星和太阳两者中天所经历的时间，直接测定它们的赤经差，这样求得的结果比古代天文学家们所测定的精确得多。

根据相似的方法，我们可以决定天体对于黄道的位置，这种坐标主要用于月亮和行星的理论。假设通过一颗星的中心引一大圆与黄道面正交，这一大圆叫做黄经圈，在这圈上黄道到这颗星之间的一段弧，量度它的黄纬，按这颗星和北黄极或南黄极同在黄道的一边，而分别称为北黄纬与南黄纬。通过这颗星的黄经圈与通过春分点的黄经圈在黄道上所夹的一段弧，从春分点起由西向东计算叫做这颗星的黄经,因此星的位置便由它的黄经与黄纬而决定。容易了解,如果已知黄赤交角,一颗星的黄经与黄纬可由观测而得的赤经与赤纬推算出来。

只须经过几年便可发现恒星的赤经与赤纬是有变化的。而且很快便会看出星只对于赤道的位置发生改变,但其黄纬不变,于是得出这样一个结论,即星的赤经与赤纬的变化,只是由于星绕黄极的公共运动所引起。我们还可将这些变化看做是恒星不动,只是由于赤道的极绕黄道的极运动而引起的。这运动里黄赤交角不变,黄赤交线(或二分点)以每年 50″.10 的速度均匀后退。以前讲过,二分点的逆行使回归年比恒星年稍短;故恒星年与回归年之差以及恒星的赤经和赤纬上的变化都与这运动有关,由于这运动,赤极在天球上与黄道平行的小圆上,每年所走过的弧为 50″.10。这现象的名称叫做分点岁差。

由于近代天文学使用望远镜与摆钟而增加其观测的精度,在黄赤交角与分点岁差上发现有微小的周期性的变化。布拉德累[6]发现这两个现象并仔细地研究了几年,便得出如下所述的规律。

设想赤极在与天球相切的一个小椭圆上运动,其中心可以看做是赤道的平(均)极(点),在其所在的黄纬圈上,每年均匀运动 50″.10。这椭圆的长轴常在一个黄经圈的平面上,对应于这大圆上 19″.30 的弧长,其短轴在黄纬圈上对应于 36″.06 的弧。赤道的真极在这椭圆上的位置,可作如下决定:假想椭圆所在平面上有一小圆与椭圆有公共的中心,其直径等于椭圆的长轴。而且设想这小圆的一个向径有一种均匀的逆行运动,其方式是:每当白道(月亮的轨道)的平均升交点与春分点重合时,这个向径便和最邻近黄道的那个半长轴相重合；最后从这动向径的末端作一垂线与椭圆的长轴正交。这垂线与椭圆相交之点便是赤道真极的位置。极点的这种运动叫做**章动**。

按照以上所说到几种运动，恒星维持彼此之间的相对位置，但是发现章动的大天文学家从一切恒星上还发现有一种普遍的、周期性的运动，稍微改变它们的相对位置。为了表示这一运动，应该设想每颗恒星在平行于黄道的小圆周上每年运行一周，其中心是星的平均位置，其直径从地球看去所张的角为 40″.5；恒星在这圆周上的运动正如太阳在它轨道上的运动，不过太阳常在它前面90°而已。这个圆投影在天球上像是一个椭圆，其扁平的程度随星离黄道的高度而不同，因为椭圆的短轴与长轴之比，正如这高度的正弦与 1 之比。由此产生的恒星的周期性运动叫做**光行差**。

除了这些普遍性的运动之外，有些星还有其很缓慢的特殊运动，须经过相当长的时间才显出。至今，这种运动在天狼和九角两颗亮星特别显著，大家相信在未来的世纪里，从别的恒星上也会发现这种运动⑦。



## 注　释

①根据现今的测量，最近的恒星的视差是 0″.76，最长的视直径是 0″.047。——译者

②这类星现今叫做超新星，是一颗星爆发时所造成的现象。——译者

③即木卫 4。——译者

④一颗星的赤纬等于其在子午圈上的高度加北极高度减直角。——译者

⑤星表是记载恒星某些数据（如星等、方位、自行等）的表册。实际上在

我国战国中期有一本书叫《石氏星经》，就是世界上破天荒第一次出现的星表。——译者

⑥布拉德累（J. Bradley，1692—1762），英国天文学家，发现光行差和章动两个重要现象。

⑦这种运动叫做自行，现已由观测证实恒星都有自行，单位以星在天球上的位移每年若干角秒来量度。自行最大的一颗星名叫“巴纳德星”，每年移动 10″.27，等于在 180 年内移动了等于月亮角直径的一段距离。——译者

# 第十四章　地球的形状，地球表面重力的变化，权度和尺度的十进制

我们再从天空返回地球，并看一下我们怎样从观测知道地球的大小与形状。如前所述，地球近似于球形；重力到处指向地心，将物体保持在地面上，纵然在两个对径相反的地方，或彼此看去是相对的两面，它们的上下位置恰好相反的情况下也是这样。天空与星辰像是常在地球上面；原来高与低或上与下只是相对于重力的方向而言。

人类一经认识他所居住的大地是球形的之后，便想测量它的大小；很可能在有历史以前便有人对这个问题做过初步尝试，远古时代留下的几种尺度彼此之间的关系或它们与地球的周长的关系，使我们猜度在很早的时代里人们不但准确知道地球的周长，而且把它用作量度系统的基础，这在埃及和亚洲找得出遗迹。不管事情的真相怎样，我们知道对地球的第一次精密测量是皮卡尔[①]于 17 世纪在法国进行的，以后还经过几次复测。测量的方法是容易了解的。人向北行看见北极星愈升愈高；北方恒星的高度升高，南方恒星的高度降低，有些甚至隐匿在地平线下。大地弯曲的基本概念无疑是产生于对这些现象的观测，由这些观测便会引起原

始社会的人们从亮星的升落与太阳的出没比较，而认识出季节和它们的循环。由于恒星的中天高度在地上两处所看出的差异，使我们知道这两处的铅垂线在相交处所形成的角；因为这个角显然等于一颗恒星在这两处的中天高度之差减去从这颗恒星的中心看这两处所张之角，而这个角是很小的。其次只须测量这两处之间的距离。但要在地面上测量很长的一段距离是艰苦的，简易方法是先测量 12000 米或 15000 米长一段“基线”，而用三角网将这长距离的两端和基线的两端联系起来；由于这些三角形的角须量得相当精确，因此这段基线的长度须测量得特别精确。我们便用这个方法测量了通过法国的地球子午圈上的一段弧。这段弧的幅角等于直角的 1/100，且其中点处对应的北极高度为 45°，这段弧接近于 10 万米。

一切内凹体，以正球为最简单，因为它只随一个因素，即其半径的长度而变化。人们思想的自然趋势总是假设我们所看见的物体的形状是容易想象的，因此人们曾将地形看作正球，可是自然的简单性不是常如人们的臆想。其实，自然的原因虽然简单，但其效果却很复杂，由少数的普适定律产生极其复杂而众多的现象，这就是自然的经济性。地形是球便是普适定律的一个结果，但千百种情况的改变，使其对于正球的形状有可察觉的偏差。在法国的弧度测量中所观测到的微小变化，表现出这些偏差；但观测上不可避免的误差，使我们对这个有趣的现象发生怀疑。法国科学院对这个重要问题感到很大的兴趣，认为地面长短相同的弧其度数应有差异；如果这见解是正确的，便会主要表现在从赤道到两极的弧度测量的比较上。于是该院派遣几位院士到赤道去，他们求得那里经度圈上每度弧长比法国的短些，而派遣到北方去的院士们求得的结果比法国的长些。由此可见，经度圈上从赤道至两极同度数的一段弧长度的增加，由测量上予以无可辩驳地证实，于是肯定地球的形状绝不是正球。

法国院士的这一次有名的旅行导致各国测量家注意这个问题，于是在意大利、德国、非洲、印度以及美国宾夕法尼亚州等处都从事经度圈上的弧度测量。这些测量一致表明从赤道到两极同度数的弧变长。

下表载测量得到的经度圈上的两极端以及北极与赤道中间每度的弧长。第一行是布盖[2]和拉·孔达米恩[3]在秘鲁所测得的结果。第二行是重新大规模测量从敦刻尔克[4]到佩皮尼昂[5]穿越法国的经度圈的弧长所得的结果，而且这次测量向南延伸到地中海里的福尔门特拉岛，更向北延长，通过英法两国海岸的三角网而与格林尼治的经度圈联系。这一段很长的弧，相当于由北极至赤道的距离的1/7，经过极其精密的测量。天文与大地测量的观测都用当时精密的经纬仪做成的。使用极可靠的新方法测量出一条在默伦[6]附近与另一条在佩皮尼昂附近各长12000多米的两条基线，这工作的精度之高，可以从一个事实说明：即由默伦的基线，经过一系列的三角网而测量到佩皮尼昂的基线，所算出的结果与实际测量的长度相差不过1/3米，虽然这两根基线之间的距离超过90万米。

为了使这个重要工作达到完美的境界，我们在这弧段上各点观测北极的高度与同一长度的摆在一日内的振荡次数，我们便可求得弧度和重力的变化。可见我们所进行的这一类精密而广泛的

测量工作可以视为论证本世纪科学技术光辉成就的纪念碑。最后，表中第三行是斯旺堡(Swanberg)先生最近在拉坡尼[⑦]测量的结果。

| 北极高度(或纬度) | 每度弧长 |
|---|---|
| 0°.00 | 99523.9 米 |
| 45°.07 | 1.00004.3 |
| 66°.34 | 1.00323.6 |

当极点的高度增加时，经度圈上的弧度增加之数在我们刚才所说的大圆弧上的各部分是相同的。我们现将以上所说的两极端的测量与这段弧中间的一点——巴黎国葬院——的测量数字表示于下：

| | 北极高度 | 在经度圈上与格林尼治的距离 |
|---|---|---|
| 格林尼治 | 51°.47778 | 0.0 米 |
| 巴黎国葬院 | 48°.84688 | 292719.3 |
| 福尔门持拉岛 | 38°.66560 | 1423636.1 |



从格林尼治与巴黎国葬院之间的距离得出每度的长度为111261.3 米，其中点处的北极高度为 50°.16233；再由巴黎国葬院到福尔门特拉岛测得每度之长为 111078.1 米，其中点处的北极高度为 43°.65724；因此这两个中点间每度的增长率为 28.163 米。

因为正圆以外椭圆是最简单的凹形曲线，我们可以将地球看做是椭圆绕其短轴旋转而成的椭球体，这椭球在两极方向的扁度，是从赤道到两极的经度圈上所观测到的弧度增长的必然结果。因为重力的方向在各弧度处的半径方向上，据流体平衡律，这些半径都与占地表大部分面积的海平面正交。与正球的情况不同，这些半径并不会聚于中心，它们的方向既然不同，而长短又不等于从椭球中心引到地面的半径，而且除了赤道和两极之外，这些半径皆与椭球面斜交。在同一经度圈上相邻的两个铅垂线为交点是连接这两点的小圆弧的中心；假使这段弧是直线，则两铅垂线将是平行的，或者说它们在无穷远处相交；但是随着弧的弯曲曲率增大时，两垂线相交之点距离地面愈近；因此，由于短轴的末端是椭圆与直线最相近的一点，故极点处弧度的半径，还有弧度本身的度数，都最长。在椭圆长轴的末端，情形恰好相反，即在赤道上，曲率最大，在经度圈上的弧度最短。因此，由赤道到两极弧度增加；如果椭圆的扁度小，这增率差不多和极点在地平上的高度的正弦的平方成正比。

一个椭球体的扁度或椭率，是赤道轴超过两极轴之长而以赤道轴之长除之。在经度圈的方向上测量两段弧，便可决定地球的扁度。如果我们比较在法国与在秘鲁和印度所测量的弧，由于这些测量范围的广阔，相隔距离的遥远，以及观测者的技术等等，使我们能够相信其结果的正确性。他们求得的地球椭球体的扁度的数值为 1/310，半长轴为 6376606 米，半短轴为 6356215 米[8]。

假使地形是椭球的，将地上经度圈弧度的测量所得两两加以比较，应得出差不多相同的扁度，但由这比较得出的结果是有一点差异的，而这差异却难以仅仅归诸于观测上的误差。由此可见地球不恰是一个椭球。假设将地球看做是任何一种形状，那么地面的子午线将会具有怎样的性质呢？

天穹上的子午面，根据天文观测，是通过极轴与观测者的天顶而决定的，因为这平面将星辰在地平上所走的赤纬圈分为两段等长的弧。天顶在这子午圈上的地上各点形成对应的地面子午线（经度圈）。由于恒星的距离无限的遥远，从这些地方所立的垂线可以看做是与天空的子午面平行的，因此我们可以将地面子午线规定为平行于天空子午面的所有垂线足点连接所形成的曲线。当地是一个旋转体，这曲线全部在这平面上；否则这曲线便会离开这平面，一般的情况，这曲线将成为几何学上所说的双曲率的曲线。

地面子午线不是确切地按照天空子午线的方向而作的三角测量所决定的曲线。被测量的曲线的首段与地球表面相切且平行于天空子午面。如果将这段线延长与无限接近的垂线相交，然后将它弯曲至这垂线的足点以形成曲线的第二段，并按照这方法施行下去。这样绘出的曲线，是我们在地球表面上就这曲线上任何两点之间所能作的最短线，除非地球是旋转体，这条线不在天空子午面内，也不与地上子午面重合；但是这条线的长度与地面子午线相对应之弧的长度，两者之差是短到可以忽略而不致引起显著误差的。

重要的是在地面向各个方向测量，而且在尽量多的地点作这种测量。想象地面上的每一点有一密切椭球（ellipsoïde osculateur），椭球在密切点附近的小区域内基本上是和地面重合的。据子午线的方向与子午线的垂直线的方向所测的地面弧，使我们知道这椭球的性质与位置，它可能不是旋转体，在远距离处可能有感觉得到的变化。

不管地面子午线的性质如何，只就从极点到赤道同弧长的度数减少，地形便是向两极成扁平状，换言之即极轴比赤道轴短。为了说明这一事实，假想地是旋转体，并画出北极处的曲率半径以及极点到赤道的一系列曲率半径，据假设在不断地缩短。由此可见这些半径的连续的交点形成一条曲线，起初它与极轴相切，在北极与赤道之间这曲线是将凸面向着极轴的，达到赤道面上时，子午线的曲率半径的方向与极轴正交，那时这半径便在赤道面上了。如果我们想象极点的曲率半径是可以屈曲的，而接续包络（enveloppe）刚才所说的曲线的弧，则这曲率半径的末端便形成地面子午线，而包络线在这子午线与曲线之间相截的部分便是子午线上相应的曲率半径，几何学家将这曲线叫子午线的渐屈线或法包线（développe 或 évolute）[⑨]。现在设想赤道直径与极轴的交点是地心，则由地心所作的子午线的渐屈线的两条切线（第一条在极轴上，第二条在赤道径上）之和大于这两切线间的渐屈线之弧；可是从地心到北极所引的半径等于北极处的曲率半径减去第一条切线之长；赤道的半径等于子午线在赤道上的曲率半径加第二条切线之长；因此赤道半径超过极半径之长等于这两条切线之长减去极点处的曲率半径超过子午线在赤道上的曲率半径之长；最后这个超余数即是渐屈线本身的长，这段弧当然比两极端的切线之和短，因而赤道半径与从地心引到北极的半径之差是正数，因此两极间的轴长比赤道直径短，换言之即地球在两极方向是扁平的。

设想把子午线的每个部分视为密切圆周的很小一段弧的伸展（développement），便容易看出从地心引到弧的与极点最接近之端点的半径比从地心引到这段弧的他一端的半径稍短，因此如果像观测所表现的，子午线上同弧长的度数从赤道到北极增长的话，那么地球的半径从两极到赤道加长。

子午线在北极与赤道两处的曲率半径之差，等于对应的地球半径之差加上渐屈线的两倍长超过这两极端的切线之和的差数，这差数显然是正数；可见从赤道到两极同弧长的度数增加，其增长比例比地球半径变短的比例大些。如果南、北两半球不相等、不相似，那么，这一证明显然仍旧有效，即这个证明亦可推广到地球不是旋转体的情形。

在巴黎天文台天球子午线基础上，在法国的主要地方，建立起一些曲线，其描绘法与子午线方法只有一点差异，它们的第一段弧虽然与地面相切，但不是与巴黎天文台的天球子午面平行，而是和它正交。这些地方的位置为这些曲线的长度与巴黎天文台到这些曲线和这条子午线相交之点的距离决定。地理学上最有用的这一工作是为其他国家仿效的一个典范，不久便可推广到整个欧洲。

我们不能用大地测量的方法，决定远隔海洋地点的相对位置，于是应该求助于天文观测。这些位置的认识是天文学为我们提供的一个大的胜利。为了达到这个目的，我们按照编制星表时使用的方法，假想地面上有和天上所想象的圆圈相对应的圆圈。例如天球的赤道轴穿过地球与地面相交于对应的两点，于是在这对应二地点的天顶上各有一个天球的极点，我们可以把它看做是地球的极点。天赤道面与地球表面相交的圆周，可以看做是地赤道；天上的子午面与地球表面的交线是和连接两极点的曲线相同的，它就是地面子午线，如果地球是一个旋转体，在地理学上我们可以作这样的假设，而不致引起显著的误差。最后在地面上平行于赤道所绘的小圆叫做地面纬度圈，任何一处的纬度圈是与过天顶的赤纬圈相对应的。

地球上一点的位置，是这点到赤道之间的距离〔或赤道与纬度圈在地面子午线（经度圈）上所夹的弧〕以及这一点的子午线与本初子午线之间的角度所决定，本初子午线是任意选定的，其他子午线都从它算起。一个地点到赤道的距离依赖于其天顶与天赤道之间的角度，这个角显然等于极点在地平上的高度，这高度叫做**地理纬度**。一个地点的子午线与本初子午线之间的角度叫做**经度**，即这两个子午线在赤道上所夹的弧。按地点在本初子午线之东或西区别为东经或西经。

观测极点的高度可以求得纬度，至于经度，则在需要测定相对位置的两个地点的子午线上，同时观测同一天象来确定。假设开始计算经度的子午线在要测定经度的子午线之东，那么太阳先到这个地方的天空子午线；例如这两处地面子午线之间的角是 1/4 圆周，则这两处的正午时刻之差将是 1/4 日。假设在这两子午线观测到对于地上一切地方同时（物理时）出现的天象，例如月食或木卫的食既与生光，这些观测者对于这些现象所记录的时刻的差异，对于整个一天而言，正如这两个子午线之间的角度与整个圆周之比。由于对日食和月掩星等现象的起迄，可以得到比较精确的观测，因此这一类观测为决定经度提供比较精确的方法。事实上，这些现象对于地上一切地方并不发生于相同的物理时；但是由于我们对于月球运行的根数已经了解得相当清楚，我们可以将时间上的这点差异精确地考虑进去。

为了决定地面一处的经度，天象的观测不一定需要在本初子午线处进行；只需在一个对本初子午线的位置已知的地点作这种观测便足够了。按照这个方法将许多子午线相互联系起来，便可

测得地球上相隔很远之地点的相对位置。

根据天文观测，已经决定很多地方的经度与纬度；古代国家的位置与疆域上存在的大误差，已经加以改正；由于商业的利益和科学的发现，曾对有些新地方的位置进行过测定。虽然现今的航海增加了相当多的地理知识，但还有些地方须待发现[10]。非洲内陆和新荷兰[11]内部还有不少没有完全开发的地方；这些地方的地理位置还不确定，常因揣度而出现矛盾，须待天文学家们去加以测定。

只用经度与纬度还不能确定地上一处的位置，这两个水平向的坐标之外，还须加上第三个，即垂直向的坐标，这表明一个地点在海平面上的高度或海拔。在这一点上气压计起了它的作用；使用这仪器作过许多精密的观测，它在测量地球表面的高度上所作出的贡献，正如天文学在其他两个坐标上所作出的贡献一样。

在海上航行时，人们只有星辰和罗盘作为他们的指导，他们要知道的是船只在海上的位置以及要驶往的港埠和海程中礁石的位置。容易决定的是由恒星高度的观测而算出的地理纬度；八分仪与经纬仪的发明对于这一类观测提供没有料到的精确度。可是由于天穹的周日运动，每天赤纬圈上各点所出现的天象大致相同，航海者很难决定船位。测量船只航行的速度和方向，以补充天文观测，并与观测到的纬度比较，亦可估计船位对于起航的港埠的相对经度。可是这方法很不精确，引出的误差可能造成不幸的灾祸，由于夜风吹刮使船只接近海岸或礁石而航海者据估算还认为离得远哩！为了避免这一类危险，技术和天文学的进步使我们得到在海上测定经度的较好方法；由于商业国家大力奖励科学家与技术家研究这个问题，由于航海钟的发明与很精确的月亮运行表的编制，他们的愿望终于实现。这两个方法各有优点，而且由于互相补充而更加有用[12]。

将一个已知位置（经度）的港埠校准的计时钟载在船上，它将继续守着那个港的时刻。如果将这时刻和在海上观测到的地方时刻比较，则其时刻差异与一整天之比，如前所说，将是两处的经度差与圆周之比。但要制造一具这样准确的计时钟是困难的；因为船只的动荡，气温的变化，精密机械间不可避免并且很显著的摩擦，都会损害它的准确度。幸而我们已经能够大致克服这些困难，因而制成的计时钟可以经历几个月而仍保持大致均匀的行走，于是为海上测定经度提供了一个很简易的方法；由于这个方法随计时钟在校准之后经历的时间愈短而愈精确，因而这些钟对于决定距离很近的地点的相对位置（经度）特别有用；这是比天文观测有利之点，因为天文观测的精度并不因观测者距离接近而增加。

木卫食是经常发生的现象，如果航海者能够在海上观测到这些现象，便为他们提供一个求出其所在地的经度的简易方法；但由于船只的动荡使这一方法的实施至今遇到难以克服的困难。可是航海术与地理学从木卫食（特别是木卫 1，观测者能够精密地决定其食既与生光的时刻）得到很大的好处。航海者在停泊时，一向使用这个方法而得到成功；事实上他所需要知道的是（由理论计算得出的）木卫食在某已知子午线出现的时刻，再与他观测到这个现象的地方时刻做比较，则这两个时刻的差异便是两地之间的经度的差异。木卫 1 的运行表，现在已经编算得相当完善，它所给出的木卫食对于巴黎子午线的时刻，其精度和观测的精度是可以比拟的。

观测木卫食的极端困难，使我们求助于其他天象，其中快速运行天象只有月亮可以用作测定地面经度的对象。从地心看月亮的位置容易由它和太阳与恒星之间的角距离的测量而求得；月行表记载本初子午线上看见月亮的位置与时刻，把这时刻同航海者在船上观测到的月亮在同一位置的（地方）时刻相比，他便由这两个时刻之差而算出其所在处的经度。

为了估计这方法的精度，我们应考虑由于观测的误差，观测者所决定的月亮的位置不是精确地反映他的记时器上所表的时刻，而且由于月行表的误差，这一位置又不与表中所载的本初子午线的时刻相合；因此这两种时刻之差严格地说并不是观测的与由月行表所算出的两种时刻之差。假设这两种时刻之差具有的误差为一时分，在这时间内赤道上的星经过子午线 15′；这是对应于船只在经度测定上的误差，在地球赤道上，这误差相当于 27800 米；在赤纬圈相应的误差值较小，而且由于月亮对于太阳与恒星的角距离的多次观测可使这误差减小，即连续几日的反复观测使观测的与月行表的误差得到相互补偿与抵消。

由此可见，对于运动愈速的天体由运行表和观测两方面而造成的经度测定的误差愈小；因此对于这个问题而言，我们宁肯对月亮到近地点时作观测。如果我们观测比月行缓 13 倍的太阳运动，则经度测定的误差也可能大 13 倍；因此对于一切天体，月亮是唯一运动迅速，可用于海上测定经度的对象；所以改进月行表是极其有用之事。

我们希望欧洲各国不要将其主要的天文台的子午线作为本初子午线，应由协商采用一个公用的子午线作为地理经度的起算点，这个子午线应当是在随时容易找着的地点。这一种协定在各国地理上所导致的一致性，和它们所用的历法、算术和许多有相互关系的事物一样，将使所有国家形成一个大家庭。托勒密[13]采取通过加那利群岛[14]的子午线作为本初子午线，因为该处是那时已知疆域的最西界限。但自美洲发现后，采取这地方作为本初子午线的理由已不存在。但这些岛屿之一，特纳里岛[15]上的山峰，以其孤立在海上的突出高度，成为地球上最显著之点。我们可以同意荷兰人的意见将其选择为测定全球经度的本初子午线，曾经过许多天文观测去决定它对于欧洲主要天文台的位置。不管我们是否同意选择一个公用子午线，但是在未来的世纪里，考察出某几个以其高度和稳固著称的山峰，例如阿尔卑斯山的雄伟高峻的勃朗峰（Mont Blanc，海拔 4810 米）的非常精确的位置，那将是有用的[16]。



天文学家们在旅途中观测时，发现一个极其显著的现象：即地面上重力的变化。这便是一切物体向地面运动的奇特的力与质量成正比，在等时间内赋予它们相等的速度。用天平不能辨识重力的这种变化，因为这变化对于所称之物与和它比较的砝码是相等的；但是将这物的重量与一种恒常不变的力，例如同温下的空气弹力相比，便能查出这种变化。例如将气压表搬运到许多地方去做观测，所谓气压表是充满一定容积的空气张力将其管内的水银柱举起；很明显，水银柱的重量应该与空气的弹力平衡，如果气温不变，这水银柱的高度将是重力的倒数，因此这高度可以显示出重力的变化。观测摆的振荡周期，也可对于重力随地变化，提供一个精确测量的方法。原来在重力较小的地方，摆动应该比较缓慢。摆应用于计时的钟是推动近代天文学与地理学进步的一个重要因素，摆钟是由一根定长的绳或棒（摆杆），一端悬重物（摆锤），另一端是围绕一固定点上转动的机轴（摆轴）旋转的结构，使摆杆稍微离开垂直向的位置，它便在重力的作用下，做小振幅的摆动，不管摆幅的大小，这些摆动的周期差不多是等时的。摆的周期随摆锤的大小与形状以及摆杆的质量与长度而变化；但数学家已经发现一个普适规律，即通过对任何形状的一个复摆的振荡周期的观测，去决定已知振荡周期的另一个摆的长度，假设其摆杆的质量与摆锤（可作质点看）的质量相比，小至可以忽略不计。这种理想的摆叫做单摆，地上各处一切复摆的实验，皆可归算为单摆[17]。

1672年法国科学院派遣里舍[18]到南美圭亚那做天文观测，他发现在巴黎校准的摆钟到了圭亚那每天缓慢一定长的时间。这一有趣的观测是重力在赤道变小的第一个直接的证据。这观测在许多地方仔细地重复了很多次，同时将空气的阻力和气温的变化考虑进去。由每秒一周的摆钟的观测所得的结果表明由赤道到两极摆杆的长度应该增加。

如取巴黎天文台的秒摆长度作为单位，每日摆动10万周[19]，据观测求得秒摆的长度在赤道海平面处为0.99669米，然而在拉坡尼，纬度66°.80处，这摆长是1.00137米。波尔达[20]做了很多次很精密的实验，求得巴黎天文台的秒摆长度，归算到真空情况下，为0.99395米。

自赤道至两极，秒摆长度的增加率即使在通过法国的经度圈上各处亦相当明显，这可由下表所载比奥、阿拉果与马提欧[21]诸位先生的多次精密实验的结果而看出来的：

| 地　　点 | 纬度 | 海拔 | 秒摆长度的观测值 |
|---|---|---|---|
| 福尔门特拉岛 | 38°.66 | 196 米 | 0.99293 米 |
| 波　尔　多 | 44°.84 | 0 | 0.99304 |
| 巴　　　黎 | 48°.83 | 65 | 0.99395 |
| 敦 刻 尔 克 | 51°.00 | 0 | 0.99413 |

根据在敦刻尔克和波尔多所观测到的长度，由内插法求得法国大西洋沿岸纬度 45°的海平面上秒摆长度为 0.99350 米。秒摆长度与经度圈弧长如今后发生变化，就可借这个秒摆长度和经度圈弧长回溯我们时代的测量。

秒摆长度的增加比较经度圈上每度弧长的增加更有规律，前者对于纬度的正弦的平方之比偏离较少，这也许是摆长的测量比弧度的测量容易而且产生的误差小，也许是扰乱地球的规则性的因素，在重力上产生的效果要小一些。将直到现时在全球各地所做的观测加以比较，求得：若取赤道上秒摆长度为单位，则这摆长由赤道至两极的增率等于 54/10000 与纬度的正弦的平方的乘积。

使用钟摆还可查出高山顶上重力的微小变化。布盖在秘鲁对这个课题做了许多实验。若取赤道上海平面处的重力为 1，他求得在基多海拔 2857 米处重力为 0.999249，在匹兴沙[22]海拔 4744 米处重力为 0.998816。地面上山的高度与地球的半径相比很小，因而重力随海拔的高度而变小一事，使我们想到距离地心很远处重力必会有相当大的降低。

由于钟摆振荡的观测提供一个不变的、而且随时可以觅得的长度，使我们想到利用它去作量度的标准。现今使用的度量制度，不仅在各民族，即在一个国家内，既众多而又分歧，分划之奇特，计算之不便，使我们认识和比较这些度量系统时，感到有不少困难，还不要说由于商业上的伪造所引起的纷乱，因此我们认为政府为社会可能做的一桩有益的措施，是采用一种合理的度量系统，其划分法是均一的，计算是简易的，其基本标准是从自然物导出的，而避免人为的结构。提供这种量度系统的国家不但自己首先取得成效，而且其他国家亦将起而效法，这便为人类做了一桩好事；原来理智的势力虽缓慢，而却不可抗拒，终必胜过民族的妒忌，而克服大家感觉到的不合公众利益的障碍。法国制宪会议有鉴于此，乃嘱托法国科学院特设委员会研究新的度量衡制度，而且得到议会中有远见的代表的热烈支持。

十进制计算与整数计算的相等性，给予十等分的量度划分以无可置疑的优越性；试将复杂的分数乘除计算与用整数作相同的计算，对两者难易程度加以比较，便可了解十进制的优越性，若用对数表计算，这种优越性更加显著，而且使用简单价廉的器械，更可使其成为极其适用的制度。事实上我们的算术尺度，不能用 3 与 4 除尽，而这两个简单数又是极常见的除数。再加上两个新数字（即采用十二进位制），便可得到这种优点；可是这一相当大的改变，将和隶属于它的量度系统一起必然遭到摒弃。原来十二进位制有其不便之处，人们对于 11 个数字两两相乘的进位，感到超出了日常生活的经验，但对于十进位制便没有这种困难。于是我们便失掉了产生我们的算术的优点，即利用我们 10 个指头计数的优点。因此我们不迟疑地采用十进位制，而使整个量度系统取得均一性，更根据同一长度标准及其十等分法去解决其他的派生量度。

于是问题便归结为一种标准长度的选择，这一长度标准叫做“米突”(metro)。

秒摆长度与经度圈的弧长便是大自然为我们提供的两种决定标准长度的来源。这两种长度是彼此独立的，而且除非地球的物理结构发生很大的改变，它们不会有显著变化。秒摆长度法使用较易，但其不便之点，在于使距离的测量依赖于两个和它不同类的因素，即重力与时间，而且这两个因素的划分都可以任意选定的，我们也不能用六十进位制去作十进位制的量度系统的基础。因此我们只能使用第二个方法，这方法自古以来即为人所使用，人们将其旅程的距离和其所居的地球的大小联系起来，即将其所走的距离估计为地球的周长的一个分数，原是很自然的事。我们认为这方法还有一个优点，即可将海上的量度与天上的量度联系起来。海员们常测量其出发和到达的港埠之间的距离与这两处的天顶之间的一段弧度；因此有趣的是将一种量度表为他种量度，只是两者的单位有差异而已。距离量度的基本单位应是地面经度圈的长度的一个分数，即圆周的一个部分，于是米突的选择转变为角的单位的选择了。

直角是直线对于平面的倾角的极限值，或物体在地平面上的高度；并且正弦和三角学上应用的其他三角函数都在圆周的第一象限内决定，现已经编算成为数字表；因此很自然地取直角为角的单位，并取 1/4 圆周之长为其量度的单位。我们将其分成十等分，并且为了得到在地球上对应的量度，我们将地面经圈的一个象限也加以同样的划分；古人早已这样做了，其起源虽不可考，但亚里士多德书中讲到地球的测量曾言其前人将 1/4 经度圈分为 10 万

个斯达德[23]，这单位长度的确切值已不能考订。因此有两个问题须待解决。对于一给定纬度所测量的经度圈上的弧长与整个经度圈之比是怎样？一切经度圈是否相似？在地的形状星旋转椭球的假设下，一切经度圈并无显著差异，据十进制计角法，纬度45°是经度圈上一个象限的中点；这些假设的误差只影响地面距离，但不重要。于是我们可以采用1740年为法国科学院所测量的从敦刻尔克到比利牛斯山通过法国境内的那段大圆弧，去决定经度圈上一个象限的长度。使用更完善的方法，重新测量了一段更长的弧，这将使新的量度系统具有推广的价值；因此决定测量从敦刻尔克到巴塞罗那[24]之间的经度圈弧长。这段长弧向南延长至福尔门特拉岛，向北延长至格林尼治的纬圈上，其中点很接近于北极与赤道之间的中央纬圈（即45°），实测求得这经度圈上的一个象限等于5,130,740度瓦斯[25]。我们将这段弧长的1/1000万取为长度单位，即米（或公尺）。对于一般人的使用，米以上的十进长度太长，以下的十退长度太短，因此1米合0.513074度瓦斯，代替旧日常用的长度单位度瓦斯和奥恩[26]是很适宜的。

一切量度都以最简单的方式从米派生出来：长度的量度用米的十进十退制。

容量的单位是米的1/10为一边的立方体，叫做公升。

量度田地的单位是每边10米的正方，叫做公亩。

量度木材体积的单位是立方米，叫做公方。

重量的单位叫做克，是真空里极大密度下一立方米蒸馏水的重量的1/1000000。由于一种奇特性质，水的极大密度不在其冰点而在+4℃之时。在这温度下水重新开始膨胀，从液态进入固态的过程里体积增大。我们所以采用水，因其是最均匀、而最容易提纯的物质。费勿尔－吉诺先生（Le Fèvre-Gineau）对已精密测定其体积的铜制中空柱体的比重做了一系列精细的实验来决定克这个单位，他求得等于保存在巴黎造币厂的 50 马尔[27]的柱体重量的 1/25 的里弗尔[28]（Livre），与 1 克之比为 489.5058∶1。1000 克叫做公斤，因此 1 公斤等于 2.04288 里弗尔。

为了保存长度和重量的标准，在法国科学院权度委员会的监督与测试下，制造有米尺与公斤的标准原器，安放在国家档案局与巴黎天文台[29]。米尺原器之长只是在某一气温下的长度，这温度是冰融化时的温度，因其是最固定而又不受大气之影响的。公斤原器只能在真空里或不受大气的影响下表现它的重量。为了在任何时候都可找到米尺的长度而不须重测其来源的经度圈的弧长，便须测定米尺与秒摆长度之比[30]，波尔达对这比例作过很精密的测定。

由于这些权度的单位须不断地与货币加以比较，最重要的是将货币以十进制计。（法国）货币的单位是银法郎，其 1/10 叫做德西，1/100 叫做生丁；铜币和金币的价值折合为银法郎计算。

为了便于计算货币里所含的纯金和银的量，规定这合金的含量为其总重量的 1/10，而取 1 银法郎的重量为 5 克。由于法郎是重量单位（克）的整倍，可用作砝码，便于商业的使用[31]。

最后，由于维持这种权度制的整个系统的均一性，我们须将 1 天划分为 10 时，1 时 100 分，1 分 100 秒。时间的这种划分法，天文学家们可能需要，对于民用则不太便利，因为一般人很少使用时间作为乘数或除数。由于在钟表上使用的困难以及法国和其他国家在钟表业务上的关系，时间的这种十进划分法悬搁未用，可是我们相信，1 天分为 10 时的方法将来终必代替现今的 24 时划分法，因为后者与其他权度的划分法差异太大，而必将遭到摒弃。

这便是（法国）科学家提供给国民议会的权度新系统，立即得到批准。这个系统的基础建立在地球经度圈上的测量，是适用于世界各国的。除了使用的经度圈是通过法国境内之外，这系统完全与法国无关。但选择这段弧是有益的，即使全球科学家共同来作决定，也不会选择另外一个经度圈。为了扩大这个权度系统的优越性，使它具有世界性，法国政府曾邀请其他国家参加这件对大家有利的创举。有些国家派遣出色的科学家到巴黎参加法国科学院权度会议，讨论做过的观测与实验，而决定重量和长度的基本单位，因此这系统的制定应该看做来这里协作的各国科学家及其所代表的人民群众的集体工作。我们希望有一天，这个把一切测量与计算归结为十进位算术的最简便的运算与算法的度量衡制度，将同样会在它依附的其他计算系统里普遍采用[32]，无疑它将克服反对引进新制度的偏见与习惯所造成的障碍；可是这系统一经各国共同采用之后，将由权力和理智的力量保证在人类社会里永久使用。

## 注　释

①皮卡尔（J. Picard，1620—1682），法国天文学家，大地测量学家。——译者

②见本书第 30 页注。——译者

③拉·孔达米恩（C. La Condamine，1701—1774），法国测量学家。——译者

④敦刻尔克(Dunkerque),法国北部的重要港口,濒临多佛尔海峡。——译者

⑤佩皮尼昂(Perpigran):在法国南部,是东比利牛斯省的一个城市。——译者

⑥默伦(Melun),在巴黎东南约 40 公里处,是塞纳省的省会。——译者

⑦拉坡尼(Laponie),指瑞典、挪威、芬兰与俄国北部地带。——译者

⑧现今的数值:扁度 = 1/298.25,长半轴 = 6378388 米,短半轴的数值为 6359912 米。——译者

⑨设以 $b^2x^2+a^2y^2=a^2b^2$ 表椭圆的方程式,则其上每点的曲率半径 $\rho=(a^4y^2+b^4x^2)^{3/2}/a^4b^4$,于是 $\rho$ 极点 $=a^2/b$,$\rho$ 极点 $=b^2/a$,其渐屈线的方程式为 $(ax)^{2/3}+(by)^{2/3}=(a^2-b^2)^{2/3}$。文中所言各节很容易由这些公式去了解的。——译者

⑩这是作者所说的 18 世纪的情况。——译者

⑪这是印度尼西亚在殖民地时代的名称。——译者

⑫这一节所说的搬运计时钟和观测木卫食以及月亮的方位而求经度的方法,自无线电通信发明后早已无人使用,这里所叙述的仅有历史意义。——译者



⑬托勒密(C. Ptolémée,约 90—168),旧译"多禄某",古希腊天文学家,主张宇宙的地心体系。——译者

⑭加那利群岛(Canaries),在北大西洋东岸。——译者

⑮特纳里岛(Téneriffe),加那利群岛中最大的一个岛,有活火山,海拔 3718 米。——译者

⑯1884 年世界各国在华盛顿开子午线会议,决定以通过英国伦敦格林尼治天文台子午仪中心的子午线为本初子午线,经线以此为零点,东西经各 180°或 12 时,便解决了拉普拉斯在这里所提出的问题。——译者

⑰复摆的周期 $T=2\pi\sqrt{\frac{k^2}{gl}}$,单摆的周期 $T'=2\pi\sqrt{\frac{l'}{g}}$,式内 $k$ 表复摆的同转半径,$l$ 表复摆的质心与摆轴之间的距离,$l'$ 表单摆的长度,$g$ 表重力加速度。若单摆与复摆同步,即设 $T'=T$,则同步单摆的长度 $l'=\frac{k^2}{l}$。——译者

⑱里舍(Jean Richer,1630—1696),法国天文学家。——译者

⑲这是当时以每日为10时，每时为100分，每分为100秒的计算，据现今的计时，每天有24×60×60，即86400秒。因此这里所说1秒等于现今的0.864秒。——译者

⑳波尔达（J. C. de Borda，1733—1799），法国数学家和天文学家。——译者

㉑比奥（J. B. Biot，1774—1862），阿拉果（D. H. Arago，1786—1853）、马提欧（C. L. Mathieu，1783—1875），都是与拉普拉斯同时代的天文学家。——译者

㉒基多（Quito），南美厄瓜多尔的首都。匹兴沙（Pichincha），基多高原上的火山。——译者

㉓斯达德（Stade），古希腊的长度单位，约合185米。——译者

㉔巴塞罗那（Barcelona），西班牙地中海沿岸的大港。——译者

㉕度瓦斯（toise），约合1.949米。——译者

㉖奥恩（aune），约合1.183米。——译者

㉗马尔是法国古代重量单位。——译者

㉘里弗尔亦译作“磅”。——译者

㉙现保存在巴黎国际度量衡局。——译者

㉚根据1960年10月14日第十一届国际计量会议，规定1米等于氪36（$Kr_{36}$）在真空中发射的橙色光波的1650763.73倍，早已不用秒摆长度来规定米尼了。——译者

㉛1914年以前，1金法郎重322.581毫克，其中纯金为90%，合299.323毫克，以后金法郎的含金量屡次修改。1960年1月1日法国改订的新法郎，重量只有1/5克即200毫克，含纯金不过180毫克，使用至今；但实际流行的是代替银法郎的纸币。——译者

㉜米突制亦名国际公制，是一种先进计量制度，其主要优点是单位的选择有可靠标准；各基本单位间有密切联系；采用十进制，使用方便。已为世界多数国家所采用，我国国务院在1979年6月公布，确定为我国的基本计量制度，即以1市尺＝1/3米，1市斤＝1/2公斤，1市升＝1公升。——译者

# 第十五章　潮汐的涨落或海面形状的周日变化

虽然地球和它表面上的流体，长时间来是由作用在它上面的力量取得平衡，可是海面的形态随时为有规则的、周期性的振荡所改变，这些振荡叫做潮汐的涨落。当风和日暖之时，看到大规模的海水汹涌澎湃，猛烈地冲击海岸，酿成滔天的波涛，真是一件惊人的奇事。这景象引起我们思索、寻找它的成因，为了不致迷失在错误的假设里，首先应当认识这现象的规律，而且追索其细节。由于有千百种因素时时使现象发生变化，因此应该同时考虑很多个观测，俾使由偶然性的因素所造成的效果得到相互抵消，以便用平均值的方法才有可能看出规律性的效应。还须将观测的结果作有利的组合，才可能把若干因素合成的现象分开。不仅如此，在观测里还常含有误差，这就必须知道在给定的极限内误差发生的概率。我们知道对于相同的概率，观测的次数愈多，误差的范围愈小，因此任何时候观测者须增多事实和实验。但由一般的概念不能决定结果的精确度，也不能知道要得到一定的概率，必须要多少观测次数。有时，我们研究产生现象的偶然因素，也只有使用概率的计算使我们能够估计这些偶然因素。这便是概率论在物理科学与社会科学里最重要的应用。

上世纪(18世纪)开始时,法国科学院提议在法国的海港对潮汐作大规模的观测;例如在布勒斯特[1]港每日观测潮汐持续6年之久。该港的情况是很有利于作这类观测的。它由一条宽而长的水道与大海联通,而港口便建筑在这水道的末端。海水运动的无规成分只有极微弱的一点儿达到该港,这好像船只运动给予气压计里水银柱的振荡,因水银管的狭窄而变得微弱情况相似。而且由于布勒斯特港的潮汐很高,其中偶然变化的成分很小。假使像我所做过的那样,特别研究高潮与其前后邻近的低潮之间的水位差,则造成海水运动的无规部分的主要因素——风——在水位差上产生的影响便很小,因为风对于涨潮与其前后的低潮所起的作用差不多是相同的。由此即使观测的次数增加得不多,也能在结果里看出重大的规律性。由于我对这些规律性所表现的惊讶,曾请求政府命令布勒斯特港工作人员对该处潮汐继续观测需经历一个白道的交点周[2]的时间。这建议被欣然接受,这项观测从1806年开始,每日进行没有间断。我用刚才所说的方法讨论这些观测,便得出如下一些无可怀疑的结论。

在月亮继续两次上中天的时间内,海水涨落两次。月亮连续两次上中天之间的时间,平均值为1.035050太阳日[3],因此,连续两次高潮之间的平均时间为0.517525日;可见在有些太阳日里我们只看见一次潮汐。低潮发生的时刻差不多将两次高潮之间的时间平分。和一切有一个极大值或极小值的变量一样,潮汐向这两个极限值的增或减是与从高潮或低潮起算的时间的平方成正比的。

高潮的高度不总是一样的,每日都有改变,其改变之量显然与月相有关[④]，其最高水位的高潮（大潮）出现在朔、望，即新月与满月之时；然后水位减低，最低水位的高潮（小潮）在上（下）弦，即半个月亮时出现。布勒斯特港的大潮并不发生于朔、望，而在以后的一天半，换言之即朔、望日的高潮后第三个高潮才是大潮。同样，上（下）弦的高潮后第三个高潮才是小潮。法国的海港差不多都观测到这个现象，虽然各个海港的潮来时刻是很不同的。

高潮来时如果涨得愈高，则其后的低潮落得愈低。连续两次高潮的半和高出中间低潮的水位叫做总潮或潮幅。布勒斯特港的潮幅的平均值对于二分日的大潮约为 5.50 米；上（下）弦日的潮幅只有这数字的一半。

如果仔细研究这些结果，便可发现高潮的数目等于月亮上、下中天的数目，可见月亮对于潮汐现象起主要作用。但是由于上（下）弦日的潮汐（小潮）比朔、望日的潮汐（大潮）低，可见太阳对于潮汐也起部分作用，而修改了月亮的影响。于是自然地便会想到太阳和月亮的作用在海水上各自造成一种潮系，其周期分别为这两个天体的中天周期，因而我们所观测的潮汐是这两个潮系的综合现象，在朔、望日太阴高潮与太阳高潮相合而成大潮，在上、下弦日太阴高潮与太阳低潮相消而成小潮。

太阳和月亮的赤纬对于潮汐也有显著的影响；这两个天体的赤纬在二分日减少朔、望的潮幅，而在二至日增加上、下弦的潮幅，前者的损量与后者的增量相等。因此二分日大潮最高那个流行的看法，由大量观测的精确研究而得到了证实。可是有些科学家，特别是拉朗德[⑤]，对于这看法表示怀疑，因为有时二至日的高潮也达到相当大的高度。为了解决有关潮汐理论的这个重要问题，我们须应用概率的计算。应用概率计算于潮汐的观测，我们发现二分日朔、望的潮汐大大超过二至日上、下弦的潮汐的情形，有特别大的概率，换言之即大多数事实使我们不能有丝毫的怀疑。

月亮与地球间的距离对于潮幅的大小也有显著的影响。在其他条件相同的情况下，潮幅的大小随月亮的视直径或视差而增或减，但其比值较大。太阳与地球间距离的变化同样影响潮汐的高度但远不如月亮那样显著。

主要是从潮幅的极大与极小值去认识潮汐变化的规律。刚才谈到布勒斯特港极大的潮幅发生于朔望后一天半，其附近潮幅的减小，与从那时以后所经历的时间的平方成正比，直到计算潮幅的那个低潮为止。

在上(下)弦后一天半的小潮发生之后，潮幅的增长量与从那时起算的时间的平方成正比；这增长量差不多是大潮后潮幅减少量的两倍。



太阳与月亮的赤纬对于潮汐的这些变化有很显著的影响：二至日的大潮减少量只约为二分日的大潮减少量的 3/5；上(下)弦的小潮增加量在二分日比二至日约高 2 倍。可是月—地间距离比日、月的赤纬对于潮汐的影响更大；朔、望大潮的增加量在月亮过近地点时比过远地点时约高 3 倍。

我们还可在早潮和晚汐之间看出少许差异，这与太阳和月亮的赤纬有关，但当这两个天体均在赤道上时这些差异便消失了。为了认识这一事实应比较朔(望)或上(下)弦后一、二日的潮高；在和大潮或小潮很近的潮汐，日与日间的变化很少，因此容易辨认同一天的两个潮汐的高度差。我们在布勒斯特港寻找到夏至附近朔

（望）后一、二日的早潮比晚汐约低 1/6 米，而在冬至附近朔（望）后一、二日的早潮比晚汐约高 1/6 米。同样，在秋分的上（下）弦后一、二日的早潮比晚汐约高 1/8 米，而在春分的上（下）弦后一、二日也约低 1/8 米。

这些便是潮汐的高度在我们的海港里出现的一般情况；关于潮汐的时间间隔，还有其他现象，将叙述如下：

当朔（望）大潮出现于布勒斯特港时，早潮发生于子夜之后 0.1780日，晚汐发生于真正午后 0.1780 日。这时间即使在彼此很近的海港里也有很大的差异，叫做海港潮候或月潮间隔，因为这个数字决定于月相有关的潮汐涨落时刻。例如在布勒斯特上（下）弦时发生的高潮便在子夜或真正午后 0.358 日。

朔（望）附近的潮汐，根据其发生在新月或满月之前或以后，而每差一小时提前或落后 3 分 53 秒；上（下）弦附近的潮汐根据其发生在弦月之前或以后，而每差一小时提前或落后 7 分 14 秒。

大潮或小潮的时刻随日—地间与月—地间的距离而变化，主要影响是月—地间的距离。朔（望）日，月亮的视半径增或减 1 角分[⑥]时，高潮提前或落后 5 分 6 秒。这现象也发生于上（下）弦，不过高潮提前或落后的时间要小 3 倍。

同样，太阳与月亮的赤纬也影响大潮和小潮的时刻。二至日大潮约提前 2 分 9.6 秒，二分日大潮落后 2 分 9.6 秒。反之，二分日小潮提早 11 分 31 秒，而二至日小潮落后 11 分 31 秒。

我们说过，潮汐逐日推迟的时刻，就其平均值而言约 0.03505 日，譬如某次潮来在真子夜后 0.1 日，其次日的早潮便在真子夜后 0.13505 日。但这推迟的时刻随月相而变化。对于朔（望）大潮当潮幅达到极大值时，这潮汐推迟的时刻最短，只差0.02723日。上(下)弦发生小潮时推迟时刻最大达0.05207日。可见大潮与小潮发生的时间之差，由上面数字计算为0.20642日，对于以后的潮汐，这差数更按这两个位相而作同样方式的增长，最后对于大潮与小潮，这差数可以达到大约1/4日。

日—地间与月—地间距离(主要是月—地距)影响潮汐时刻的逐日推迟。月亮的视半径每增或减0′.54，在朔(望)附近，大潮推迟的时刻可增或减3分43秒。这现象也发生于上(下)弦，但增或减的时间却小3倍。

潮汐逐日推迟还随这两个天体的赤纬而变化；在二至日的朔(望)，逐日推迟的时刻比平均值约长1分26.4秒，在二分日的朔(望)约短1分26.4秒。反之，二分口附近的上(下)弦，逐日推迟的时间比平均值大约长5分45.6秒，但在二至日的上(下)弦，约短5分45.6秒。

以上所说的结果是根据1807年至今每天在布勒斯特港所作的观测而得到的。有趣的是我根据这个海港从上世纪开始所作的观测，得到相似的结论，这两组结果差不多符合，它们之间的微小差异是在观测误差的范围之内。由此可见，一个世纪以后在这一点上，自然现象是没有什么改变的。

总之，潮汐的高度与时刻的差数有各种周期：有的半日周，有的是一日周；还有半月周与一月周；半年周与一年周等；最后还有与白道的交点周和近点周相同的周期，因为月亮的赤纬与月—地间的距离，通过白道的位置，而影响潮汐的高度与时刻。

潮汐现象发生了一切海港与海岸；可是局部的情况，虽然不会改变潮汐的规律，但对于各个海港的潮汐高度与海港的潮候，却有相当大的影响。

## 注　释

①布勒斯特(Brest)，法国大西洋沿岸最大的军港，位于布列塔尼半岛西部。——译者

②月球环绕地球运动的轨道叫做白道，它与黄道的交点在黄道上经历18.6年而运行一周，称为交点周。——译者

③据现今的计时法，这个平均值是24时50分30秒或1.034723日。——译者

④两千年前我国江海边上的劳动人民便认识了潮汐的周期性。汉代唯物主义哲学家王充(公元27—97)在他的《论衡》里已经提到“涛之起也随月盛衰”，说明了月相变化与潮汐涨落的关系。——译者

⑤拉朗德(J.J.de Lalande，1732—1807)，法国天文学家。——译者

⑥由于拉普拉斯将直角划分为100度，1度划分为100分，所以他的10000分等于我们的90×60即5400分，故这里的1角分相当于现在的0.54分。——译者

# 第十六章　地球的大气与天文折射①

地球周围有一圈稀薄、透明的弹性流体，升到相当高处。和一切物体一样，它是有重量的，它的重量与气压计里水银的重量取得平衡。在纬圈 45°上，冰融点的温度下，海平面上气压计的平均高度可假定为 0.76 米，空气的重量与等体积的水银的重量之比为 1∶10477.9；因此升高 10.4779 米时，气压计的高度大约降低 0.001米，假设大气的密度到处一样，则其高度当为 7963 米。但是空气是可以压缩的，假使温度不变，则按照气体与水汽的一般定律，其密度与其重量成正比，因而与气压计的高度成正比。大气下层为上层所压缩，因而较密，于是离地面愈高愈稀薄。如果高度按算术级数增加时，在温度不变的假设下，大气的密度便按几何级数变小。为说明起见，设想一条竖直的管道通过两层无限接近的大气。管道里，最高层部分受到的压力比最低层部分小，压力相差的量等于这两层间小空气柱的重量。在温度不变的假设下，两气层压力量之差与其密度之差成正比；而密度之差显然与小柱体内气体的重量成正比，即与其密度和柱体的高度的乘积成正比，至少是在重力不随高度而变化的假设之下。既然假设这两气层无限接近，则柱内空气的密度可以假设等于其下层的空气密度；后面这一层的密度的微分变化（梯度），因此与这密度和竖直高度的变化之

乘积成正比；于是如果使高度作等量的变化，则密度的微分（梯度）与密度本身之比将是一个不变量，这便是递降的几何级数的特征，这级数中各项都是无限的接近。由此可见当气层的高度按算术级数增长时，其密度按几何级数变小，因此密度的对数（自然对数或常用对数）则按算术级数降低。

我们便可根据这些有用的数据，去用气压计测量高度。由于假设大气的温度到处相同，根据上述定理，将两站观测到的气压计的高度的对数之差，乘一个不变的系数，便得两站的高度之差。只需一次观测便可决定这个系数。譬如在零度（0℃）的气温下，在低的一站气压计的高度为 0.76000 米，在高的一站为 0.75999 米，则这一站比前一站高 0.104779 米，因此待定的系数便是 0.76000 与 0.75999 的常用对数之差除这个数，而得这一系数值为 18336 米。但由气压计所测得的高度的规则需经过以下的几种修订。

首先大气的温度不是到处一样的；它随高度而降低。这降低的规律也随时而不同；但利用多次观测的平均值，我们可以认为高度增加 3000 米时，温度降低 16℃或 17℃。可是，空气和其他物体一样，热则膨胀，冷则收缩，由精密的实验求得：若以 0℃时的体积为单位，则和其他气体与水汽一样，气温变化 1℃时，体积变化其 0℃时的 0.00375 倍；因此在计算高度时应将这变化计算进去。显然在气压计上欲得相同的降低度，则所经过的气层较稀薄便应按此而增加其高度。但是由于不能得到大气温度的变化的确切知识，最简单的办法便是取两个观测站的温度的平均值为其均匀的温度。因这两站间的空气柱的体积按这一平均温度而增长，则由温度计上观测到的降低度而算出的高度，应按相同的比例增加，换言之，系数 18336 米应加上 0.00375 乘这平均温度的度数。由于在气压和气温相同的大气里，水汽比空气稀薄，因而水汽使大气的密度降低，在其他情况相同之下，温度增高时水汽的含量加多，因而须将表示空气对于温度计上每增 1℃ 的膨胀系数 0.00375 增加一点。我发现将这系数取 0.004，便很适合于全部观测；在没有由湿度计的长期观测得到适当的改正值之前，我们可用这个数字，因此用气压计测量高度时还应同时作湿度计的观测。

迄至现今，我们假定重力是常数，可是上面讲过，高度增加时，重力略为减小，这便使高度因气压计的降低而增加得稍多一点；因此为了考虑到重力因高度增加而降低，便应将这常数的因子稍微增大一点。雷蒙(Ramond)先生将在几座山的山脚和山顶所作的气压计的许多观测加以比较(这些山顶的高度是经过三角测量法加以精密测定的)，求得这因子为 18398 米。但考虑了重力因高度增加而降低以后，同样的比较使这个数字减至 18336 米。根据这一因子算出在纬度 45°上、温度 0℃ 与气压计高 0.76 米的情况下，水银与同体积空气的重力之比为 10477.9。比奥与阿拉果两位先生仔细衡量已知体积的水银与空气之比，求得这个比值，归算到同样的纬度上为 10466.6。但是他们所用的空气很干燥，不像大气里的空气总含有或多或少的水汽，它的量可用湿度计来测定；水汽比空气轻，它们的重量比大约是 10 ∶ 17；因此对于水银与空气的重力之比，直接的实验比由气压计的观测而得到的数值稍小一些。这些实验将因子 18336 米缩小为 18316.6 米。为了使这个因子增大到 18393 米，即不考虑重力变化时，由气压计观测得到的结果，则应假定大气里的平均湿度之值失之过大；可见重力的变小，即使

在气压计的观测上也是感觉得到的。因子 18393 米很近似地改正了重力的这一降低的效应;但还有另外一种由于纬度不同而来的重力变化,也应影响这个因子。若将某一给定纬度,例如由 45°纬度上测量而决定的这一因子作为标准,则在重力较小的赤道上,这因子便应加大。可见,还应将这因子提高一些才能从一个给定的大气压过渡到另一个小一定分量的气压,因为在这间距里空气的重力变小的原故;系数 18393 米,应像秒摆长度那样变化,即按重力增或减而缩短或加长。由以上所讲过的秒摆长度的变化,容易断定应在这系数上加 26.164 米和纬度的二倍的余弦之乘积。

最后,还应在气压计的高度上加入由两站的气压计里水银的温差而来的一个微小的改正值。为了寻求这个改正值,我们应该装置一个小温度计于盛气压计的架上,使得这两仪器里的水银差不多常在相同的温度里。在较冷的一站,水银较密,因而气压计的水银柱稍低一点。为了恢复其和较暖的一站的气温相同时应有的高度,便应加其 1/5550 乘两站的温度差的度数。

总之,我认为使气压计测量高度既最精确又最简单的规则是这样的:首先,如前所说的方法改正较冷一站的气压计高度,然后在 18398 米那个因子上加上 26.164 米和纬度的 2 倍的余弦之乘积。再将这个改正了的因子乘以气压计的已作改正的最大与最小的高度之比的常用对数。最后,更将这乘积乘以表示两站的气温之和的 2 倍,而将 1000 除这乘积之后再加到前面去;这样算出的总和便很接近高的一站对于低的一站的相对高度,尤其还应仔细选择气压计观测的最佳时刻,我认为最好应在中午。

空气是看不见的小气团,但为大气层所反射的光线,在人的眼睛里造成一种可以感觉到的印象。空气使光线带上蓝色，使远处的物体都带有这种色彩，因而形成蔚蓝的天空；因此我们只能在或远或近的距离，才能看见自己沉浸在其里面的雾气。星辰像是附在蔚蓝的天穹上面，其实这天穹不过是地球的大气，距离我们很近，而天体和我们之间的距离却是异常之遥远。太阳东升前和西落后出现的黎明和黄昏（曙光和暮色），这是由于当太阳在地平下18°时，高层的大气分子给我们反射来的阳光造成的，由此表明大气顶端高出地面至少达6万米。

假使人目能够分辨而且将大气外层之点放在其真实的地位上，便会看见天穹是球形的顶冠，即由地球的切平面在天穹上切割的部分所形成的；由于大气的高度比地球的半径小得很多，我们看见的天穹显得特别低。虽然我们不能分辨大气的极限，可是大气反射给我们的光线，从天界而来的比从天顶而来的遥远，因此我们感觉天界比天顶更远。在这个原因上更加以天界上物体的衬托使我们感觉到这部分天穹的视距离特别远；因此我们看见的天穹低得像一个球的顶冠。高出地面23°.4的星辰好像将天界至天顶的曲线（即竖直面割天穹面的切口）平分为二；假设这曲线是一段圆弧，则人目所见的天穹的地平半径与竖直半径之比大约是3¼∶1（或13∶4），但这比值随造成这幻象的原因而有变化。太阳与月亮的视大小与我们看见它们所张之角及其所在天穹上之点的视距离成正比；因此它们在地平比在天顶显得大些，虽然它们在地平上所张的角实际要小一些。

光线在大气里的途径不是直线的，而是不断向地面弯曲。观测者看见物体在其光线所经行的曲线的切线方向上，因而他所看

见的物体的方向总比其真正的方向高，星出现在地平线上时，其实它还在地平线之下。由于大气使太阳的光线受到弯曲，因而我们享受阳光的时间较长，即白昼变长，增加了曙光与暮色两段时间。因此天文学家探寻光线在大气里的折射量，以便求算出天体的实在方位。但在叙述这一研究的结果以前，我将简略地说明一下光线的主要特性。

从一种透明介质到另一种透明介质时，光线接近或离开两介质的分界面的垂线，使这两个方向（即进入新介质以前和以后的方向）与垂线的两个角的正弦之比为常数，不管这两个角的大小如何。光线经过这样的折射以后，表现下述一个显著的现象，使我们明白光的性质。进入一间黑暗屋子的一线阳光，经过一个透明的棱镜以后，形成一条有颜色的光带；这线光是由一束无限多的各色光所合成的，由于它们的折射率不同才为棱镜所分开。这条光带里屈折最多的是紫色光，其次是靛、蓝、绿、黄、橙与红光。虽然这里只说了 7 种颜色的光，其实有无限多种颜色，它们的色调与屈折度和上述 7 种极其接近，使人不能觉察。这些光线经透镜汇聚后复成为白色的太阳光，可见太阳光是许多单色光按一定比例混合而成的。

当一束单色光从其他颜色光分离出来以后，不管它经受怎样的反射和折射，并不改变它的折射率和颜色，因此它的颜色不是由于它所经过的介质而生的一种光的改变，而是属于其固有的性质。可是颜色的类似并不证明光线的类似。将由棱镜分解的日光里几种单色光混合，可以组成类似阳光里的一种单色光；譬如将红光和黄光相混而造成表面上类似单色的橙光。但是这混合光经过一个新棱镜的折射后，将它分解成为其组成的部分（即红光与黄光），但真正的单色橙光则保持不变。

光线射在反射镜上时，便发生反射，其与镜面的垂线所形成的入射角与反射角是相等的。

太阳光在雨滴上受到折射与反射，产生虹的现象，按照以上的定律加以严格的计算，正确地解释了这奇景的细节，是物理学的一个卓越的成就。

大部分物体将其所接受的光线分解，吸收其一部分，而向四面八方反射其他部分；因而据其所反射之光的颜色，表现为红、蓝、绿等颜色，可见太阳光在自然界里传播，因物体对它的分解与反射，在人目里表现出无限多种颜色。

简略地描述了光的性质以后，再回头来讨论天文折射。空气对于光的折射至少差不多是与气温无关而与其密度成正比例。由真空到空气里，在冰点的气温与气压计高度为 0.76 米的压力下，一线光受到的屈折，使其折射角的正弦与入射角的正弦之比为 1∶1.0002943321。因此为了决定一线光通过大气的路径，只须知其各层密度的定律；但是，这个定律与各气层的热量有关，因而很复杂，并随时在变化。如果假设大气的温度到处都为 0℃，以前讲过各气层的密度按几何级数降低；由分析数学求得，气压计的高度为 0.76 米时，地平处的折射为 2395″。设若各气层的密度按算术级数减少，并在最外层的表面为零，则地平折射只有 1824″。我们观测到的地平折射约为 2106″，是以上两个极限值的平均数。由此可见，大气各层密度随高度减少的定律差不多介于这两种级数之间。如果采取介于这两种级数之间的假设，便可同时表达大气各层里气压计与温度计的观测值和天文折射，而不须像某些物理学家那样，假设大气里的空气混有一种具有折光性能的特殊流体。

当天体的视高度超过 10°，其折射便只与观测地点的气压与气温状况有关，而且大约与星之视天顶距的正切（在气温 0℃，气压计高度为 0.76 米的情况下）减去 3¼ 与这高度对应的折射率的乘积成正比。以上所说的有关光线由真空到空气的折射数据，在气温与气压 0.76 米时，乘以这正切后便可给出天文折射系数 60″.67，许多天文观测的结果比较，使人注目的是导出相同的数值，因而应当看做是很准确的；可是这数值是随空气的密度而变化的。温度计每增 1℃，这流体的体积增长其 0℃时的体积（取为单位）的 0.00375 倍；因此须将 60″.67 这个系数以 1 加 0.00375 与温度计上的度数的乘积除之。而且，在其他条件相同的情况下，空气的密度与气压计的高度成正比；因此应以这高度（将水银柱归算到 0℃后）与 0.76 米之比乘这系数。利用这些数据便可编制一个由视高度为 10°以至天顶几乎一切天文观测常用的天区的很精确的天文折射表，这个表与大气层里密度降低的一切假设无关，可以用于高山顶上，亦可用于海平面上。但重力随高度与纬度而变化，可见在相同的气温下，气压计的高度相同，并不表示空气的密度相等，在重力较小的地方，这密度应该小些。所以对于纬度圈 45°所决定的系数 60″.67 应按地面上各处重力而变化；即应减去 0″.17 与纬度的 2 倍的余弦的乘积。

以上所说的天文折射表是根据大气的结构随时随地都是相同的假设下而编制的；这也经过实验的证明。现在我们知道空气不是一种元素，其中 79% 是氮气，21% 是氧气，氧是使物体燃烧、动

物呼吸所必需的元素，而呼吸不过是缓慢的燃烧，是动物热量的主要来源；大气里的空气还含有万分之三或四的碳酸气（二氧化碳）。人们曾将在各个季节、各种气候、高山上与更大的高度上所收集的空气加以精密的分析，求得氮与氧之比总是一样。一个盛有最轻的弹性流体（氢气）的丝囊与其下面所悬的物体，上升到囊和物的重量与稀薄大气层的浮力平衡为止。法国科学家使用这个方法做了这种难得的实验，使人类扩大了领域与能力；他们飞上大气，穿越云霄，到了前人不能达到的大气高层去考察自然现象。科学研究上最有用的一次飞升，当是盖－吕萨克[②]先生所做过的，他上升到海拔 7016 米，迄今还是最高的纪录，他在这高空处测量磁力的强度与磁针的倾角，发现它们的数值与地面相同。他从巴黎出发时是早上 10 时，气压计的高度为 0.7652 米，温度为 30°.7C，而毛发湿度计为 60°。5 小时后升到最高处，相同仪器上的记录分别为 0.3288 米，－9°.5C 与 33°。他将这一高层的空气储入一个气球之后，做了仔细的分析，所得的结果和地面最低层的情况并没有什么差异。

那时以后仅半个世纪，天文学家才将气压计与温度计中的高度引进天文折射表去；目前人们对于观测与天文仪器所追求的高精度便使他们需要了解空气的湿度对于其折射力所产生的影响，因而需要记录湿度计上的读数。为了补充关于这个问题上的直接实验之不足，我提出这个假说：水和水汽对于光线的作用与其密度成正比；这是和物体结构的改变像是一样真实的假说，比液体转化为蒸汽更深刻得多的假说，它一点也不显著地改变它们对光的作用和它们的密度之间的关系。在这假设下，水汽的折射能力，可由光线由空气到水的折射(这是可以确切测定的)而断定其存在。由此求得这一折射能力超过和水汽一样密的空气的折射能力;但在相等的压力下,空气的密度差不多按相同的比例超过水汽的密度,由此可知由散布在大气里的水汽所产生的折射能力,差不多和它所占据地方的空气有相同的折射能力,因而空气的湿度对于光的折射没有显著的影响。比奥先生由直接实验证明了这个结论,并且他指出温度影响折射只是由于它使空气的密度发生改变产生的。最后,阿拉果先生使用一种精密而巧妙的方法,同样证明空气里的湿度对于折射的影响是不能觉察的。

上述的理论,假设大气是完全澄静的,因此空气的密度在相同的海拔高度上到处一样。但风和温度的差异改变了这个假设,因而可能影响折射到可以觉察的程度。不管天文仪器怎样完善,但这些扰乱的因素所造成的效应(如果显著的话),总是精密测量的障碍,因此应将观测的次数增多,以消除这种扰乱的效应。幸运的是我们已经知道这效应只能增加一个很小的角秒数[3]。

大气使星光变弱,特别是地平上星光穿过更厚的气层时。由布盖的实验得知当气压计的高度为 0.76 米,如果取星光进入大气时的强度为单位,则星在天顶,当其达到地面观测者时,强度减少为 0.8123。假设气温是 0℃,而且大气的密度是均匀的,则由此算出的大气高度为 7945 米。自然,我们认为大气消光到处都合于这个假设,因为光线在大气里到处都碰到一样多的分子;所以具有上述密度的厚度为 7945 米的空气层将星光消减为其原有强度的 0.8123倍。根据这些数据容易算出密度均匀的任何厚度的空气层的消光强度;假设星光穿过一定厚度的大气后,其强度减弱到原来的 1/4，则再经过同样厚度的气层，便会将这 1/4 减少到原来之值的 1/16；由此可见当大气厚度按算术级数增加时，星光强度则按几何级数减少；因而它的对数按厚度相同的比例变化。于是当星光穿过任何一个厚度的气层时，欲得其强度的常用对数，应以 0.8123的常用对数即 $-0.0902835$ 乘这厚度与 7945 米之比，如果空气的密度比以上所假定的较大或较小，应使这比例里的对数增或减。

为了测定星光对于其视高度的变弱，假想星光从管道通过，而且使管道内空气的密度等于上述的密度。这样做成的空气柱的高度便决定我们考虑的星光的减弱度；假设从视高度 10°到天顶的一段天区内，星光的路径大约是直线的，而且将这范围内的大气层看做是平行的平面，于是在星光的方向上每层大气的厚度与竖直方向上的厚度之比等于星到天顶的视距离的正割与 1 之比。因此将这正割乘以 $-0.0902835$ 与气压计高度和 0.76 米之比，然后再以 1 加 0.00375 乘温度计上的度数之积除之，便得出星光强度的对数。这个很简单的规则给出星在山顶与海平面上的消光度，这对改正木卫食的观测或日光在透镜焦点上的强度，都相当有用。可是我们应注意到散布在空气里的水汽大大影响了消光；高山上天穹的澄清、空气的稀薄，使那里的星光特别明亮，假使我们将望远镜装置在南美安第斯山脉的哥迪里尔山峰上(海拔 6813 米)，无疑会发现一些天象，它们在我们这里的气候条件，由于大气层较厚与较浊，是看不见的。

因此，接近地平的星光的强度与其所受的大气折射和高层大气的密度有关。假使气温到处相同，星光强度的对数将与天文折

射被其视高度的余弦除得的量成正比，则地平上星光的强度将减弱到其原来的强度的 1/4000，所以在中午时人目不能忍受的日光，在地平上时可以无困难地去窥视了。

利用这些数据，我们可以决定地上的大气对于日、月食的影响。日光穿过大气受到屈折，大气使日光折射到地球的阴影锥里去；且由于地平折射大于日、月两视差之和的一半，假使月轮的中心在阴影锥的轴上，它便从地球的两边接收到从日面同一点来的光；如果大气不削弱由它送来的大部分日光，那么这个月轮的中心将比满月还亮。分析数学应用于以上数据，取满月时这一点的亮度为单位，则远地点中心食里，这一点的亮度将为 0.02，而在近地点中心食里约弱 6 倍，即只有 0.0036。如果一切情况都无比的巧合，即日光穿过地球的大气时，受到水汽吸收这种微弱光辉的一大部分，达到月亮时光量的稀少将会使被食的月轮完全看不见。这虽是稀有的现象，但天文史上却记载有几次完全黑暗的月全食。太阳与月亮在地平上表现的红色说明地球的大气使红色光较易通过，因此被食的月轮常呈红色。

对于日食，地球的大气所反射的光线减少日食所造成的黑暗。假设我们在赤道上，而且太阳与月亮的中心均在天顶，如果月亮在近地点，太阳在远地点的方向上，于是造成最黑暗的日食，食时将长达 7 分 55 秒。影锥在地面上的直径将是地球直径的 22/1000，比地平面在大气层上的截面的直径小 6.5 倍，至少这在大气的高度等于地球半径的 1/100 的假设下是这样，这假设是从曙光暮色（晨昏朦影）的延续时间推出的，大气很可能从比这更高的高度上输送光线给我们。由此可见日全食时太阳还照着地平上的大部分大气。但是这部分大气只被一部分日轮照着，离天顶愈远的大气分子，被照亮的愈多；在这情形下，穿过大气更大范围的日光，达到这些大气分子之后，再反射到观测者，将会变得相当微弱，因此使被食的日轮附近的一、二等恒星都会为人看见。这些光线的色彩兼有天空的蔚蓝和曙光暮色的红黄色，因而投影在物体上表现为一种昏暗的色调，加以日光的忽然消逝，因而使动物惊吓恐怖。

## 注　释

①天文折射，旧译“蒙气差”。——译者

②盖－吕萨克（J. L. Gay-Lussac，1783—1850），法国物理学家，化学家。——译者

③物理学家对于天文折射的研究，提供一个显著的例子表明假说的危险性，如果根据假说算出的结果，不经过观测去加以校核的话。卡西尼编制天文折射表时，从一个很简单的假说（大气的密度是常数）出发。这个表对于差不多全部天文观测都很适合，因而为天文学家们所采用。由于习用之故，使人相信卡西尼的假说：“折射随大气的高度而增加”是真实的。直到布盖在海拔 2800 米的基多（Quito）做过许多观测，才打破了这个信念，原来折射在这高度处不是增加而是减少。

# 第 二 篇

# 天体的真运动

我们在前面叙述了天体运动的主要现象，将它们加以比较之后，我们认为行星是围绕太阳运动的，而太阳又携带着行星轨道的中心围绕地球运行。假设地球亦如行星那样围绕太阳运行，则表观现象也是一样；于是太阳而非地球，是一切行星运动的中心。

这两个情形在自然界里哪个是事实的认识，在天文学的进步上至关紧要。由归纳和类比推理，使我们从现象的比较，定出造成这些现象的真运动，因而认识支配这些运动的定律。

# 第一章　地球的自转运动

如果我们考虑一切天体的周日运动，显然会认为有一个共同的原因，驱使天体围绕或好像围绕宇宙的轴而转动。考虑到(1)天体彼此是孤立的，而且位于远离地球很不同的距离处；(2)太阳与恒星比月亮更远得多；(3)行星视直径的变化表明其对地球的距离有很大的变化；(4)最后，彗星在天空四面八方自由运行，那么，如果认为有一个原因使这些天体得到共同的自转运动，便很难想象。可是，由于一切天体对我们表现相同的现象，不是设想地球不动，天穹带着天体围绕它转动，便是地球绕着自身的轴，循反方向转动，很自然的看法是认为后面这一种是事实，而将天穹的转动当做是一种表观现象。

地是一个球，其半径不过 700 万米[①]，而太阳正如前述是不可比拟的大。假设太阳的中心与地球的中心重合，则太阳的体积，将把月球的轨道包括在内，而且向外又扩展一倍远，由此可见它的巨大；可是，太阳距离地球在 23000 个地球半径之外。假设我们居住的地球有自转运动，比假设像太阳那样大和太阳那样远的一团物质，需有极其迅速的运动，才能围绕地球每日运行一周，不是简单得多吗？否则太阳里该有多大的力量才能与它的离心力取得平衡呢？每颗星的升起，若不是由于地球的自转，也会表现出同样的困难。

以前讲过赤道的两极缓慢地围绕黄道的两极运动，因而产生二分点的岁差现象。假使地球不动，则赤道的两极便不会动，因为赤极常对应于地面上相同之点；于是成为天球围绕黄道之极运动，因而带动了所有天体。这样，大小、运动与距离很有差异的无数天体所组成的整个体系还要服从于一种普遍的运动，但是设若地轴围绕黄极运动，则这种普遍运动便将消失而成为一种简单的表观现象。

我们和周围一切物体为一种共同的运动所带动，正像航海者在海中为风所推动一般。他认为自己不动，海岸、山岭和船外的一切物体在他看来都在运动。但是若将海岸和平原的广阔以及山岭的高大与船体的渺小加以比较，航海者便会了解船外景物的运动是一种表观现象，是由船在海中的真运动所造成的。散布在空间的无数天体在我们眼里，正如海岸和山岭之对于航海者，从他认识到真相是自己在运动同样的道理，使我们认识真正运动的是地球的自转。

这种类比推理，得到以下根据的支持。我们观测到几乎全部行星有自转运动，这些运动都是由西向东，正如天体的周日运动所显示的地球的自转运动一样。比地球大得多的木星绕它的轴自转，周期还不到半天；木星表面的观测者看见他的天穹在这段时间内绕它运行一周；然而，天穹的这种运动不过是一种表观现象。不是很自然地可设想这是和我们在地球上观测的情况相同吗？这类比推理的另一个惊人的证据，便是地球和木星一样，两极是扁平的。事实上，我们知道离心力使物体的各部分离开它们的自转轴，因而使两极低落赤道突出。离心力还使地球赤道上的重力减少，而这种减少量已由钟摆的观测而得到证实。因此这一切使我们认识地球有一种围绕自身的自转运动，而天穹的周日运动不过是由地球自转的真运动所造成的假象，这假象类似我们把所看见的天看做一个蓝色的穹隆，一切天体附在它上面，而把地球表面看成支撑这天穹的平面这样的假象。可见天文学使我们超出感官的假象，只有通过无数的观测与计算之后，才驱散了这些假象，而使人们最后认识自己所居住的地球的运动和它在宇宙里的真正地位。

**注　释**

① 现今的数据：地球的平均半径为 6371030 米，太阳的半径为 695990000 米，约为地球半径的 109.3 倍，月亮距离地球平均值为地球半径的 60¼ 倍。——译者

# 第二章　地球围绕太阳的运动

既然天球的周日运动不过是地球自转所造成的假象，将太阳带着一切行星的周年运动看做是地球围绕太阳公转所造成的假象也是很自然的。以下的讨论，将使这个见解没有丝毫可疑之处。

太阳和某几颗行星的质量比地球的质量大得很多；因此地球围绕太阳运动比整个太阳系围绕地球运动要简单得多。由地球不动的假设所引出的天体运动将成为怎样的复杂！需要设想该有多大的速度才能对木星，对几乎比太阳远10倍的土星，对距离更远的天王星，使其在围绕太阳运行的同时，还每年绕地球公转一周！这些运动的复杂性与迅速性将因地球围绕太阳公转而消逝，而且地球的公转运动符合于小物体围绕其附近大物体运动的普遍规律。



将地球同行星类比证实了这种运动。譬如木星不但绕其自身的轴转动，而且还伴有一群围绕它运行的卫星，木星表面上的观测者认为太阳系围绕它运动，由于木星的体积特别大，这种假象在那里比在地球上更像是事实。那么，将太阳系围绕地球的运动看做是相似的表观现象，不更加自然吗？

设想我们到太阳上面去注视地球与行星。在我们眼里，它们都由西向东运动，由于运动方向的一致，这已经是地球有公转运动的一个标志；但显著的证据应当是行星的公转周期和它们与太阳的距离之间的定律。行星围绕太阳运行愈远者愈缓，其公转周期的平方与其和太阳的平均距离的立方成正比例。根据这个有名的定律，如果地球绕太阳公转，其周期应该恰好是一恒星年。这不是地球和行星一样运动，而且受相同定律的支配之不可怀疑的一个证据吗？而且如果设想在太阳上勉强能觉察的地球，在围绕太阳运动的行星中固定不动，而太阳携带行星却反而围绕地球运动，岂不是很奇怪吗？维持行星在围绕太阳的各自轨道上的力与它们的离心力取得平衡，难道这种力不也施于地球上吗？难道地球抵抗这作用力的不应该也是这种离心力吗？可见从太阳上观测到的行星运动的研究所导致的地球的真运动，便没有丝毫的怀疑。而且置身地球上的观测者，还可从光行差的现象得到地球公转明显的证明，所谓光行差便是地球围绕太阳运动的必然结果，我们将叙述如下：

17 世纪末罗梅尔[①]观测到木卫食的时间在木星冲时提早，在木星合时推迟，使他想到光线并不是在相同的时刻从这些星传到地球，它需一段时间才通过太阳的轨道的直径。原来木星在冲时比在合时更和地球接近，这两处的距离之差等于太阳轨道的直径，因此在冲时比在合时发生木卫食的时间应该提早，这段提早的时间正是光线穿过太阳轨道所需的时间。由木卫食所观测到的时间迟早的规律，与由假设所算出的数值异常相合，不能不使我们承认这个假设。由观测所得的结果是光线由太阳至地球所需的时间是 493 秒[②]。

固定不动的观测者所看见的星光的方向与假设他随地球运动

所看见的星光的方向不同。将运动的观测者归算到静止的观测者的情形，只须将星向反方向迁移，即将星光和具有运动的观测者向反方向迁移，这样便不改变星的视位置；原来根据光学的基本定律，假设给予系统中每一个物体以共同的运动，它们的表观情况并不发生任何改变。因此设想一线光进入大气之时，我们赋予星光、空气和地球以和观测者相等而反向的一个运动，试研究这运动在发出光线的星的视位置上应产生什么现象？从地球的自转运动可知，在赤道上这项自转运动大致比地球围绕太阳的公转运动约小60倍；这里还可不致引起显著的误差，而假设星体圆面上每一点发出的光线是彼此平行的，与从星的中心到假设是透明的地球的中心的那条光线平行。因此这颗恒星对于地心处的观测者所表达的现象（这现象与光速和地速的合成运动有关），对于地球面上的一切观测者也大致相同。最后，我们也不计入地球轨道的小偏心率。



做了这些假设之后，在光线用以越过地球轨道半径的493秒的时间里，地球在轨道上走过一段小弧约等于20″.3，可是根据运动的合成定律设想由星的中心平行于黄道做一小圆，其直径在天球上是40″.5的弧，则星光运动的方向，与地球的反向运动合成时，和这圆周相交之点，便是从恒星与地球两者的中心作与地球轨道相切的平面和该圆周相割之点；因此这颗星好像在这圆周上运动，而且每年一周，其位置常落后于太阳在其视轨道上的位置90°。

这现象正是我们在第一篇第十三章内所解释过的现象，即布拉德累由观测发现而且说明其原因的现象。将恒星的视位置归算到真位置，可将它放在我们看见它所描绘的小圆周的中心；恒星的周年运动，不过是由星光的速度与地球的速度组合而成的一种假象。这现象与太阳位置的关系使我们想到这是一种表观现象；以前的解释业已证明了这一点。这证明同时也提供地球围绕太阳运动的一个明显证据，正如由赤道到两极，径度圈上每度弧长与重力的增加而表明地球的自转运动一样。

光行差对于太阳、行星、卫星、彗星的方位都有影响，但由于这些天体各有其不同的运动，因而光行差的影响也有差别。为了将这些天体所受的光行差的影响分开，而得到它们的真方位，可在每瞬间给予这些天体以与地球运动相等而相反的运动，于是将地球作为固定不动（正如以前所说过的），并不改变天体各自的方位与表观现象。因此，一颗星在我们看见它时已不复在其光线接触我们视觉的方向上；由于星光的运动与地球的反向运动组合，便使星光偏离了一些。从地上观测到的这两种运动的组合而形成视运动，叫地心运动。因此将星光从星到地球的时间内，星之地心运动在黄经与黄纬上的分量，加在所观测到的地心黄经与黄纬上，便得星的真实方位。于是我们所看见的太阳中心在其轨道上的位置比光线立刻达到我们时常落后 20″.3。

光行差改变了天象在空间或在时间上的表观关系。当我们看见这些现象的时候，它们已经不存在了；我们一看见木卫食复圆时，这现象已经过去 36 或 43.2 分钟了，变星的现象在我们观测到它的时候已是几年前的往事了。但是既然这一切假象的原因已是很明白的，我们常可将太阳系里的现象恢复到它们发生时的真位置与真时刻上去。

由上可见天体运动的研究使我们把地球从宇宙中心的位置移开，从前这种错误的见解，一则由于表观现象，再则由于人们认为自己是自然界的主体而产生的。人所居生的地球实在是一颗行星，既绕自身旋转，又绕太阳运动。根据这个观点，一切现象都得到最简单的说明；天体运动的定律是有均一性的；一切类比推理，都得到观测的证明。和木星、土星与天王星相同，地球有一个卫星伴随着，它又像金星、火星、木星、土星与其他行星，围绕其自身旋转；并同它们一样从太阳得到光线，且循同一方向、按同一定律围绕太阳运动。最后，地球运动的思想，集中了简单性、类比性以及自然界真实体系所具有的一切特征。按照这思想的推论，以后我们还要看到这些天象（以至其细节）都被纳入到唯一的定律，而这些天象是这定律的必然发展。这样，地球运动得到物理的真理可能得到的全部真实性，这种确定性表现在无数现象因而得到解释，也表现在这些现象所依据的定律的简单性。自然科学的任何分支没有比建立在地球运动上的宇宙体系的理论，将以上所述的优越性综合到更高的境界的了。



这运动扩大了我们对于宇宙的视野；它为我们测量天体的距离提供一个很长的基线，即地球轨道的直径。而且我们利用这个方法准确地测定了各行星轨道的大小。不明地球运动所造成的假象，曾长期阻碍了我们对于行星的真运动的认识，只有在不把地球看做是行星运动的中心时，才能准确地了解行星运动的真相。可是恒星的周年视差（即从恒星中心看地球轨道的直径所张的角度）是很小的，不超过 2 角秒[③]，甚至对于那些光辉灿烂因而好像距离地球很近的恒星也是一样；所以恒星的距离至少要比太阳的距离远 20 万倍。在这样遥远的距离，星光还如此灿烂，使我们明白恒星不像行星和卫星反射太阳的光线而是自身发光，因此它们都是分布在广阔空间里的太阳，也可能像我们的太阳那样是它的行星系的中心。事实上，如果我们置身于最近的恒星上，回头看我们的太阳，它便像一颗亮星，其视直径将比 1/100 角秒还小。

由于恒星的距离遥远，所以它们在赤经与赤纬上的运动不过是由地球自转轴的运动而造成的表观现象。但是有些恒星像有自行，恒星很可能都在运动，太阳也是这样，它携带着整个行星和彗星系，在星际空间里运行，正如每颗行星携带着它们的卫星围绕太阳运动一样。

## 注　释

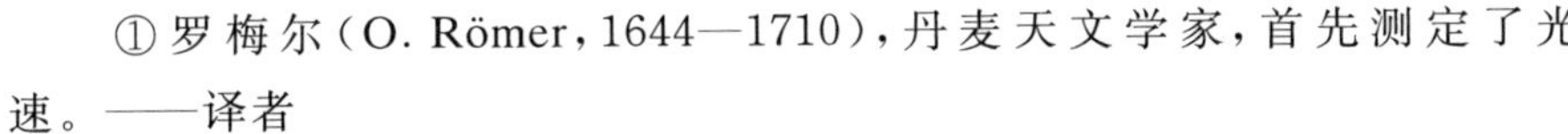

①罗梅尔（O. Römer，1644—1710），丹麦天文学家，首先测定了光速。——译者

②现今公认的数字是 498.7 秒。——译者

③最近的恒星（半人马座 α 星）的视差为 0″.76，距离合 4.3 光年，或 40 万亿公里，或 272000 天文单位。——译者

# 第三章　由地球运动造成的表观现象

从天象的比较使我们明白自己所在的地位，若从这地位上去看天体，我们将要证明它们的外貌与我们观测到的情况是完全相同的。不论天穹围绕宇宙轴旋转也好，或者地球绕自身的轴循不动天穹的视运动的相反方向旋转也好，显然在我们眼里一切天体都表现相同的现象。只有一种差异：即在前一情形，天体依次来到各地面子午圈的上面，在后一情形里天体转向地面子午圈的下面去。



由于地球的运动对于地面的物体以及覆盖着它的流体都是共同的，所以它们的相对运动和假定地球不动时的情况完全相同。在一匀速运动的船上，一切情况都与在静止不动的船上的情况相同；从下到上垂直抛射一个物体，它将落回其出发的一点；在船上看去，这物体好像走了一条垂直线；但岸上的人看去，这物体是对于地平循斜向运动而走了一段抛物线。由于地球自转，高塔底部比其顶端真速度稍小，可见若有一个物体从塔顶自由落下，可以设想由于塔顶处自转的真速度对于塔底处的自转速度有超差，该物体不正好落在从塔顶引出的铅垂线和地面相交的一点而落在稍微偏东的一点上。由数学计算得知这落地点只是向东偏离，而且偏离度与塔高的立方的平方根和纬度的余弦成正比，在赤道上从100米高的塔顶落下之物应偏东21.952毫米。因此根据物体坠落的精确实验，我们可以察出地球的自转运动。对于这个问题，在德、意两国所做过的实验和上述的结果相当符合，但这些实验还须更精密地再做。地球自转表现在它表面上的效应主要是离心力，它使地球两极变为扁平而且使赤道上的重力减少，这两个现象皆从钟摆的周期与经度圈上的弧度测量而得到证实。

在地球围绕太阳公转里，地球的中心与其自转轴上一切点皆以相等而且平行的速度运动，所以这个轴在运动中常与其自身平行；假设每瞬时给予天体和地球各部分以与其中心相等而反向的运动，则中心与自转轴将固定不动；但这假设加上去的运动，一点也不会改变太阳的表观运动；它只将地球的真运动朝反方向上给予太阳；因此在地球是静止的假设与地球围绕太阳运动的假设下，表观现象都是一样。为了特别说明表观现象的一致性，设从日心到地心引一向径，这向径将与地球的明暗两半球的分界面正交；这向径穿过地面之点，太阳正在它的垂线上，由于周日运动，这向径依次与地面纬度圈相交的一切点当中午时太阳将在其天顶上。可是不论太阳围绕地球运行或地球围绕太阳运动，地球的自转轴总是维持平行的情况，显然这半径在地面描出相同的曲线；在这两种情形下，当太阳有相同的视黄经时，这向径与地面相同的纬度圈相交；因此太阳总于正午在地平上面升得一样高，而与之对应的日子是等长的。于是在太阳不动或围绕地球运行的两个假设之下，季节与日子都是一样，第一篇里所给予季节的解释对于前一假设也同样有效。

行星都循相同的方向围绕太阳运动，只是速度不同而已；它们的公转周期按其与太阳的距离而增加，但周期的增率较大：例如木星的公转周期大约 12 年，但其距离太阳只比地球离太阳的距离约长 5 倍；因而木星的真速度小于地球的真速度。距离太阳愈远的行星，速度愈小，从最近太阳的水星到最远的天王星都是这样，根据我们即将建立的定律：行星的平均速度与它们和太阳的平均距离的平方根成反比。

试讨论轨道在地球轨道内的行星（内行星），从其上合追踪到下合，它的视运动或地心运动是它的真运动与地球的反向运动的组合。上合时内行星的真运动与地球运动的方向相反；它的地心运动因而是这两个运动之和，它与太阳的地心运动的方向相同，这是将地球的运动循反方向转移到行星去的结果；因此行星的视运动是顺行的。下合时行星运动与地球运动的方向相同，由于内行星运动较快，其地心运动维持相同的方向，因此与太阳的视运动方向相反；于是行星的运动是逆行的。容易了解在顺行到逆行的过程中，行星好像停止运动，这叫做留，留应发生于大距与下合之间，那时行星的地心运动（即行星的真运动与反向的地球运动组合而成的运动）指向行星的视线上，这些现象由水星和金星运动的观测完全得到证实。

在地球轨道之外的行星（外行星），在冲日时运动的方向与地球运动方向相同，但外行星的速度较小，将其与地球的反向运动组合后，它便与原来的力向相反；于是外行星的运动是逆行的；但外行星合日时，是顺行的，和水星与金星在上合时的情形相同。

将地球的运动循反方向赋予恒星，它们应在每年内描绘出一个相等而平行于地球轨道的圆周，而且其直径在天穹上所张之角等于从恒星的中心看地球轨道的直径所张之角。这种视运动与由地球和星光两种运动组合而成的视运动有很大的相似性，由于后一个视运动，我们看恒星好像每年描绘一个平行于黄道的圆周，其直径等于 40″.4；但不同之点是在第一圆周上恒星与太阳的方位相同，而在第二圆周上恒星比太阳落后 90°。由此可以区别这两种运动，而且证明第一圆周至少是异常之小，因为恒星与地球之间的距离极其遥远，从而地球轨道的直径在恒星那里所张的角小到难以觉察。

由于宇宙轴不过是地轴的延长线，所以应将由第一篇第十三章所讲过天赤道极点的岁差与章动运动添加到地轴的运动上去。因此在地球的自转和围绕太阳的公转的同时，它的自转轴很缓慢地围绕黄道的极点运动，同时还作很小的振荡，其周期与白道和黄道的交点的运动周期相同。而且这运动不是地球所独有的；因为在第一篇第四章内讲过，月球的轴亦以相同的周期围绕黄极运动。

# 第四章　行星围绕太阳运动的规律及其轨道的形状

根据以上所说的数据，很容易计算出行星在任何一瞬间的位置，假使它们围绕太阳运动是匀速的圆运动的话；但这些运动有感觉得到的差数，这些差数的规律是天文学追求的一个重要目标，也是把我们引导到天体运动普遍原理的唯一线索。为了从行星提供给我们的现象里发现这些规律，我们应将地球运动的效应从行星的运动里分开，且将从地球轨道上各点所看见的行星的方位归算到太阳上去；因此首先须决定地球轨道的大小与地球运动的规律。



第一篇第二章曾经谈到太阳的视轨道是椭圆，地球的中心在其一个焦点上；但事实上太阳是不动的，所以应将太阳放在椭圆的焦点上，而将地球放在椭圆的周界上；太阳的视运动还是一样，为了得到从太阳中心看到的地球的方位，只须将太阳的方位增加两个直角。

我们还讲过，太阳在其视轨道上运动的方式是：连接日心与地心的向径围绕地球所扫过的面积与所经历的时间成正比例；但事实上这些面积是围绕太阳扫过的。一般地讲，以上所引的一章内谈到关于太阳轨道的偏心率及其变化，近地点的方位与其运动都该属于地球的轨道，只须将地球的近日点和太阳的近地点两者方向之差看做是相距两个直角便成。

这样弄清楚地球轨道的形状之后，我们将说明怎样决定所有行星轨道的形状。例如火星，由于其轨道的偏心率大，及其对于地球的距离近，很适宜用以发现行星运动的定律。

假使在某一瞬时测得火星的向径与过太阳中心一固定直线之间的角度与该向径的长度，便可以求得火星围绕太阳运动的轨道。为了简化这个问题，我们特别选择火星的上述两个量（向径与极角）中，有一个量相差较大的某些位置，这些位置很接近火星的冲日，那时地上看见它在黄道上的方位正和从太阳中心看到的一样。在连续几次冲里，由火星与地球运动之差可以定出火星在天穹上的几个方位，将许多次冲的观测加以比较，我们可以发现在火星围绕太阳运动（日心运动）里，时间与角运动之间的关系。数学为我们提供解决这个问题的几个方法，在这情况下便简化为如下的命题：由于火星运动的主要差数在每一恒星周期后恢复原来的数值，于是全部差数可以表为各项为其极角的倍角的收敛很快的正弦级数，而这级数里各项的系数，利用所选择的几次观测容易定出。

这以后，由于行星在方照位置上的观测的比较，可以求得火星的向径的定律，因为火星在这些位置上，向径所张之角最大。连接地球、太阳与火星的中心，引三直线所成的三角形里，观测直接给出地球所在的角度，由火星的日心运动定律给出太阳所在的角，于是可将火星的向径表为地球向径的分数，而地球的向径可以表为地—日间的平均距离的分数。将这样定出的许多向径加以比较，便会求得向径随它与定直线之间的角度而变化的规律，并能描绘出火星轨道的形状。

这大致是开普勒找到火星轨道的方法；他幸运地将火星轨道的形状和椭圆比较，而且将太阳放在一个焦点上；并将第谷的观测在椭圆轨道的假设里确切地表现出来，使他对于这个假设没有丝毫的怀疑。

长轴末端与太阳最接近之点叫做近日点，最远之点叫做远日点，在近日点，火星围绕太阳运动的角速度最大；跟着向径变长，角速度变小，直到远日点时角速度最小，将角速度与向径的乘幂比较，求得角速度与向径的平方成反比，因此每天火星的日心运动的角速度与其向径的平方之乘积总是相等，这乘积等于每天向径围绕太阳扫过的小扇形面积的2倍；即向径自经过日心的一定直线出发其所扫过的面积，随火星自定直线上开始所经历的天数而增加；故火星的向径所扫过的面积与所经历的时间成正比。

开普勒发现关于火星运动的这些规律，同样是第一篇第二章所讲过的太阳的视运动的规律，因此亦可用于地球的情形。开普勒很自然也将它们推广到别的行星；因此开普勒建立了行星运动的如下两条基本定律，这两条定律得到一切观测的证实。

行星的轨道是椭圆，太阳在其一个焦点上。

行星的向径围绕太阳中心所扫过的面积与经历的时间成正比。

这两条定律足以决定行星围绕太阳的运动：但对每一个行星必须知道7个名叫椭圆运动根数的参量。和在椭圆上运动相关的5个根数是：(1)恒星周期；(2)轨道的半长轴或行星与太阳之间的平均距离；(3)偏心率(由此得出最大的中心差)；(4)一给定时刻行星的平黄经；(5)同一时刻近日点的黄经。其他两个根数和轨道在空间的位置有关；它们是：(1)一给定时刻轨道与黄道的交点的黄经；(2)轨道与黄道的交角。因此，对于19世纪已知的7颗行星，共有49个根数需要决定。本章结尾处的表便列出了对于19世纪开始第一瞬间[即1801年1月1日子夜(巴黎平时)]所有这些轨道根数的数值。

通过对这个表的研究，我们明白行星的公转周期随其与太阳的平均距离而增加。开普勒对于这些周期与距离之间的关系寻找了多年；经过了许多尝试，经历了17年之久，他终于发现行星公转周期的平方之比等于它们轨道长轴的立方之比。

这些便是行星运动的三大基本定律，它们给予天文学以新的面貌，并导致万有引力的发现。

行星的椭圆轨道不是固定不变的，虽然其长轴保持一定的长度，但其偏心率、轨道交角以及交点与近日点的位置却是有变化的，直至现今它们像是与时间成正比而增加。这些变化须经过几个世纪才能察出，因而它们叫做长期差。它们的存在是没有可疑的；但近代的观测彼此相隔时间不远，而古代的观测又不够确切，因而不能由这些观测精确地测定这些差数。



我们还需要注意扰乱行星椭圆运动的周期差。地球运动的周期差很小，因为以前讲过的太阳视椭圆运动便是这样。周期差只对于两颗大行星(木星与土星)特别显著。天文学家将近代的和古代的观测比较，发现木星的公转周期在变短，而土星的公转周期在变长。但将近代的观测数值加以比较，结果适得其反。这似乎表明这些行星的运动里有周期很长的大差数。18世纪土星的公转周期像是随其轨道上的起算点而有差异；它转回春分点比转回秋分点更快。最后证实木星与土星的公转周期上的差数竟达几分钟之久，而且这个差数像是和它们的位置，即它们两者之间的位置或与它们的近日点之间的位置有关。由此可见，行星系里，除了使行星围绕太阳在椭圆轨道上运行的主要原因之外，还存在其他特殊原因扰乱它们的运动，而且在长时期里改变它们的轨道根数。

**行星的椭圆运动表**

**恒星周期**

| | |
|---|---|
| 水　星 | 87.9692580(日) |
| 金　星 | 224.7007869 |
| 地　球 | 365.2563835 |
| 火　星 | 686.9796458 |
| 木　星 | 4332.5848212 |
| 土　星 | 10759.2198174 |
| 天王星 | 30686.8208296 |

轨道的半长轴或平均距离

| | |
|---|---|
| 水　星 | 0.3870981 |
| 金　星 | 0.7233316 |
| 地　球 | 1.0000000 |
| 火　星 | 1.5236923 |
| 木　星 | 5.202776 |
| 土　星 | 9.5387861 |
| 天王星 | 19.182390 |

1801年初的偏心率

| | |
|---|---|
| 水　星 | 0.20551494 |
| 金　星 | 0.00686074 |
| 地　球 | 0.01685318 |
| 火　星 | 0.0933070 |
| 木　星 | 0.0481621 |
| 土　星 | 0.0561505 |
| 天王星 | 0.0466108 |

1800 年 12 月 31 日至 1801 年 1 月 1 日子夜
(巴黎平时)的平黄经

| | |
|---|---|
| 水　星 | 163°.94082 |
| 金　星 | 10°.73933 |
| 地　球 | 100°.15361 |
| 火　星 | 64°.11664 |
| 木　星 | 112°.21426 |
| 土　星 | 135°.31819 |
| 天王星 | 177°. 80030 |

同历元的近日点的平黄经

| | |
|---|---|
| 水　星 | 74°.3630 |
| 金　星 | 128°.7314 |
| 地　球 | 99°.5014 |
| 火　星 | 332°.3991 |
| 木　星 | 11°.1429 |
| 土　星 | 89°.1582 |
| 天王星 | 167°.5350 |

1801 年年初椭圆轨道与黄道的交角

| | |
|---|---|
| 水　星 | 7°.00252 |
| 金　星 | 3°.39126 |
| 地　球 | 0°.00000 |
| 火　星 | 1°.85171 |
| 木　星 | 1°.31426 |
| 土　星 | 2°.49326 |
| 天王星 | 0°.77457 |

1801 年年初升交点的黄经

| | |
|---|---|
| 水　星 | 45°.9586 |
| 金　星 | 74°.9036 |
| 地　球 | 0°.0000 |
| 火　星 | 48°.0010 |
| 木　星 | 98°.4386 |
| 土　星 | 111°.9437 |
| 天王星 | 72°.9931 |

新发现的4颗小行星的轨道报数还不能作出精确的测定，自开始观测至今，时间太短；而且它们受到大行星很大的摄动也还没有测定。下表列出它们的椭圆轨道根数，直至现今还与观测相合，但只可看做这些小行星的理论的初步结果。

| 公转的恒星周期 | |
|---|---|
| 谷神星 | 1681.3931(日) |
| 智神星 | 1686.5388 |
| 婚神星 | 1592.6608 |
| 灶神星 | 1325.7431 |
| 轨道的半长轴 | |
| 谷神星 | 2.767245 |
| 智神星 | 2.772886 |
| 婚神星 | 2.669009 |
| 灶神星 | 2.36787 |
| 偏心率 | |
| 谷神星 | 0.078439 |
| 智神星 | 0.241648 |
| 婚神星 | 0.257848 |
| 灶神星 | 0.089130 |
| 1820年年初子夜的平黄经 | |
| 谷神星 | 123°.1615 |
| 智神星 | 108°.3080 |
| 婚神星 | 200°.1590 |
| 灶神星 | 278°.3625 |
| 同历元近日点的黄经 | |
| 谷神星 | 147°.1254 |
| 智神星 | 121°.1179 |
| 婚神星 | 53°.5628 |
| 灶神星 | 249°.5568 |

| 轨道与黄道的交角 | |
|---|---|
| 谷神星 | 10°.6240 |
| 智神星 | 34°.5820 |
| 婚神星 | 13°.0693 |
| 灶神星 | 7°.1358 |
| 1840 年年初升交点的黄经 | |
| 谷神星 | 78°.8901 |
| 智神星 | 172°.6574 |
| 婚神星 | 171°.1279 |
| 灶神星 | 100°.2217 |

# 第五章　彗星轨道的形状与它们围绕太阳运动的规律



由于太阳在行星轨道的焦点上，自然会使人想到太阳也在彗星轨道的焦点上。可是彗星出现后至多几个月便消逝了，它们的轨道不像行星近似正圆，而是很扁长的，被人看见时，它们在其轨道上与太阳很接近的那部分上。可是椭圆可借其偏心率的大小而在正圆到抛物线之间变化，因此椭圆有多种形式；由类比推理我们设想彗星也在各种形式的椭圆轨道上运动，太阳即在其一个焦点上，因此它们也遵循行星运动的规律，于是彗星的向径所扫过的面积和所经历的时间成正比。

由于彗星轨道的长轴很长，由其一次出现的观测很难求得其公转的周期；因此不能精密地决定其向径在一给定时间内所扫过的面积。但是我们可将彗星出现期内所走的椭圆的一小部分，当做是与抛物线相重合的部分，因而可将彗星在这段时间内的运动当做是抛物线运动来计算。

据开普勒定律，两颗行星的向径在相同时间内所扫过的扇形面积之比，等于以其公转周期除其椭圆面积所得之商之比，而公转周期的平方之比等于其半长轴的立方之比。假使一颗行星在其半径等于彗星的近日距的圆轨道上运动，则容易推出彗星的向径所扫过的面积与这颗行星的向径所扫过的面积之比，等于彗星的近日距的平方根与它的轨道的半长轴的平方根之比，当彗星的椭圆轨道变为抛物线时，这比值便成为 2 的平方根与 1 之比(即$\sqrt{2}:1$)。于是求得彗星的扇形面积与假设的那颗行星的扇形面积之比，且由上所说容易求得这扇形与地球向径在同时间内所扫过的扇形面积之比。所以我们可以决定彗星自这近日点后任何一瞬间其向径所扫过的面积，由此便可决定彗星在假定的抛物线轨道上的位置。

这只是根据观测推算抛物线运动的根数；即求(1)彗星的近日距表为日—地间平均距离(天文单位)的分数，(2)近日点的位置，(3)过近日点的时刻，(4)轨道与黄道的交角，和(5)轨道与黄道的交点的位置。这 5 个根数的寻找比行星的根数还困难，因为行星是经常可以看见的，因而可从最适宜决定根数的位置上去观测它，而彗星却只出现于短暂时间，而且其视运动常为地球的真运动(将其循反方向转移到彗星上去)所复杂化了。虽然有这些困难，我们还是能够用几个方法去推算彗星轨道的根数。为了达到这个目的，三个完全的观测便足够了；其他的观测可用以校核求得的根数是否正确或我们刚才阐明的理论是否可靠。有 100 多颗彗星，其许多观测都为这理论精确表达出来，而证明这个理论可靠。有许多彗星，一向为人看做是流星或气象现象的，都经这理论证明它们是类似行星的天体。它们的运动与再度出现都受与行星运动相同的定律的支配。

这里，我们试看一下自然界的真正体系，在其发展中是如何愈来愈得到证实的。地球运动的假说使天象得到简单的解释，而地球不动的假说，使天象成为极端的复杂，两者比较说明前一假说近

于真实。椭圆运动的定律同时可用于行星与地球，更增加了这假说的真实性，再加以彗星运动也受同一定律的支配，这真实性更是大大地增加了。

彗星不像行星循同一方向运动。有些彗星的运动是顺行的，有些是逆行的。它们的轨道交角，也不像行星的轨道交角，限制在狭窄的范围之内（只有几度），它们的轨道应从与黄道而相合到与黄道面正交，有各种不同的角度。

由一颗彗星的轨道根数与以前观测过的另一颗彗星的轨道根数相合的情况，我们认识它们是同一颗彗星的再度出现。如果一颗彗星的近日距、近日点的位置以及轨道交点和交角都和以前一颗彗星的这些根数相当接近，那么这颗出现的彗星很可能是以前观测过的一颗；当它远离到一定距离处便不能见，直到转回到轨道在太阳附近的一段时才再出现在我们眼里。由于彗星的周期相当长，而且只在近200年才得到稍微仔细的观测，所以现今仅知道周期确定的彗星只有两颗[①]：一颗是1759年的彗星，在1682年，1607年与1531年都曾被观测过[②]。这颗彗星的周期是76年；因此，若取日—地间的平均距离为单位，其轨道长轴大约是35.9，它的近日距只有0.58，它的远日点至少也在35个天文单位以外，因而它的椭圆轨道的偏心率相当大（0.967）。这颗彗星的周期，自1531年至1607年的一周比自1607年到1682年的一周长13个月，但从1607年至1682年的一周比从1682年到1759年的一周短18个月。由此可见改变行星的椭圆运动的类似原因，也干扰彗星的运动，不过对于彗星运动的干扰更加强大而已[③]。

1818年观测到的彗星，其轨道根数与1805年所观测到的彗

星的根数相差很少，因此证认出它们是同一颗彗星，它的周期是13年，假使在这两次复返近日点期间它再没有复返近日点的话；但恩克[④]对这颗彗星出现于1818年与1819年时的许多观测加以讨论，才发现这颗彗星的周期大约只有1203日；于是他断定这颗彗星应于1822年再度出现。为了使观测者容易找到这颗彗星，他计算了它那次出现时每日的方位。可是那次出现在南纬度，欧洲不能观测到。幸而一位能干的观测者锐克尔（Rümker）为新荷兰植物学湾（Botany Bay）总督布里斯巴（Brisbane）将军邀请去做观测，这位军人也是一位优秀观测者，对于天文学有很大的兴趣与了解。锐克尔自1822年6月2日至23日每天都观测这颗彗星，他的观测结果与恩克所预推的异常符合，无疑这是恩克预言复返近日点的那颗彗星。

彗星周围常有星云气，可能是由于太阳的热量从其表面蒸发出的气体形成的。事实上，可设想彗星在近日点时受到很大的热力，使其在远日点时因冷而凝结的物质膨胀而化为气体。由于彗星的近日距很短，因而它受到的热力很大。1680年的彗星过近日点时，比地球接近太阳166倍，因而它受到的热量是太阳给予地球的热量的27500倍，如果认为热和光的强度一样，按距离平方成反比。这样大的热量远远超过人所能制造的，它会使地上大部分物质挥发。

用大望远镜观察彗星，由于只能看见它被照明的半球，我们不能发现它的位相。只有1682年出现的一颗彗星，赫韦吕斯[⑤]与拉伊尔[⑥]曾看见它的位相。以后人们认识彗星的质量异常之小，因而其圆盘的直径不能使人觉察；所谓彗核大部分像是其头部周围的星云气的最密层所形成；赫歇耳使用大望远镜观测 1811 年出现的彗里，在其彗核内辨认出一个亮点，他认为那便是彗星的圆盘。这些最密层仍然很稀薄，因为有时我们还透过它，看见其背后的恒星。

彗星所拖的尾巴，像是由太阳的热力照在它表面所最易挥发的分子所组成而为日光的斥力（光压）驱逐到无限远去。这是由于这些气体尾巴的方向对于彗核而言，常在和太阳相反的一面，而且彗星愈接近太阳时尾巴愈长，在过近日点后达到最长。由于分子的极其稀薄，增大了表面积与质量之比，太阳的光压便发生显著作用，使每个分子走一条差不多是双曲线的轨道，而太阳便在这些双曲线的共轭点上。在这些曲线上运动的分子群从彗头出发形成一长串光尾指向太阳的对面，而且稍微倾向彗星在其轨道上前进的方向上，事实上观测到的现象正是这样。由彗尾变长的迅速程度可知分子从彗头升起之快，由于分子的大小、密度与挥发性有差异，于是在它们所走的曲线上造成相当大的差异，因而在彗尾的长度与宽度上产生很大的区别，而作成各种很不相同的形状。如果将这些效应与彗星的自转运动组合，再加上周年视差所造成的假象，我们便会了解彗星的星云气与彗尾给我们表现的各种奇特现象。

虽然彗尾之长可达若干亿米，可是恒星的光辉可以透过彗尾而不减弱，可见彗尾里物质实在异常稀薄，它们的质量可能比地球上一座小山的质量还小，因此彗尾与地球相遇时并不会产生可以觉察的影响；很可能彗尾已经多次扫过地球而人并不觉察。地球大气的情况对于彗星的视长度与阔度影响很大，彗星的热带比在

温带显得更长。潘格雷[7]说他曾观测到一颗星出现在1769年的彗星的彗尾内，而且它很快就离开了彗尾。这个现象是地球大气里的薄云所造成的假象，因为这些薄云对于阻挡彗尾的微弱光辉算是相当厚的，但对于明亮的恒星光辉却算是很薄的缘故。我们不能将这个现象归于范围超过几亿米长的形成彗尾的蒸气分子的快速振荡。

彗星里可以蒸发的物质在每次返回近日点时，逐渐减少，经过几次来回之后，它们便完全消散了，因而彗星只剩下一个固定的核，周期愈短的彗星达到这种境界愈迅速。1682年的彗星可能是这样的，已接近这种固定的状态，因为其周期只有76年，是迄今认为可能有位相的。如果彗核小到不能觉察，或者假使其表面上剩余的可以挥发的物质已经少到不能由蒸发而形成显著的彗头，彗星便成为不可见了。也许这便是彗星的再度出现相当稀少的一个原因；1770年的彗星，当其出现时循周期只有五年半的椭圆轨道运行，如果它继续这样运行，自那时至今应该已经过近日点至少7次，可是没有发现它再回来，这可能也是由于这个缘故吧。最后还有几颗彗星，我们本可根据它们的轨道根数在天空追索它们的踪迹，可是它们在我们期待的日子以前已消逝了，可能也是由于这个缘故吧。

## 注　释

①1825年，本书的第五版出版以后，第3颗周期彗星，首次于1772年被观测到，此后在1805年又被观测过。至1826年方经刚巴尔(Gambart)与汉申(Hansen)证实它的周期性，并定出它的周期为63/4。1832年年底再度出

现且为人观测到，而且应该于1839年复返。——布瓦尔注

②这便是有名的哈雷彗星。哈雷彗星在中国历史上的记载：自秦始皇七年（公元前240年）至清末宣统二年（1910年），计有29次，与计算的结果比较，都很符合。——译者

③原因是大行星对于彗星的摄动，本书第四篇将有详细论述。——译者

④恩克（J. F. R. Encke，1791—1865），德国天文学家，以证实一颗短周期彗星而著名。恩克彗星自1818年首次发现到1971年已复返近日点48次。——译者

⑤赫韦吕斯（J. Hevelius，1611—1687），但泽市的业余天文学家。——译者

⑥拉伊尔（P. de La Hire，1640—1718），法国天文学家，测量学家。——译者

⑦潘格雷（A. G. Pingré，1711—1796），法国天文学家。——译者

# 第六章　卫星围绕行星运动的规律

第一篇第四章内我们已叙述了地球的卫星(月球)运动的规律,本章所要讨论的是木星、土星和天王星的卫星运动的规律。

设取木星的赤道半径为单位,在该行星和太阳的平均距离处设其为 18″.371,则其卫星距离木星中心的平均距离和它们公转的恒星周期为:

| | 平均距离 | 恒星周期(日) |
|---|---|---|
| 木卫 1 | 6.04853 | 1.769137788148 |
| 木卫 2 | 9.62347 | 3.551181017849 |
| 木卫 3 | 15.35024 | 7.154552783970 |
| 木卫 4 | 26.99835 | 16.688769707084 |

卫星的会合周期即它们复返于合(凌木现象)的平均周期,容易由它们的公转周期和木星的公转周期算出。将它们的平均距离和公转周期比较,容易看出它们之间也存在着如行星—太阳间的平均距离与公转周期间的比例关系,换言之,即卫星的恒星周期的平方与它离木星中心的平均距离的立方成正比。

木卫常发生的食象,为天文学家提供了精密地测量其运动的方法,这是观测木卫与木星之间的角距离所不能得到的,由木卫食观测得出的结果如下：

木卫 1 轨道的椭率很小；轨道面差不多与木星的赤道面重合，而木星的赤道面与其轨道面的交角为 3°.9917。

木卫 2 轨道的椭率也很小，与木星轨道的交角和交点的位置都是变化的。假设木卫 2 的轨道和木星赤道的交角约为 1669″，而且其与木星赤道的交点在木星的赤道面上循逆向以 30 个儒略年为周期运行，这些变化便可得到解释。

木卫 3 轨道的椭率小，其长轴与水星最接近的端点（近木点），有一种变化的顺行，其轨道的偏心率也有相当显著的变化。17 世纪末，中心差达到极大值，为 796″，跟着变小，到了 1777 年达到极小值，为 307″。木卫 3 的轨道与木星轨道的交角以及交点的位置都是变化的；假设木卫 3 的轨道与木星的赤道面的交角约 740″，而且其轨道的平面和木星赤道的交点在木星的赤道面上循逆向以 142 年的周期运行，这些变化便大约可以解释。可是天文学家们由木卫 3 的食所测定的木星赤道与其轨道的交角，比由木卫 1 与木卫 2 所测定的数值总要小约 5 角分。

木卫 4 的椭率相当大，其近木点顺行的速率约为每年 2579″。其轨道与木星轨道的交角约为 2°.4。由于这个交角存在，木卫 4 常相对于太阳运行到木星的背面而不致被食。自这 4 颗木卫发现至 1760 年，交角像是没有改变，其轨道与木星轨道的交点，在木星轨道上循顺向运行约为每年 255″。但自 1760 年以来，交角变大和交点运动变慢了，其变化的分量是可以觉察的。我们谈到这些变化的原因时，还要对它们加以讨论。

与这些变化无关的，木卫还受到扰乱它们的椭圆运动的离差

(摄动),其理论是相当复杂的。这些差数在前 3 颗木卫特别显著,它们的运动之间的关系是很特别的。

将它们的公转周期加以比较,便会发现木卫 1 的周期约为木卫 2 的一半,而木卫 2 的周期又是木卫 3 的一半。因此这 3 颗卫星的平均角运动所遵循的规律大约是以 1/2 为公比的级数。如果这个关系是严格的,则木卫 1 的平均运动加木卫 3 的平均运动的 2 倍等于木卫 2 的平均运动的 3 倍。但这个等式比那个级数更加准确,因此我们将等式看做可靠,而将级数里的稀小离差作为由观测所引起的误差,至少我们可以肯定这等式在许多世纪里是有效的。

还有一个同样奇特的结果,它也以同样的精度由观测得到,这便是自木卫发现以来,木卫 1 的平黄经减去木卫 2 的平黄经的 3 倍,加上木卫 3 的平黄经的 2 倍,与两个直角之差,小到难以觉察。



这两个结果也存在于会合运动的平均运动与平黄经之间,因为卫星的会合运动是其恒星运动超过其所属行星的恒星运动之差,如果在以上的结果里将会合运动代替恒星运动,则木星的平均运动消去,结果相同。由此可见从这时起到今后多年,前 3 颗木卫不会同时被食;当木卫 2 与木卫 3 同时被食时,木卫 1 必和木星相合;当木星表面上由于木卫 2 与木卫 3 遮掩日光同时发生日食时,木卫 1 必在冲的位置。

这 3 颗木卫的主要差数的周期与规律是相同的。木卫 1 的差数使其食时提早或推迟的极大值为 193″.1。将这差数和木卫 1 与木卫 2 的位置比较,便会发现从木星的中心看这两颗木卫同时与太阳相冲时,这差数消逝为零,跟着这差数增加,当木卫 1 冲日时达到极大，那时木卫 1 在木卫 2 前面 45°，当其超过 90°时这差数为零；此后差数的符号改变，使食时推迟，以后差数变大直至木卫之间的距离为 135°，而达到其负的极大值，跟着再变小直到它们之间的距离为 180°时，而复为零。最后，在圆周的后半周上差数变化的规律与前半周相同。由此可见木卫 1 绕木星运动里有一差数，其极大值为 4363″.7，与木卫 1 超过木卫 2 的平黄经之差，或这两颗木卫的会合运动的平黄经之差的 2 倍的正弦成正比。这差数的周期不是 4 日，但为什么对于木卫 1 之食，这差数的周期变成了 437.6592 日呢？这便是我们下面要说明的。

假设木卫 1 和 2 从它们与太阳平冲的位置同时出发。木卫 1 每走一周时，由于其平均会合运动，它将复返于平冲位置。设想有一颗假星，其角运动等于木卫 1 的平均会合运动超过木卫 2 的平均会合运动的 2 倍之差；于是这两颗木卫的会合平均运动之差的 2 倍，在木卫 1 被食时，等于圆周的整倍数加上假星的运动，因此最后这运动的正弦与木卫 1 食时的差数成正比，因而可能表达这个差数。这差数的周期等于假星的公转周期，据这两颗木卫的平均会合运动计算，求得为 437.6592 日；因此，这样决定的差数的周期之值比由直接观测求得的更精确。

木卫 2 的差数所遵循的规律与木卫 1 相似，其不同点是两者的符号经常相反。在其极大值时，这差数使食时提前或推迟 915″.1。将这差数和这两颗木卫的位置比较便会发现当这两颗卫星同时和太阳相冲时，这差数为零，以后这差数使木卫 2 的食愈来愈推迟，直至两卫星相距 90°之时，便发生食象，此后这推迟时间减小而当这两颗卫星的距离为 180°之时复为零。最后，在这期间之后食时如以前推迟的同样方式而变为超前。由这些观测求得木卫 2 的运动里差数的极大值为 3862″.4.这差数与木卫 1 和木卫 2 的平黄经之差，即这两颗卫星的平均会合运动之差的正弦成正比，但符号相反。

假设两颗木卫同时从与太阳平冲的位置出发，木卫 2 由于其平均会合运动，每运行一周，经过平冲时，将复返于平冲的位置。如前设想一颗假星，其角运动等于木卫 1 的平均会合运动超过木卫 2 的平均会合运动的 2 倍的差，于是这两颗卫星的平均会合运动之差，在木卫 2 被食之时，等于圆周的整倍数加上这假星的运动，因此木卫 2 的差数在其食时与假星的运动的正弦成正比。这便是这差数的周期与规律和木卫 1 的差数的周期与规律相同的原因。

木卫 1 对于木卫 2 的差数影响很可能是真实的。但是如果木卫 3 在木卫 2 的运动上造成的差数与木卫 2 对木卫 1 运动造成的差数相似，换言之和木卫 2 与木卫 3 的平黄经之差的 2 倍的正弦成正比，那么新的差数与由木卫 1 产生的差数混在一起；由于我们上面所说的头 3 颗卫星的平黄经之间所存在的关系，木卫 1 与木卫 2 的平黄经之差等于半个圆周加上木卫 2 与木卫 3 的平黄经之差的 2 倍，因此前一差数的正弦与后一差数的 2 倍的正弦相同而符号相反。木卫 3 在木卫 2 运动上所造成的差数具有与观测到的木卫 2 的运动中的差数相同的符号，而且遵循相同的规律，故这差数很可能是与木卫 1 和木卫 3 有关的两个差数的总合效果。假使在以后若干世纪里这 3 颗木卫的平黄经之间的上述关系不复存在，则现在互相混淆的两个差数便会分开，而且人们也可由观测决

定它们各自的数值。但是以上讲过，这关系应存在很长的时期，而且本书第四篇里我们将要讨论这种关系是极其正确的。

最后，木卫 3 在其被食时的差数和木卫 2 与木卫 3 的两个位置相比，亦如木卫 2 的差数与木卫 1 和木卫 2 的两个位置相比一样，提供相同的关系。因此，木卫 3 的运动里存在一个差数，它与木卫 2 超过木卫 3 的平黄经之差的正弦成正比，这差数的极大值为 262″。设想有一颗假星，其角运动等于木卫 2 超过木卫 3 的平均会合运动的 2 倍之差，则木卫 3 之食的差数将与这假星的运动的正弦成正比；可是由于这 3 颗卫星的平黄经之间的关系，这个假星的运动的正弦除符号不同外，这与前面所假设的第一颗假星的运动的正弦相同。可见木卫 3 之食的差数与前两颗卫星的差数有相同的周期，而且遵循相同的规律。

这便是木星的前 3 颗卫星的主要差数的情况，是布拉德累早已料到，更为瓦经亭（Wargentin）所阐明的。这 3 颗木卫在主要差数以及在平均运动与平黄经等方面情况的相似，使它们组成为一个系统，从表面看来，很可能为共同的力所推动，而这共同的力是造成它们共有关系的来源。

现在讨论土星的卫星。如果取土星的赤道半径为单位，在其与太阳的平均距离处看去当是 8″.1。土卫至土星中心的平均距离与围绕土星运行的平均恒星周期是：

| | 平均距离 | 恒星周期（日） |
|---|---|---|
| 土卫 1 | 3.351 | 0.94271 |
| 土卫 2 | 4.300 | 1.37024 |
| 土卫 3 | 5.284 | 1.88780 |

| | | |
|---|---|---|
| 土卫 4 | 6.819 | 2.73948 |
| 土卫 5 | 9.524 | 4.51749 |
| 土卫 6 | 22.081 | 15.94530 |
| 土卫 7 | 64.359 | 79.32960 |

将土卫的公转周期和它们到土星中心的平均距离比较，我们便会再度得到开普勒从行星发现的美妙关系，我们刚才看到过这关系也存在于木星的卫星系里，换言之即土卫的公转周期的平方之比等于其与土星中心的平均距离的立方之比。

由于土卫距离的遥远，其位置观测的困难，因而其轨道的椭率以及它们的运动的差数还不明白。只有土卫 6 轨道的椭率是大到可以觉察的。

再取天王星的半径为单位，在它与太阳的平均距离处看去为 1″.9。根据赫歇耳的观测，天王卫对于天王星中心的平均距离与其公转的恒星周期为：



| | 平均距离 | 公转周期(日) |
|---|---|---|
| 天王卫 1 | 13.120 | 5.8926 |
| 天王卫 2 | 17.022 | 8.7068 |
| 天王卫 3 | 19.845 | 10.9611 |
| 天王卫 4 | 22.752 | 13.4559 |
| 天王卫 5 | 45.507 | 38.0750 |
| 天王卫 6 | 91.008 | 107.6944 |

这些周期(除天王卫 2 和 4 之外)是从相距最远的观测与“公转周期的平方之比等于它们到天王星中心的平均距离的立方之比”的定律而算出的。这定律从了解得比较清楚的天王卫 2 和 4

的观测得到证实；因此我们可以将开普勒定律当作是围绕一个公共焦点运行的物体系统运动的普适规律。

现在要问：将行星、卫星和彗星维持在各自轨道上运行的主要力量是什么？什么特殊力扰乱了它们的椭圆运动？什么原因造成二分点的逆行与地球和月球的自转轴的运动？最后，什么力使海水每日上涨两次？假设有一个基本原理造成这些规律，它便值得称为是自然界里简单而伟大的原理。由天体运动所显示的规律的普遍性，好像说明有这个原理存在，由这些天象与太阳系里天体的位置的关系，我们早已窥见这个原理，但要证明其真的存在，应该首先了解有关物质运动的规律。

# 第 三 篇

# 运 动 定 律

从不断出现在天空与地面的千变万化的现象里，人们认识到物质在其运动中所遵循的少数普适定律。自然界里一切现象都服从定律，四季的来复，为风随意带走的微小粒子所经行的路径，这一切和行星的轨道一样，皆由自然界里的定律所决定。我们的生活不断地依赖着这些定律，其重要性一向刺激人类的思维，可是由于一般人的疏忽，直至两个世纪以前人们还不知道这些定律。17世纪初，伽利略由落体定律的发现，首先建立了有关运动的科学的基础。数学家跟着他的踪迹前进，终于将全部力学归纳为少数普适的公式，除了数学分析的欠完善之外，这些公式已是无可非议的了。

# 第一章　力、力的组合与质点平衡

当一个物体对于我们认为在静止中的许多物体组成的系统改变位置时，我们感觉它在运动。例如在一个匀速运动的船里，船外的物体对于船上各部分在我们眼里好像在移动。这只是一种相对运动，原来船在海面运动，海绕地球的轴转动，地球的中心又绕太阳运行，而太阳更率领地球与行星在空间飞驰。为了设想这一连串相对运动有一个极限，最后达到一些固定点，由此我们能够计算物体的绝对运动。于是假设有一个不动而为物质所渗透的无限空间。我们的思维将物体的位置关联于这种真实的或理想的空间里某些部分，而设想这些物体依次地达到这空间的不同部分时，我们便认为它们在运动。

物体由一处而移至他处，是一种奇特的变化，它的原因是我们现在和将来永远不知道的。这原因取名叫力，我们只能定出力的效果与其作用的规律。

施于一个质点上的力，如果没有别的力来对抗，其效应是使质点运动。力的方向是它使质点运动所走的直线的方向。如果两力施于相同的方向上，它们便相加，如果两力施于相反的方向上，质点便按照它们之间的大小差异而运动，当这两个力相等时，质点便静止不动。

如果两力的方向相交成一角度，它们的合力将在一个平均的方向上。根据几何学便可证明，如果从两力的交点出发，在力的方向上取直线标出力，然后以这两直线为两边绘一平行四边形，则其对角线的方向与长度便代表合力。

我们可以上述的合力代表其两个分力；反之，亦可将一力在通过它的方向的平面上，依两个互相正交轴分解成两个分力，这两分力即代表原来的力。为了达到这个目的，由代表这个力的直线的起端作两条直线，平行于两个正交轴，而以该直线为对角线作一个长方形，则这长方形的两边便代表这个力的平行于两轴的分力。

如果一力与给定方向的一平面斜交，在这力的方向上，从它和这平面相交之点起做一直线代表这个力，再从这直线的末端作与这平面正交的垂线，这垂线就是将这力分解为与这平面正交的一个分力。至于在这平面上连接这力的起点与垂线足的直线，便是这个力的另一个在平面上的分力。这第二个分力本身仍然可以分解为在这平面上互相正交的两轴上的两个分量。所以任何一力可以分解为平行于互相正交的三个轴的三个分力。

由此产生一个简单的方法可以将施于一个质点上的任何多个力加成一个合力，因为每一个力可以分解为平行于给定的三个互相正交的轴上的分力；自然在平行于同轴上的多个力可以合成为一个力，即等于轴上同一个方向的力之和，减去与其相反的方向上的力之和。于是这个质点便受到三个互相正交的力，如果在这三分力上，从其公共的交点出发，引三直线代表这三个力，而以这三直线为边形成一个长方体，于是这长方体的对角线，在长度与方向上，便代表施于这个质点上的所有的力的合力。

不管力的数目、大小与方向如何，假使以任何一种方式使质点的位置作无限小的改变，则合力与质点在其方向上前进之量的乘积，等于每个分力与相应之量的乘积之和。质点在力的方向上前进之量，是连接这两个位置的直线在力的方向上的射影，如果质点前进的方向与上述的方向相反，则这个量当取为负值。

在平衡的情况下，如果质点是自由的，则所有作用力的合力为零，如果质点不是自由的，而约束于一个曲面或一条曲线上，则合力应与这个曲面或曲线正交，如果将质点的位置作无限小的位移，则合力与在合力方向上的位移量的乘积等于零，因而不管质点是自由的或约束在曲线或曲面上的，这乘积一般为零。总之，在平衡情况下，每个力和质点在其方向上无限小位移之量的乘积为零，反之如果这条件得到满足时，质点必然维持平衡。

# 第二章　质点的运动

一个静止的质点不能有任何运动，因为它自己并无朝任何方向运动的原因。可是当它受到一个力的作用时，然后让其自由，如果没有任何阻力，它便以匀速的形式在力的方向上不断地运行；换句话说，每瞬间它的力和它的运动方向都是相同的。物质有保持其运动或静止状态的这种趋势，叫做惯性，这便是物体运动的第一定律。



按直线方向的运动，显然是没有任何原因使质点离开原来的方向，向右或向左运行，但是质点运动的匀速性并不这样明显。由于不明白这动力的性质，便不能预断这个力将不断地保持其作用。但是事实上，由于物体不能自己产生运动，因而同样地也不能改变它所接受到的运动，于是惯性定律便成了人们思维中最自然、最简单的结论。而且这定律得到实验的证明：我们看见地上抵抗运功的障碍愈少时，物体的运动进行的时间愈长，因而假使全无障碍时，则运动便会永久进行下去。物质的惯性在天体运动里特别显著，经过不可胜数的世纪，天体的运动并没有发生可以觉察的改变。因此我们将惯性看做是一种自然定律。当我们在一个物体的运动里观测到有改变时，我们便认为是由一个外因在起作用。

在匀速运动里物体经行的空间与时间成正比；按照原动力的

大小，走过一定空间，所需的时间或长或短，这一种差别便产生速度的概念。在匀速运动里，速度是经行的空间与经历的时间之比。为了比较两个性质不同的量，如空间与时间，我们便需为时间选择一个单位，例如秒，为空间选择一个单位，例如米（公尺），于是空间与时间都成了抽象的数字，表示其为同一单位的若干倍，因而才可以作相互的比较。于是速度变成两个抽象数字之比，而其单位便是每秒经行一米（米/秒）。按这个方式将空间、时间与速度简化为抽象的数字，空间等于速度与时间的乘积，而时间等于空间被速度所除之商。

由于力[①]只从它使物体在一定时间内所经行的空间而定，自然取这部分空间为其量度的一个因素。但这必须假设循同一方向同时施于一个物体的几个力，在单位时间内使该物体经行的空间等于每个力使它分别走过的空间之和，这等于说力与速度成正比。由于我们不明白动力（作用力）的性质，因而我们不能先验地去断定这个结果，而必须求助于实验，因为凡是不能由事物的本性的极少数数据所推得的必然结果，我们只可看做是由观测得来的结果。

力可以表达为速度的无限多种函数而不致发生矛盾。例如，可以假设力与速度的平方成正比，便不会有什么矛盾。在这假设下，容易决定一个其速度已知而且受许多个力的作用的质点的运动，因为假使在这些力的方向上，从它们的交点起，取一些直线段代表它们分别加于质点上的速度，而且假使在这些方向上自交点开始作另外一些直线段其长度分别等于以前那些直线段的平方，这些直线段便可表示这些力。于是根据以上的方法，将这些力组合，便得到合力的方向与代表它的直线。由此可见，不论力是速度的怎样一种函数，我们皆可决定质点在这力下的运动。在一切可能的数学函数里，试研究自然界里的力是哪一种函数？

我们知道地上受任何一个力的物体，不管力的方向与这物体所在的系统的运动方向所成之角怎样，也不管它在地面哪一部分，它的运动方式总是一样。在这方面，些微的差异可使摆的振荡周期在摆振荡所在的铅垂面的位置上发生相当显著的变化，由实验证明在一切竖直面内这个周期是严格相同的。在匀速运动的船里，受弹簧、重力或其他力作用的运动体，相对于船的其他部分的运动，不管船的速度和运动方向如何，总是一样的。因此，我们可以将下面所说的看做是地面上运动的一个普遍的规律：若在一个具有共同运动的物体系统里，给予其中一物体以某种力，则它的相对运动或视运动将是一样，而与这系统的共同运动及其方向和所施之力方向的夹角无关。

若认为这规律是严格的，便可得出力与速度成正比的结论，因为设若两个物体在同一直线上以相等的速度运动，施力于其中的一体，这力加在第一体上，则它对于他体的相对速度将和假设两物体原系静止的情况一样，容易看出，由原有的力和后来加上的力，物体所经过的空间等于每个力分别作用物体在同时间内所经过的空间之和，这是由于力和速度成正比的假设而得来的。

反之，如果力与速度成正比，则受某些力作用的物体系统的相对运动都是一样，而与它们的公共运动无关；因为若将这公共运动分解为三个平行于三个固定轴的部分，只将每个物体在平行于三个轴上的分速度增加一个相同的量，而且由于相对速度只是这些分速度之差，因而相对速度是相同的，而与这些物体的公共运动无关。因此，处在这系统中观测其表观现象的人不能判断这系统的绝对运动。就是由于这个定律的性质，才阻碍了人们对宇宙真实体系的认识，原来地上的抛射体，因受到地球的自转与围绕太阳的公转两种运动的带动，其相对运动是难以了解的。

但是，由于我们所能给予物体的最显著运动与地球带动物体的迅速运动相比，也是极微小的，所以要使物体系统的表观现象与这运动的力向无关，只须使作用地球之力的微小增量对于地球的速度的相应增量之比，等于这两个量本身之比。我们的实验只证明这个比例的真实性，如果这个比例存在，不管地球的速度怎样，它必然给出速度与力成正比的定律。如果表达力的速度函数只有一项，这比例还是给出这个定律。因此，如果速度不与力成正比，便应假设自然界里表示力的函数有几项，可是这样假设的真实性很小。而且还应该假设地球的速度恰好是与以上的比例适合的速度，这更是不可能了。况且地球的速度随季节而改变，冬季比夏季约快 1/30。如果将太阳系的空间运动计入，这变化当必更大，因为按照这个累加运动对于地球的运动的相消或相加，应在地球的绝对运动上造成更大的周年变化，这应改变以上所说的比例和所给予的力对于它所造成的相对速度的关系，如果这比例与这关系不是与绝对速度无关的话。

所有的天体现象都支持这些证据。由木卫食决定的光速与地球的速度组合，恰好和力与速度成正比的规律相合。根据这定律算出的太阳系的一切运动与观测完全相合。

这便是由观测而得到的两个运动定律，即惯性定律和力与速度的正比律，也是人们由思维里所能推出的最自然与最简单的定律。无疑，它们的基础在物质的本性上，可是由于这本性不得而知，因而这些定律只能看做是由观测得来的事实，它们在力学上也是从实验得来的两个独特的基本定律。

由于速度与力成正比，这两个量可以互相表示，因此根据上述的理论，可以求得一个质点在已知方向与速度的许多力作用下，它所具有的速度。

设质点受到按继续不断的方式而施加的力的作用，则这质点的运动不断地变化，而经行一段曲线，其形状当依赖于使它运动的力。为了决定这段曲线，应该讨论这曲线的一些单元，而追索怎样从这一些单元导出另一些单元，即从其坐标增加的规律而上溯到它的有限的表达式。这便是微分学的对象，其发现为力学带来很大的好处，我们认为促进人类思维的这个有力工具是多么有用。

重力便是常见的一种不断作用的力。事实上，我们不知道这种连续作用的力，是否有难以觉察的瞬刻的间隔；但是在这个假设下和在连续作用的假设下，现象几乎是相同的，因此数学家宁愿采用不断作用的假设，因为它是最方便与最简单的假设。试研究支配这些现象的规律。

重力在物体上所起的作用在静止与运动的状况里好像相同。物体从不受重力的作用到受到它的作用开始的瞬间，它得到的速度是无限小的；在第二个瞬间，其速度有一新增量，以此类推，使速度与时间成正比而增加。

假设一个直角三角形，其一边代表时间，且随着时间而增长，与其正交之边代表速度，则这三角形的面积元等于时间元与速度的乘积的 1/2，它表示重力使物体经行的空间元，于是这个空间便可用三角形的全面积(它随一条边的平方而增加)来表示,可见在重力所作成的加速运动里,速度随时间增加,而物体从静止处出发坠落的高度按时间的平方或随速度而增加。因此,若将落体在第一秒所经行的空间取为单位,则 2 秒时间内落下 4 个单位,3 秒内落下 9 个单位,如是递推下去,因此每秒所走的空间按奇数 1,3,5,7……而增长。

一个物体按照它下落终了时所得的速度,在同下落所需时间相等的一段时间内所经过的空间,将是时间与速度的乘积;这乘积是这三角形面积的 2 倍;因此,按照其所得到的速度,做匀速运动的物体,在同下落时间相等的时间内,所走过的路程等于它下落所走过的路程的 2 倍。

对于一种不变的加速力所得到的速度与时间之比是常数,按这些力的大小,这比例可增或减,因此这比值可用以表示这些力。由于所经过的空间的 2 倍是时间与速度的乘积,所以加速力等于这空间的 2 倍被时间的平方所除之商,也等于速度的平方被空间的 2 倍所除之商。表达加速力的这三种力式在不同情况里各自其用途,它们并不给出这些力的绝对值,只是给出它们之间的比值,而力学里也只需要这些比值。

在斜面上,重力的作用可以分为两个分量:一个与斜面正交,为其阻力所抵消,另一个与斜面平行,和原来的重力之比,正如斜面之高度与长度之比。因此斜面上的运动是匀加速运动,但斜面上的速度与所经行的空间和同时间内竖直方向运动的速度与所经行的空间两者之比,等于斜面的高度与长度之比。因此,一个质点在重力作用下,沿一个圆内其一端与竖直径一端相接的诸弦上运动时，它走过这些弦所需的时间，与其在这竖直径上下落所经过的时间相同。

按某一定直线方向抛射一个物体，它便不断地离开这条直线，描绘出一条凹向地平的曲线，而这直线便是这曲线的第一条切线。这抛射体在这条线上的运动分量是匀速的，但竖直线上的运动，按刚才所说的定律是匀加速度的；因此，从曲线上每一点向第一条切线做垂直线，并使其与第一条切线相交，这些垂线的长度与这切线上相对应的长度的平方成正比，这是抛物线所具有的特性。如抛射力方向在竖直线本身上，则上述抛物线变为竖直线；可见抛物线运动的公式里包括了竖直线上加速或减速的运动。

这便是伽利略所发现的落体定律。我们今天看去这是容易得到的结果；虽然这是不断发生的日常现象，可是以前的学者不加以注意，而却需要一位罕见的天才方能从这些现象里分析出这些定律来。



我们在第一篇里说过悬挂在一条没有质量、且其一端固定的直线的另一端的质点形成的单摆。使单摆离开竖直的位置，则重力有使其转回竖直位置的趋势。如果离开竖直线的弧线非常小，这返回的趋势差不多与这离开的弧线成正比。假想有两个长度相同的摆，以很小的速度同时离开竖直位置。它们在第一瞬间所走过的弧和速度成正比。在和第一瞬间相等的第二瞬间的开始时，速度之减速率与所经行的弧度成正比，因而与初速度成正比。于是在这一瞬间里所走的弧也和这些速度成正比。以后第三、第四个相等瞬间里所走的弧都一样，以此类推。所以每瞬时的速度与从竖直方向起算之弧，均与初速度成正比，因此这两个摆同时达到静止状态。跟着按以前速度减慢的规律，又加速地回到竖直位置来，而且这两个摆同时并且以初始的速度到达竖直位置。它们从竖直方向朝另一侧以相同的方式振荡，如果不受阻力，它们可以继续振荡不停。由此可见它们的振幅与初速度成正比，但振荡的周期相同，因此与振幅的大小无关。由于使摆振荡加速或减速之力不恰与从竖直方向起算的弧度成正比，因而这种等时性，只对于重物的小振幅的圆周运动有效。这只对于重力在切线方向的分量与从最低点起算的弧成正比的曲线上方才严格地相合，这是由其微分方程式立即可以求出的。首先使用摆钟的惠更斯[②]发现了这种摆动有严格等时性的曲线（称为摆线）。它是一根放在竖直位置的旋轮线，其顶点在最低处，要使一个悬在不能伸长的直线末端的质点描绘出这条旋轮线只须将该直线其他一端固定悬在与这根曲线相同、但按反方向置于竖直位置的另外两个旋轮线的共同原点上，使得这线在摆动时交替地包络这两条曲线。无论这些研究是怎样的精巧，但在实际应用上宁愿用圆摆，因为它非常简单，而且它应用于天文学上也达到足够的精度。但由此得出的渐屈线（法包线）的理论对于宇宙体系的研究有重要的用途。

一个圆摆的很小振幅的振荡周期与重物从两倍于摆长的高度坠落所需的时间之比等于半圆周与直径之比。因此沿小弧坠落到竖直径的末端的时间与沿竖直径坠落的时间，或者同样的，与沿圆的弦线坠落的时间之比等于 1/4 圆周与直径之比，因此两点间的直线不是由一端到他一端降落最速的一条线。这条以“最速落径”得名的曲线的研究引起数学家的兴趣，他们发现这曲线是原点在最高处的旋轮线。

周期为一秒的单摆的长度与落体在第一秒下落的高度的2倍之比，等于圆的直径的平方与圆周的平方之比。由于秒摆的长度能得到精密的测量，利用这个原理可以求得物体坠落一定高度的时间，比直接测量所得的结果更精密得多。第一篇内讲过巴黎的秒摆长度，据精密的实验测得之值为0.994米，于是算出重力使物体下落的长度在第一秒内为4.9044米。将可以精密测定其周期的振荡运动，以代替重物下落的直线运动，是惠更斯的一种精巧设计。

受到相同重力的作用，长度不同、摆幅很小的两个摆的振荡周期之比，等于其长度的平方根之比。假使摆长相同而所受的重力不同，则周期与重力的平方根成反比。

利用这些定理，我们测定地面上与山顶上重力的差异。由摆振荡的观测，使我们知道重力与物体的表面积、形状无关而深入到物体最深层，在相同时间里给予物体以相等的速度。为了证明这些事实，牛顿曾经做了很多种重量相同、形状各异、物质不同的摆，并把它们放在同一个盛器内，以便使其所受空气的阻力相同。不论这些实验达到怎样高的精度，却没有从振荡周期得出在秒摆长度上有丝毫差异。由此可见假使没有阻力，重力作用所给予物体的速度在等时间内必然是相同的。

还有一种不断施力的圆周运动。由于自由质点的运动是等速直线运动，所以在圆周上运动的物体不断地循切线方向离开圆心。作用在这物体上并使其做圆周运动的力叫做**离心力**，人们把一切指向一个圆心的力叫做**有心力**或**向心力**。在圆周运动里向心力与离心力大小相等而方向相反；向心力使物体不断地接近圆心，在很短暂的时间里，其效应为其所经过的小圆弧的正矢所量度。

利用这个结果，可以对由地球自转运动而得到的离心力和重力进行比较。由于地球的自转，赤道上的物体每秒所走的弧为2″.9955。由于赤道的半径大约是6376606米，这段弧正矢的长度为0.0169538米。1秒内重力使赤道上之物下落4.8887米；因此，须将物体保持在地面的向心力，由地球自转而来的离心力，与赤道上的重力之比为1∶288.4。离心力使重力减少，使赤道上物体坠落的力，便是这两力之差；所以将未受离心力影响的整个重力叫做地心引力。赤道上的离心力差不多等于地心引力的1/289。假使地球自转的速度快17倍，赤道上每秒所走的弧亦大17倍，其正矢将增大289倍；于是离心力等于地心引力，赤道上的物体便没有重量。

一般言之，循一定方向的不变的加速力，可以表达为等于它使物体所经行的空间的2倍被时间的平方除之；在很短的时间内，一切加速力都可以假设它的大小不变而且施于相同的方向上；圆周运动中，向心力使物体所行经的空间，为所描绘出的短弧的正矢，而这段弧的正矢很近于弧长的平方除以圆的直径；所以向心力可表为是所描绘的这段弧的平方除以时间的平方和这圆的半径。弧长除以时间是物体的速度，因此向心力与离心力都等于速度的平方除以半径。

将这结果和以前所得的结果作比照，并依“重力等于重物下落速度的平方除以它在铅垂线方向所经过的距离的2倍”，我们将会看到，假使物体在圆周上运动的速度，等于重物下落一段为这圆周的半径之半的高度时所得到的速度，那么，离心力等于重力。

做圆周运动的几个物体的速度各等于它们所描绘的圆周被旋转时间除之，由于周长与半径成正比，因此它们的速度的平方之比等于半径平方之比除以旋转时间的平方；所以离心力之间的比等于圆周的半径被旋转的时间的平方除。于是在各纬度圈上由地球自转而来的离心力与纬度圈上的半径成正比。

这些为惠更斯所发现的卓越的定理，使牛顿得到曲线运动的普遍理论与万有引力定律。

在任何一段曲线上运行的物体都有沿切线离开的倾向；我们可以设想一个正圆，经过曲线上互相邻近的两个单元，这个正圆叫密切圆，在连续两瞬间里，物体可认为在密切圆上运动，因此其离心力等于其速度的平方除以密切圆的半径；但是密切圆的位置与大小在不断的变化。

假使因受指向一个定点之力的作用，物体描绘出一条曲线，我们可以将这力分解为二，其一在密切圆的半径上，另一在曲线的单元（即切线）上。第一分力与离心力平衡；第二分力使速度增或减；因此这速度作连续的变化。但这速度常遵循这样一个定律：围绕力之原点的向径所扫过的面积与时间成正比；反之，若绕一定点的向径所扫过的面积与时间按正比而增长，则这作用力常指向这一定点。这个命题是宇宙体系的一个基本定理，其证明的方法如下：

假设加速力只在每瞬间的开始施于在这瞬间内做匀速运动的物体上，于是向径作出一个小三角形。如果这力在其次的瞬间内便停止作用，于是在第二瞬时里绘出另一个与第一个相等的三角形，因为这两个三角形均以力之原点为它们的顶点，它们的底边等长，而且同在一直线上，好像以相同的速度在我们认为是等时间内所描绘的。但在新的瞬时开始之际，加速力与物体的切向力组合，而其合力沿以上两个力为边的平行四边形的对角线。由于这个合力，向径所描绘的三角形等于假使没有加速力的作用可能描绘的三角形；因为这两个三角形同以第一瞬时之末的向径为公用的底边，它们的顶点在平行于这底边的直线上；因此在相邻两相等瞬时里向径所描出的面积相等，于是向径所扫过的扇形面积随时间成正比增长。由此可见这现象只发生于加速力指向于一定点之时，否则我们刚才所讨论的三角形的高度便不相同。因此面积与时间成正比的关系证明加速力始终指着向径的原点。

在这种情形里，如果设想在很短暂的时间内描绘出的一个很小的扇形，并从这扇形的弧的第一个端点作这弧的切线，再将从力的原点到弧的他端所引的向径延长到与这切线相交；则这向径为这曲线与切线相截的那部分，显然是中心力使质点所经行的空间。将这空间的 2 倍以时间的平方除之，便得力的表达式，可是扇形的面积与时间成正比，中心力因而与此曲线同切线之间的向径部分被扇形面积的平方除得的商成正比。严格地说，曲线上各点的中心力并不与这些商数成正比；但是扇形愈小，它愈接近真实情况。因此，它与这些商数的极限严格地成正比。如果已知这曲线的性质，微分学便可将这极限表示为向径的函数，于是便得到与中心力成正比例之距离的函数。

根据已知力的定律去寻找力，便使质点描绘的曲线变得比较困难。但不管自由质点受怎样的力，我们容易按以下所说的方式去决定它的运动的微分方程式。假设有三个互相正交的固定轴，质点在任何瞬间的位置可由平行于这三个轴上的坐标决定。将施于这质点的每个力分解为平行于这三个轴的部分，于是平行于一个坐标轴的各力的合力与施力的一个时间单元的乘积表达质点平行于这坐标轴的速度的增率，但是这速度可以假设等于坐标的单元被时间的单元所除之商，于是这商的微分等于以上所说的乘积。其他两个坐标的讨论提供两个相似的等式，因此物体运动的决定便成为纯粹分析数学的研究，并归结为这些微分方程式的积分。

一般地说，将时间的单元作为常数，每个坐标的二次微分被时间单元的平方除之，便表示一个力，这个力若以相反的方向施加到质点上，则与质点原所受的力沿该坐标轴上的分量相平衡。将这些力之差与坐标的任意位移相乘，并将相对于这三个坐标的相似乘积相加，由于平衡条件，由此所得的总和应为零。如果这质点是自由的，三个坐标的位移将是完全任意的，将这些坐标的每个系数作为零，便得到这质点运动的三个微分方程式。但是如果这质点不是自由的，则这三个坐标间便有一个或两个关系式，这些关系式将给出坐标任意位移之间的与其同样数目的方程式。根据这些关系式消去与其同样数目的变数，使剩余的变数的系数为零，便得运动的微分方程式。这些方程式与坐标间的关系式相组合，便决定质点在任何瞬间的位置。

如果力指向一个固定中心，这些方程式便很容易积分；但对于一般性质的力经常不能积分。可是这些微分方程式的讨论常导出一些力学上有趣的原理，试举例如下：受一些加速力作用的质点的速度的平方的微分，常等于每个力与质点在力的方向上所经行的短距离的乘积的总和的 2 倍。因此容易断定受重力作用下的质点沿曲线或曲面运动所得到的速度，与竖直下落同样高度所得到的速度相同。

一些哲学家为支配自然界的秩序性及产生现象的方法的多样性所惊讶，认为她（自然）常以最简单的途径达到她的目的。将这个思想方式推广到力学上，他们寻求大自然对物体在使用力和时间方面的经济性。托勒密已经发现从一点反射到他一点的光线走最短的路程，因而所用的时间最少（假设光速恒定不变）。费马[3]（法国尊重的一位天才）将这原理推广到光的折射。他假想光从一种透明介质外面的一点到介质里面的另一点，它所花的时间最短；跟着他认为，光在介质里的速度比在真空里的速度小。在这些假设下他寻找光的折射定律。他应用他求极大值与极小值的方法（应看做是微分学的真正胚胎），得到（并与实验相合）光线的入射角的正弦与折射角的正弦之比是大于1的常数。牛顿导出介质的吸引关系的方法使莫佩尔蒂[4]看出光在透明介质里的速度增加，并且看出不是像费马那样认为光在真空里与介质里所走的距离被对应的速度除后所得之商的和，而是这些量的乘积的和应为极小。欧拉[5]推广这个假说到瞬时变化的运动中去，他用各种例子说明物体由一点到他一点所经行的各种曲线中，它总选择其质量与速度和曲线上的单元三者的乘积的积分为极小的那根曲线。这样，在曲面上运动的点，如果没有受到任何力，既然其速度是常数，于是由一点到另一点，它在曲面上所走的曲线是最短的。以上所说的那个积分叫做物体的作用量，将一个系统里每个物体相似的积分相加，叫做系统的作用量。欧拉因此证明这种作用量总是极小值，于是他说自然界的结构是节约的，这便构成所谓“最小作用量的原理”，这原理的真正发明人是欧拉，拉格朗日[6]跟着便导出运

动的根本定律。其实，这原理不过是这些运动定律的一个奇特结果，正如以上所说过的，这些定律才是我们所能想象的最自然与最简单的、像是由物质的本体而得到的结果。这原理适合于力与速度之间一切可能的数学关系，只须将这原理中的速度改为表示力的速度函数。最小作用量的原理绝不应视为“最后因”，它不能产生运动定律，在这些定律的发现上，它并没有作用，没有这些定律的发现，我们还可能对于所谓的“自然界的最小作用量”争论不休。

## 注　释

①作者在这里所说的“力”，现今叫做冲量，即作用在物体上的力与作用时间的乘积，它的作用使物体的动量发生变化。而物体的动量一般表示为物体质量与速度的乘积。冲量是一个矢量，其方向与受力的方向相同；动量亦是一个矢量，其方向与速度的方向相同。——译者



②惠更斯（C. Huygens，1629—1695），荷兰天文学家，以发现土星光环和发明摆钟著名。——译者

③费马（Pièrre de Fermat，1601—1665），法国数学家。——译者

④莫佩尔蒂（M. de Maupertuis，1698—1759），法国数学家。——译者

⑤欧拉（L. Euler，1707—1788），德国数学家。——译者

⑥拉格朗日（J. L. Lagrange，1736—1813），法国数学家，力学家。——译者

# 第三章　物体系统的平衡

物体相平衡的最简单情形，是两个质点以相等而相反的速度相遇的情形。由于物质所具有的互相不可入性，两个物体不能同时占据同一位置，这两个质点显然相互抵消了它们的速度，而使它们达到静止的状况。但如果两物体的质量不同，以方向相反的速度碰撞，在平衡的情形下，速度与质量将有怎样的关系呢？为了解决这个问题，设想一个毗连的质点系统为排列在一直线上的质点所组成，而以相同的速度在这直线的方向上进行，还有另外一个系统也为排列在一直线上的质点所组成，但以与前一系统同值而反向的速度运动，因此这两个系统彼此碰撞时便会取得平衡。假使第一系统只有一个质点，显然第二系统的每个质点在碰撞时被消耗的部分速度是等于这系统的速度的，因此在平衡的情形下，来碰撞之质点的速度应等于第二系统的速度与其质点个数的乘积，于是可以将速度等于这乘积的一个质点来代替第一个系统。同样也可以将速度等于第一个系统的速度与其质点个数的乘积的一个质点代替第二个系统。因此代替这两个系统的是两个质点，因其据有同值而反向的速度而取得平衡，其中一个质点的速度是第一个系统的速度与其质点的个数的乘积，另一个质点的速度是第二个系统的速度与其质点的个数的乘积，因此在平衡的情形下，这两个

乘积应该相等。

一物体所具有的质点的总和叫做质量。所谓动量是质量与速度的乘积，有时也被人叫做彻体力(force d'un corps)。两物体或两质点系循反方向碰撞而取得平衡，它们的动量应该等值而反向，因而它们的速度应与质量成反比。

两质点只能在连接它们的直线上相互作用：第一个质点在第二个质点上所起的作用是传递给它一份动量，在作用以前，设想第二个物体具有这份动量和另外一份等值而反向的动量，这样，第一个物体的作用便归结为抵消了后面这一份动量，为此，这一物体应该使用与将被抵消的这份动量等值而反向的一份动量。由此普遍地看到，在物体间的相互作用上反作用常和作用等值而反向。因此我们还可了解这相等的关系并不是由于物质里有一种特殊的力量；而是由于一物体从他物体得到作用时，不能不将由这作用所得到的运动卸除，正如一个瓶里充满水时不能不将它的含量送给和它相连的另一瓶里去一样。

作用与反作用的相等性表现于自然界里的一切相互作用的现象里：磁石吸铁正如铁吸磁石，电的相吸和相斥亦复如是，其至动物力的施展中也是这样。因为不管人和兽的动力的来源怎样，由于物质的反作用，他们所接受的力总是与他们给予这些物体的力等值而反向，由于这个关系，动物与无生命之物同样受到相同定律的支配。

在平衡的情况下，速度与质量成反比这个原理，可以决定不同的物体的质量之比。均匀物体的质量和几何学所能测量的体积成正比。但物体的性质各有不同，这存在于分子的组织，或分子的数目，或分子间的空隙的大小的差别，使等体积所含的质量有很大不同。于是几何学便不足以决定这些质量之比，而必须求助于力学。

假设有两个质料不同的球，我们改变其直径，直到它们在等值而反向的速度下，取得平衡之时便可确定它们含有数目相同的质点，因此它们有相等的质量。于是，我们求得这些质料在质量相等的情形下的体积之比；其次借几何学的帮助可决定同质料的任何两体积的质量之比。但使用这个方法于商务上，因随时须作大量的比较，所以是很困难的。幸而自然界里一切物体都有重力，为我们提供了可用以比较它们的质量的一种很简单的方法。

前章曾经谈过，地球上同一处每个质点因受重力的作用，有以相同的速度运动的趋势，这些趋势的总和便构成物体的重量，因此重量与质量成正比。例如悬在一条线两端的两个物体，经过一个滑轮而得到平衡，如果在滑轮两端的线段一样长，则这两个物体的质量是相等的，因为受重力作用而得到以相同速度运动的趋势，它们之间的相互作用正如它们彼此以等值而反向的速度互相碰撞一般。我们还可使用两臂等长、两盘同重的天平秤使两个物体取得平衡，于是得以确定秤盘上的两物体的质量是相等的。因此我们可以使用精确而灵敏的天平和大量的相同的小砝码来求得不同物体的质量之比。把欲称量的物体放在一个秤盘上，而在另一秤盘上放上若干个等重量的砝码，在取得平衡后，数计砝码的数目，便可得出这些物体的质量之比了。

物体的密度依靠一定体积内所含的质点的数目，因此密度等于质量与体积之比。一种没有空隙的质料，其密度最大，其他物体的密度和它比较，便得这些物体所含的质量。但是因为不知道有类似这样的质料，我们便只能有相对的密度。因为重量与质量成正比，这些密度便是在体积相同的情况下的重量之比；所以如果取一种物质在某气温下的密度为单位，例如以蒸馏水的最大密度为单位，则任何一个物体的密度将是它的重量与同体积的最大密度之水的重量之比，这叫做物体的比重。

这一切都假定物质是同质的，物体的差异仅存在于其组成的分子及其间的空隙的形状与大小。但在这些分子的自身性质上可能有根本的差异，而这和我们假设星际空间里到处都有无孔的（为现象所证明的）流体物质而又对行星运动没有阻力的概念并无矛盾。因此我们可以将行星运动的不可改变性和以星际空间不可能有真空的意见调和起来。但是这不是力学所关心的问题，因为力学所研究的只是天体的广延性（大小、距离）与运动。即使将物质的单元看做是相同的，也不怕犯什么差错，只要我们承认具有等值而反向的速度的两物体，在它们的质量是相等的，取得平衡便可以了。

在物体的平衡和运动的理论里，我们不管它们里面所分布的孔隙的数目与形状。我们可以假想物体相对密度的差异的原因是组成它们的质点或疏或密，这些质点（分子）在流体里完全自由，它们之间为没有质量的直线所连接，这些直线在固体内是不可弯曲的，在弹性体和柔软体内是可弯曲和延伸的。在这些假设下，物体便以各种形态表现在我们的眼前。

物体系统的平衡条件可由在本篇第一章所讨论的力之合成定律来决定。因为我们可以设想每个质点所受之力是在其力向和其他力的方向相交的交点上的，而这些力与它相抵消或者这些力与它的合力在平衡的情况下，在这系统的固定点上等于零。例如设想有两质点系于不可弯曲的杠杆的两端，并设这两质点所受之力的方向在经过杠杆的平面内。假设将这些力在其方向的交点上组合，为了得到平衡，其合力经过唯一能抵消它的支点上，而且按照力之合成律，它的两个分量应当与从支点引到力的方向之间的垂直距离成反比。

设想有两个重物悬在一个不可弯曲的杠杆的两端，假设杠杆质量比两端重物小到不必计较，我们可以设想重力的平行方向相交于无穷远处。在这情况下，为了取得平衡，每个重物受的力（即重量），应和支点到这些力的方向的垂直线成反比；这两条垂线与杠杆的两臂之长成正比，因此平衡的两物体的重量与其所悬挂的杠杆的两臂之长成反比。

可见利用杠杆和装配有杠杆的机械，可使小的重物对大的重物取得平衡，于是我们可以利用这些工具以少许的力量举起大的重荷。但要达到这个目的，杠杆上施力的臂比负荷重物的臂须长很多倍，而且力须经过很长一段距离才能将重荷举起一点点高度。可见人们失之于时而得之于力，这是机械上一般的情况。但是，我们往往可以随意支配时间，而只能使用有限的力量。在有些情况下，我们却想得到大的速度，于是可以利用杠杆将力施在最短的臂上。按需要，使要搬动的物体的质量加大或速度加快，两者皆有可能，这便是主要的机械利益。

由杠杆的研究产生“矩”的概念。所谓力矩便是使一个物质系统围绕一个定点的转动本领，即力与支点至力的方向之间的距离的乘积。例如在施力于杠杆两端取得平衡的情形，这两个力对于支点之间的矩应当相等而相反，换言之，即两力对于支点之矩的和为零。

力在过一定点所作的平面上的投影与这一点到这投影的距离的乘积，叫做使这系统围绕通过这定点而与这平面正交之轴转动的力矩。

许多力的合力对于一点或一轴的矩等于其各个分力对于这一点或这一轴的矩的总和。

平行力可以设想为交会于无穷远处，因此可归化为与它们平行并等于它们之和的一个合力。将一个物体系统里的每一力分解为二，其一在一平面上，另一与这平面正交，因此在平面上的许多个力可以归化为单独一个力，而与这平面正交的许多个力也可以归化为一个力。因为过一定点常可作一平面，使与这平面正交的一些力的合力为零，或者经过这定点；在这两个情形下，这合力对于以这一点为原点的轴的矩为零，而这个系统对于这些轴的力矩便归化为在所讨论的平面上的合力的力矩。围绕某个轴转动使力矩为极大时，则此轴和这平面正交，对于过一定点，而与这个极大矩的轴成一角度的另一轴，这系统的力矩等于这个极大值的矩与这个角的余弦的乘积。因此对于与这极大矩的轴正变的平面上的一切轴，这个力矩为零。

这个极大矩的轴与过一定点互相正交的三个轴所成之角的余弦的平方之和等于1，而对于这三个轴之力矩的平方之和等于这极大力矩的平方。

为了使彼此联系情况不变的且能围绕一定点转动的物体系统得到平衡，这系统对于过这一点的任何一个轴的力矩之和应该为零。由此可见，如果对于三个相互正交的固定轴，力矩之和为零，一般便会产生这个结果。如果这个系统里没有一个固定点，为了得到平衡，还应该有：平行于这三个轴的分力之和也分别为零。

试讨论一个固结在一道的受重力的质点系统，它和三个互相正交的平面相关联。将重力的作用分解在平行于这三平面的三条交线上，平行于同一平面的一切平行力可以化为平行于这平面而等于其和的合力。相对于这三个平面的三个合力应该相交于一点，因为重力对于系统内各点的作用是平行的，这些力将有一个唯一的合力，我们先将其中的两个力组合，然后将此两力的合力与第三个力组合，再将这三个力的合力与第四个力组合，以此类推，便可求得这个合力。这交点在这系统内的位置，与这些平面和重力的方向的交角无关。因为交角的大小只改变这三个部分的合力的数值，而不改变它们对于这些平面的位置。因此可以设想，当这个物体系统围绕这一固定点转动时，在任何位置上这个系统内的一切重力的作用将等于零。所以，这一个固定点叫做这个物体系统的重心。

设重心的位置与系统里各点的位置均为它们对于三个正交轴的坐标所决定。由于重力的作用是相等而平行的，再由于作用在这系统上的这些重力的合力在任何位置时都经过重心，假使这合力依次平行于这三轴的每一轴，按合力之矩等于其分力之矩的总和的定律便可得出，重心的任一坐标与系统的总质量的乘积便等于系统里每点的这一坐标与其质量之乘积的总和。因此，由重力产生的重心的概念与其决定的方法是无关的。重心的讨论推广到重力的或非重力的物质系统，无论这系统里的质点是自由的或以某种方式相联系的，在力学上是很有用的。

将第一章结尾处所提出的有关一个质点平衡的定理加以推广，便可得到下述的定理，它是一个质点系统受任何的力作用而得到平衡的条件的最普遍的形式。

设将一个物质系统，在和其部分的联系相容的条件下，作无限小的位移，使每个质点在作用它的力的方向上前进之量，等于在这方向上从质点的第一位置到自第二位置向该方向所作垂线之间的一个线段。由此便可知道：在平衡的情况下，每一个力与其所施的质点在力所作用的方向上前进之量的乘积的总和为零；反之，不论这系统的变化如何，如果这总和为零，则这系统是平衡的。这定理内包含了让·贝努里[1]所发现的虚速度的原理，但欲使其见之实用，对于在系统的位置改变里，于受力方向前进的质点，则其刚才所说的乘积应取负值；还须记住：如果质点是自由的，则力是其质量与力所给出的速度的乘积。

假设在给定系统内每一质点的位置为三个正交坐标所决定，则每个力与和它所联系的质点在力的方向上前进之量的乘积的总和，当我们将这系统作无限小的位移时，可表为各点的坐标的变化的线性函数。由于系统各部分间的连接，这些变化之间是有关系的，由于这些关系，在平衡下应该为零的上述的总和里，可将任意变化之量的数目约化为尽可能少的数目。欲使在一切可能移动的方向上这个总和为零，应分别将剩下的每个变量的系数均等于零。这样便得到其数目等于任意变量的数目的方程式。这些方程式和系统各部分连接的关系式一起，便包含该系统平衡的一切条件。

有两种很不相同的平衡情况：(1)如果使平衡稍微扰乱，系统里的物体只围绕原来的位置作微小的振动，这叫做稳定平衡。如果不管系统的振动怎样，都能得到平衡，这种稳定性便是绝对的；如果只对于某些振动才会平衡，这种稳定性只是相对的；(2)还有另外一种平衡状况，当物体稍微离开原来的位置时它们便愈离愈远，这叫做不稳定平衡。欲明白这两类平衡状况的差别，可将一个椭圆垂直地立在水平面上来加以说明。设将椭圆立在它的短轴上而得到平衡，若以微小的运动使它稍微离开这种平衡情况，这椭圆，便以振动的方式回到它的平衡位置，水平面的摩擦和空气的阻力不久便使振动停止。但是，如果将椭圆立在长轴上而得到平衡，一经稍微离开这个位置，椭圆便愈来愈离开这个位置，而终于倾倒而立到其短轴上去。可见平衡的稳定情况随系统受任何形式的扰动后，按其围绕这状况作微小振动的性质而不同。为了一般地决定稳定或不稳定的平衡状况相继地出现的方式，设想有一条凹形曲线垂直地放在一个稳定平衡的情况下，将这状况稍微扰动，它会再回到原来的位置，当远离原来位置的程度增加时，这趋势便发生变化，如果这趋势变为零，这曲线便达到一个新的平衡状态，但不是稳定的，因为这曲线在到达这个状态以前，它还趋向回到它起初的状态去。在超过后者的状态之外，曲线回复到第一种情况，回复到第二种情况的趋势变为负，直到它再变为零，于是这曲线再度进入稳定平衡。照此继续下去，可见稳定平衡与不稳定平衡交替地相继出现，正如曲线上的纵坐标的极大值与极小值交替相继出现一样。这个道理容易推广到物质系统的各种平衡情况。

## 注　释

①让·贝努里(Jean Bernoulli,1667—1748),瑞士数学家。变分法创始人之一。——译者

# 第四章　流体的平衡

弹性的或不可压缩的流体的特性，是其每个分子在微小的压力下很容易向力的方向的移动性。我们根据这个特性将流体看做是彼此之间完全可以移动的、无限多个分子所形成的结构，从而建立流体平衡的定律。

根据这种特性，首先可知流体表面的自由上分子所受的力，应该和这表面正交，否则，便可将这个力分为两个分量，一个正交于、一个平行于表面，而第二个分力便使这分子滑动，因而得不到平衡。可见重力是和静止水面正交的，因而这平面叫做水平(面)。同理，每个流体分子所施于其表面的压力应与水平面正交。

流体物质内每个分子所受的压力，在大气里用气压计的高度来量度，所有流体的压力都可用相似的方法去量度。若将每个分子看做是无限小的直角棱柱体，则其周围的流体的压力将和这棱柱体的表面正交，因此它移动的倾向由于相对两面的流体的压强的差异是和柱体的表面正交的。由压强之差便产生三个相互正交的力，而且应和施于这分子上的其他力组合。

容易断定压强的微分，在平衡的情况下，等于流体分子的密度和每个力与其方向上的面积单元的乘积之和。若这流体是不可压缩的、均匀的流体，则这个总和便是一个恰当或正合(exacte)微分；这是克勒罗[①]所得到的一个重要结果，发表在其名著《地球的形状》之中。

如果这些力是引力，它们便是两吸引中心之间的距离的函数，而每个力与其方向上的单元的乘积是一个恰当微分，于是流体分子的密度应该是压力的函数，因为压力的微分被密度除之，便等于一个恰当差分。因此压力一定的一切流体层，在其范围内有相同的密度。作用于这些层的表面上每个分子的力的合力与这表面正交，否则这表面上的分子便会滑动。由于这个理由，这些流体层叫做**水平层**。

大气里空气分子的密度是压强与热量的函数，其重力是地面上海拔高度的函数。如果它的热量也是高度的函数，那么大气的平衡方程式将是压强与高度之间的一个微分方程式，因而平衡总是可能的。但自然界里大气各部分的热量，还与纬度和太阳的出没以及许多其他变化的或恒定的原因有关。它们在大气内应该引起相当大的运动。

由于流体各部分的运动性，受重力的流体所施的压强可远远大于它的重量，例如一条流水落在一个大的水平面上，在这面的基底上的压强，与相同高度的一个水柱在这相同基底上的压强相同。为了说明这个似是而非的真理，设想有一个固定的圆柱形的瓶，其水平的瓶底是可以移动的。假设这瓶盛满了水并设底部为与它所受的压强等值而反向的力维持其平衡。如果一部分水凝结并依附在瓶壁上，显然仍能维持平衡，因为在这情形里，其中与一些固定点结合或依附于这些固定点上的物体系统的平衡，不会受到丝毫扰乱。于是我们可以如此去形成无限多个形状不同的瓶，它们都和圆柱形的瓶有相同的底部和高度，而在这可移动的底部上面施加相同的压强。

一般说来，若流体的作用只是它的重量，它在一个表面上所施的压力等于这样一个棱柱体内流体的重量，这个棱柱体的底部等于受压面的面积，而其高度是这表面的量心到流体水平面的距离。

浸入流体内的物体损失其一部分重量，这部分重量等于它所排开的流体的重量。因为在浸没前其周围的流体与这个体积的流体的重量取得平衡，在不扰动平衡的情况下，可假设这份流体形成一团固体物质，流体作用在这团质量上的合力应该与其重量平衡，而且经过其重心。很明显这作用对于占据这位置的物体是相同的，因此流体的作用抵消了这物体重量的一部分而这一部分便等于所排开的同体积的流体的重量。所以物体在空气里比在真空里称要轻一点，这差异一般很小，但在精密的实验里不可忽略。

设想天平的一端悬有一物，将其沉入一种流体之内，我们利用它去精确测量这物体在浸没后所失的重量，因而算出它的比重或相对于这流体的密度。这里所说的比重是物体在真空内的重量与其完全沉没在流体内所具有的重量之比。人们便这样测量标准的比重，即物体在真空内的重量与其完全浸没在最大密度的蒸馏水内的重量的比值。

要使比流体轻的物体在其表面上平衡，应使该物体的重量等于其排开的那份体积的流体的重量。而且还须这部分流体的重心与这物体的重心在同一垂线上；因为施于物体一切分子的重力作用的合力，通过它的重心，而流体作用于这物体的合力通过所排开的流体的体积的重心。这两个合力为了彼此能够抵消，则这两个重心应在同一垂线上。但为了使平衡得到稳定，除了上述两条件外还须加入其他条件。我们可以使用以下的法则去确定它。

设想在浮体与水面相交面的重心处通过一水平轴，如果这截面的每一单元与这轴的距离的平方之乘积的总和，比由这重心所引的其他水平轴的同样的乘积为极小时，那么，当这总和超过被排开之流体体积与浮体重心在这体积的重心之上的高度乘积时，则浮体的平衡在各方向上都是稳定的。这规则在船只的建造上有根本的重要性。因为为了抗拒狂风巨浪的袭击，船只须有足够的稳定度。对于船只里从船尾至船艏所作的轴而言，刚才所说的总和须为极小值。因此容易利用以上的规则去决定船只的稳定度。

在一瓶内盛有两种流体，重的在瓶的底部而分界面为水平向。假设有两种流体为一相当大的曲管所连通，则在平衡的情况下这分界面差不多是水平向的，这两种流体在分界面之上的高度之比和它们的比重成反比。因此，假设地面上大气的密度等于温度在冰点而压强等于 0.76 米汞柱压时的密度，则大气的高度是 7963 米。可是大气分层，距离海面愈高处其密度愈小，因此大气的高度比这数字要大很多。

## 注　释

①克勒罗（A. C. Clairaut，1713—1765），法国数学家，天文学家。——译者

# 第五章　物体系统的运动

首先讨论在一直线上运动的两个质量不同的质点发生碰撞时的相互作用。可以想象，在碰撞前的瞬间它们的运动可以分解为：一个公共的速度和两个等值而反向的速度，仅由于后者使它们得到相互的平衡。两质点的公共速度不因它们的相互作用而改变，因而碰撞后这速度仍然保持。为了决定这个速度，我们可以作如下的讨论：由于公共速度而产生的两质点的动量加上由相互抵消的两速度而来的动量，代表碰撞前的动量的总和，但须将由反方向的速度而来的动量取为相反的符号，可是由于平衡的条件，由两个相互抵消的速度而产生的动量之和为零，于是由公共速度而来的动量等于这两质点原来的动量，所以这速度等于动量之和被质量之和除后之商。

两质点的碰撞纯粹是理想的情况，可是容易由此导出任何两体的碰撞，只须注意到两体是沿连接两重心而与接触面正交的直线上相碰。这样便可将两体的质量看做是汇合于其重心处，于是两体的运动便成了质量分别等于两体的两质点的运动。

以上的证明里假设碰撞后两体应有相同的速度。可以了解这应发生于柔体(变形体)，它们内部运动的传递是连续的，而且是不能觉察的，因为一旦被碰撞体与碰撞体有相同的速度之时，它们之间的一切作用显然便停止了。但在绝对坚硬的两体(刚体)之间,碰撞是一瞬间的,而且在碰撞以后它们的速度不一定相同,它们的相互不可入性仅使碰撞体的速度较小,而且它是不确定的。这种不确定的情况表明绝对坚固性(刚性)的假设是不正确的。事实上,自然界里最硬的物体,假使它们不是弹性的,则具有不能觉察的柔性,它们的相互作用显然是持续的,虽然其延续的时间感觉不到。

若物体是完全弹性的,为了得到它们在碰撞后的速度,应在没有弹性的情况下在它们所应有的公共速度里加上或减去在这假设下它们得到或损失的速度(由碰撞的压缩而到弹性的恢复)。因为完全的弹性使这效应加倍,于是我们可从公共速度的两倍减去碰撞前的速度,而得碰撞后每个物体的速度。

由此容易断定每个物体的质量与其速度的平方的乘积的总和,在两体碰撞前后是相同的。这情况普遍地发生于多个完全弹性体的碰撞,不管它们之间按怎样的方式而起作用。

这便是运动传递的定律,既有实验的证明,又可从本篇第二章里的两条基本定律用数学推导出来。几位哲学家曾企图从最后因果的讨论中去推导这些定律。笛卡儿[①]因鉴于宇宙里的动量是守恒的,忽略了动量在方向上的变化,便由这个谬误的假说导出运动传递的错误定律。这是一个显著的例子,表明对自然界强加一些看法,而猜测其定律所陷入的错误。

当物体受到方向通过其重心的冲量时,其各部分都以相同的速度运动。若这方向在重心的旁边,物体各部分的速度便有差异,由此差异便产生物体围绕其重心的旋转运动,同时重心以冲量的方向通过它时应有的速度移动。这便是地球与行星运动的情况。为了说明地球既有自转又有公转，只须假设其在始初受到一个方向离其重心不远的冲量。假设地球结构是均匀的，则这方向和地心的距离差不多是半径的 1/160。如果认为行星、卫星与彗星原初被抛出的方向恰好通过它们的重心，这假说的可能性是无限小的，因为这些天体都有自身旋转的运动。根据相同理由，既然太阳也自身旋转，它也应曾接受到一个不通过其重心的冲量，使它带着其行星系在太空里移动，除非有一个等值而反向的冲量来抵消它，但这种可能性似乎很小。

对于一个结构均匀的球给予一个不经过其重心的冲量，使它不断地转动，其转动轴是与过重心和力的方向所作之平面正交的直径。加在这球上一切点上的新力，只要它们的合力是通过球心的，将丝毫不会改变其旋转轴的平行性。因此，地球的自转轴，在其围绕太阳公转时，总是差不多和自己平行的，不需要像哥白尼那样假设地球赤道的极有围绕黄道的极的另外一种周年运动。

如果物体的形状是任意的，它的旋转轴随时改变方向；不管施于它上面之力怎样，这些改变的研究，因其与分点岁差和月球的天平动有关，在刚体力学上是一个最有兴趣的问题。这问题的解决使我们得到一个很有用的奇特的结果：即若不受外力扰动，在一切物体内经过其重心的有三个相互正交的轴，它可以围绕这三个轴以不变的匀速转动。因此这三个轴叫做转动主轴。它们有这样一个性质：即物体每个分子的质量与其和主轴的距离的平方的乘积的总和对于其中两轴为极大值，对于第三个轴则为极小值。假设物体的旋转辅与前两主轴之一的交角很小，则物体的转动瞬时轴总是离开这主轴很近，因而对于这两个主轴的转动是稳定的，但对于第三个轴则不稳定，只须瞬时转动轴稍微离开第三个轴，物体便围绕该轴作大幅度的振动。

受重力的一体或多体的系统，不论其形状为何，若围绕一固定的水平轴振动，便形成一个所谓**复摆**。自然界里只存在复摆，以前所说的单摆只是复摆简化的几何学上的抽象概念。我们容易将质点坚固地结合在一起的复摆比拟为单摆。将与复摆振动周期相同的单摆的长度与复摆的质量和其重心至振动轴的距离三者相乘，它们的乘积便等于复摆的每个分子的质量与其至振动轴的距离的平方的乘积的总和。根据惠更斯所发现的这个规则，我们可利用复摆的实验以求周期为一秒的单摆的长度。

设想有一振幅很小的在同一平面上振动的摆，当其距离铅垂线最远时，给予一个与其运动面正交的力，这摆便围绕铅垂线描绘椭圆。为了表示它的运动，我们可设想一个虚构的摆，和真摆的振动一样，但不受所加的新力，然而，由于这个力，当这真摆振动在理想的摆的两侧时，好像这虚构的摆是不动地停顿在铅垂线上。因此，这真摆运动是同时存在而互相正交的两个单摆振动的组合。

处理物体小振动的这个方法可以推广到任何物体系统。假设这系统在其平衡态下，为很小的冲量所扰动，跟着再给予它以新的小冲量，则相对于因受第一批冲量所产生的相继的状态而言，该物体系统因新冲量所产生的振动正和这些新的冲量在平衡态下单独加于它所产生围绕平衡位置的扰动一样。因此，不论其组织怎样复杂的物体系统，其很小的振动可以看做是完全像摆那样的简单振动。设想这系统原来是静止的，而在其平衡态里受到稍微的振动，致使作用于每个物体的力使该物体回到在静态里原来所占的点上来，而且这些力与物体对于这一点的距离成正比，这种情况显然会发生于系统振动之时，而且在每一瞬间各物体的速度将与它对平衡位置的距离成正比；因而它们同时回到这位置，振动的方式正和单摆一样。但刚才所假想的给与系统的扰动方式不是独一无二的。如果使系统中的一个物体离开其平衡的位置，而且研究满足以上条件的其他物体的情况，便得一个方程式，其次数等于系统里可以运动的物体的个数。这个方程式对于每个物体所给予的简单振动的类型便与物体之数一样多。假想这系统具有第一类振动，而且想象于某一瞬间所有的物体离开它们的位置之距离，与第二类振动的相关量成正比。由于同时有两类振动，这系统对于第一类振动后相继各态的振动，正如它由平衡态只据第二类振动而振动那样。因此，这系统的运动是前两类振动所形成的。同样，更可在这运动里加入第三类振动，照此下去可以将各种类型的振动，以最普遍的方式继续组合进去，于是我们可以对于一个系统，由综合法组合其一切可能的运动，只须这些振动具有很小的振幅。反之，由分析法亦可将运动分解为许多简单的振动。由此便得一个简单的方法去认识物体系统平衡的绝对稳定度。如果在各类振动的一切位置里，力的趋向是将物体带回平衡态来，这种平衡便是稳定的。如在某些位置上力的趋向是使物体离开，它便不是绝对稳定，而是相对的稳定。

以这种方式处理物体系统的很小运动，显然可以扩充到流体物质，其振动也是同时存在的（而且常常是无限多个的）简单振动所组成的。波浪便是许多很小振动同时存在的一个显著的例子。

当静止水面受到一点扰动时，便有许多圆形的波浪在扰乱处形成，而扩散到远方去。如果在水面的其他一点出现扰乱，又会有新的波浪形成与前一系波浪相混淆。它们重叠于为第一系波浪所扰动的水面上，正如水面宁静时，它们在水面上排列的情况一样。因此我们从这两类波的混合中容易把它们区分开来。耳对于声音(或空气的振荡)正与眼所看见的水波相同，原来声渡以不变的方式同时传播且给听觉以很有区别的感觉。

丹尼尔·贝努里[②]所发现的简单振动同时存在的原则，由于它能说明现象及其不断的变化，使我们容易想象它确是科学上的一个普遍原则，而且我们也容易由物体系统的微小振动的分析理论推导出这个结果。这些振动为线性微分方程式所决定，其完全积分是特别积分的总和。所以简单振动互相重叠以形成系统的运动，正如各个振动的特别积分相加以形成完全积分一样。有趣的是从自然现象里发现分析数学知识的真实性。这两方面的相合性在宇宙体系里提供很多的例证，它是数学思维最美妙的一个例子。

将物体运动的定律纳入一个普遍的原则也像将平衡的定律纳入一个虚速度的普遍原则一样，是一种很自然的思想。为了达到这个目的，设一个只有相互作用，而无外面的加速力的物体系统的运动。它们的速度每瞬间都在变化，但我们可以想象在任一瞬间，这些速度中每一个都是下一瞬间的速度与第二瞬间开始之际应被抵消的另一速度的合成速度。如果已知这一被抵消的速度，据力的分解定律，便容易求得物体在第二瞬间的速度。可是如果物体只为被抵消的速度所推动，显然它们将达到相互平衡，故平衡定律给出失掉的速度的比例，于是容易由此得到剩余速度及其方向。

所以根据微分学，我们便求得这系统运动的连续变化及其在每个瞬间的位置。

如果物体受加速力作用，显然可用相同的速度分解法。但被抵消的速度应与这些力取得平衡。

将运动定律纳入平衡定律这个方法，主要是达兰贝尔[3]的成就，它是既普遍又鲜明的。在他以前研究动力学的数学家却没有想到这个原则，好像有些奇怪，但是我们应该知道，最简单的概念常是人们最后意识到的概念。

还须将刚才所说的原理与虚速度的原理联系起来，以使力学达到它应有的完满境界。这便是拉格朗日的成就，他将任一物体系统运动的研究归化为微分方程式的积分。于是完成了力学的目的，即借纯粹的分析数学以解决力学的问题。以下所说的便是形成任何系统运动的微分方程式最简易的方法。

设有三个互相正交的定轴，在任一瞬间将物体系统每个质点的速度分解为平行于这三个轴的分量，我们可以设想这三个分速度在这一瞬间都是均匀的。然后在这瞬间之末，设想质点受到平行于三个轴之一的三个速度的作用，即质点在这瞬间里的速度，在下一瞬间里速度的微小变化以及施于反方向上的相同变化。这些速度中的前两个在下一瞬间仍然存在，但第三个速度应为该质点受到的力和系统内其他质点的作用所抵消。所以如果设想到循反方向施于这系统里每一质点的分速度的瞬时变化，那么，由于这些变化和作用于其上的力，这系统应该取得平衡。据虚速度原理，我们可得表达平衡的方程式，再将这些方程式与表达系统内物体连接的方程式结合，便得到每个质点的运动的微分方程式。

显然，我们可以相同的方式将流体运动的定律纳入其平衡的定律。在流体的情况下，其系统各部分的连接条件（如果流体是不可压缩的），便简化为流体内任一分子所占的体积恒定不变。如果流体是有弹性的和可压缩的，则分子的体积将按一定的规律随压力而变化。表达这些条件与流体运动变化的方程式里面，含有分子的坐标对于时间或对于初始坐标的偏微差（偏微分）。这类方程式的积分有很大的困难，我们还只对于几个特殊情形（如瓶内受重力的流体与声音的理论以及海水或大气的振荡）得到成功。

物体系统的运动的微分方程的讨论，导出几个很有用的力学的原理，它们是本篇第二章所讲过的质点运动的原理的推广。

如果没有外力的作用，一个质点便做匀速直线运动。在一个物体系统里，它们彼此间虽有相互作用，但如果不受外力作用，其重心亦做匀速直线运动，这个运动像系统内所有物体的质量都汇集于重心，一切作用力都直接施于重心时的运动一样，因此合力的大小与方向总是相同的。

我们讲过受一个指向定点的力作用的物体，其向径所扫过的面积与时间成正比。假设有一物体系统内物体彼此以任一形式相互作用，且受到指向一定点的力的作用，如果将定点与系统内每个物体之间的连线（向径）投射在通过该定点的一个不变平面上，则每个物体的质量与这向径的投影在这平面上所扫过的面积的乘积的总和便与时间成正比。这叫做**面积守恒原理**。

如果这系统不受指向一个定点的引力作用而只受其各部分的相互作用，我们可以选择其中一点作为向径的原点。

一个物体的质量与其向径的射影在单位时间内所扫过的面积

的乘积，等于这物体的全部力的射影和从定点到力之射影方向上的垂线的乘积。这后一个乘积便是使系统围绕过定点而与射影面正交的轴转动的力矩；于是面积守恒原理便成为使系统围绕通过定点的任何一轴转动的力矩的总和，在运动中这总和等于常数，在平衡态下这总和为零。如果表为这个形式，这原理便适合于力与速度之间一切可能的定律。

所谓一个系统的"活力"[④]是其中每一物体的质量与其速度的平方之乘积。如果一个物体在曲线或曲面上运动而不受外来的作用，由于它的速度不变，它的活力也不变。如果系统内的物体，只受到它们自己的相互牵引和压缩作用(或是直接的，或通过不可伸长而无弹性的杠棒和绳索作媒介)，系统的活力便恒定不变，即使其中几个物体约束在某些曲线或曲面上运动。这叫做活力守恒原理。假使我们将一个物体的速度与其所受的有限力的微分之积的积分的 2 倍表示它的活力的话，这个原理可以扩充到力与速度之间一切可能的定律的情形。

在受任意多力作用的一个物体的运动里，其活力的变化，等于其质量与各加速力分别乘物体向力心前进的单元的总和之积的 2 倍。在一个物体系统的运动里，这些乘积的总和的 2 倍便是这系统的活力的变化。

设想在系统的运动里，由于受加速力的作用，所有的物体同时达到平衡的位置。根据虚速度原理，活力的变化在那里将变为零，因此活力达到它的极大值或极小值。如果系统只以一种简单振动而运动，而且如果平衡是稳定的，物体从平衡位置出发趋向于返回那里。可见物体随着它们离开平衡位置后，它们的速度逐渐减小，因此在这位置上活力是极大值。但是，如果平衡是不稳定的，物体离开平衡位置后便愈离愈远，于是速度继续增加。所以活力在这平衡位置上是极小值。由此可见，当多个物体同时达到平衡位置时，不论它们的速度怎样，如果活力常是极大值，则平衡是稳定的；反之，如果这系统在这位置上活力常是极小值，则平衡既非绝对稳定，也不是相对稳定。

最后，在第二章内我们讲过，系统内每个有限力与其作用方向上的单元的乘积的积分之总和，在平衡态下这总和为零，在运动里变为极小值。这便构成所谓最小作用量的原理，这个原理与重心做匀速运动、面积守恒和活力守恒等原理的差异在于后面这三个原理是物体运动的微分方程式的真正积分，而不像最小作用量原理只是这些方程式的一种奇特的组合。

由于一物体的有限力是其质量与速度的乘积，又因这速度以时间单元内所经过的空间相乘后等于这时间单元与速度平方的乘积，所以最小作用量原理可以宣布为“系统的活力与时间单元的乘积的积分为极小值”，可见自然界的真正节约是在活力的经济上。这也是机器构造里应遵守的节约原理。换言之，使用最少的活力能达到给定效果的机器是最完善的结构。如果物体不受任何加速力作用，则系统的活力是常数，因此这系统在最短的时间内从一个位置达到另一个位置。

我们应该对于这些不同原理的应用范围作一个重要的注释。重心做匀速运动的原理与面积守恒的原理，即使由于物体的相互作用，使它们的运动忽然发生突变，也一样有效，这便使这两个原理对于许多情形都很有用。但是活力守恒原理与最小作用量原理只能用于由不能觉察的细微改变而造成的系统运动的变化里。

假使由于物体的相互作用或遇到障碍，系统经受到突变，则在每个这种变化中活力的减少量等于每个物体的质量与其被抵消的速度的平方的乘积。设想突变以前这物体的速度可以分为两部分，一个是继续存在的，另一个是被抵消的，而这后一速度的平方显然等于是系统经受突变时原先那速度被分解于三个互相正交的轴上的分量的变量的平方之和。

在系统里物体有相对运动的情况下，如果这系统为一公共运动所带动，而且作用力具有公共的、可假设为固定的焦点，那么，这些原理仍然有效。在地球上的物体的相对运动里便是这样。因为正如以前所说过的，我们不能只凭物体系统在外表上的相对运动，去断定其绝对运动。

不管系统的运动怎样，也不管由于其各部分间的相互作用所经受到的变化怎样，每个物体的质量，与围绕其重心所扫过的面积，在通过重心且常与其自身平行的平面上的射影的乘积，其总和是常数。对于这总和为极大值的平面，在系统的运动里保持一种平行的情况。对于过重心而与刚才所说的平面正交的一切平面，这总和为零，而且对于这重心所作的相互正交的任何三个平面，这三个类似的总和的平方等于这总和的极大值的平方。与这总和为极大值对应的平面还具有一个显著的性质：即物体相互绕转所扫过的面积的射影，分别乘上以向径相连接的两物体的质量之积的总和，在这平面上以及与它平行的一切平面上均为极大值。因此在任何时候都可以找到一个通过系统内质点中任一点而常保持平行位置的平面。如果将物体的运动参照于这个平面，便可消去这运动里两个任意常数，我们便很自然地选择这平面作为坐标平面，且将系统的重心定为坐标的原点。

## 注　释

①笛卡儿(R. Dcscartes，1596—1650)，法国哲学家，数学家，物理学家。——译者

②丹尼尔·贝努里(Daniel Bernoulli，1700—1782)，瑞士数学家。——译者

③达兰贝尔(Jean le Rond d'Alernbert，1717—1783)，法国启蒙思想家，数学家，哲学家。——译者

④"活力"是过去人们所用的一个词，现今将其 1/2 叫做"动能"。——译者

# 第四篇

# 万有引力理论

以上几篇已将天体运动的规律及其所受动力的作用的规律加以阐述，之后，我们还需将它们加以比较，以便认识作用于太阳系的物体之力，且不需其他假说，只借一系列的数学推理便可把由重力导出的定律提高到普遍原理。星际空间里力学的定律被观测到极精确的境界，地面上有不可计数的原因使结果复杂化，将它们分开已不容易，要将它们纳入计算，更加困难。可是太阳系里天体间的距离既然很远，而且只受一种主要力的作用，其所产生的效果也容易计算。这些天体在其各自运动里所受到的骚扰是由于相当小的力量，因而人们得将由于时间积累而产生的太阳系里的一切变化纳入普遍公式之内。这绝不是模糊的、不能加以数学分析的原因，也不是为了解释现象，徒凭想象的造作。万有引力定律的优点，既能由计算推出结果，又可用观测的现象加以校核，因而这是确定这定律存在的最可靠的方法。我们将要说明自然界里这一伟大定律能够解释一切天象，乃至其最小的细节，天体运动里的离差没有一个不是基于这个定律，而以值得赞赏的精度发生着，因而这些离差常在观测得到以前便为人推算出来，使我们得知某些为天文学家所预感到的奇特运动的原因。但是，由于这些离差的复杂性与进度的缓慢，只能在许多个世纪以后才能由观测决定。由于这种推理的方式，经验主义完全被驱逐出天文学，现今天文学已是力学上的一个重大问题，除了天体运动的要素，它们的形状与质量之类，须从观测求得，而为推理所必需的数据之外，一切皆可由计算推导出来。为了解决天体力学的问题，从理论上推出天穹上所发生的各种现象，需要最高深的数学。我已将这些问题总结在我的《天体力学》之内。这里只限于叙述这部书中的主要结果，说明几何学家得到这些结果所遵循的途径，并企图使读者了解这些推理，在可能范围内尽量不求助于分析数学的推导。

# 第一章　万有引力原理

在太阳系的现象里，行星与彗星的椭圆运动，最适宜使我们推导出作用于它们的力的普适定律。由观测发现行星与彗星围绕太阳运行时，向径所扫过的面积与时间成正比。前一篇讲过为了得到这个结果，使每个天体的向径不断改变方向之力应常指着这些向径的原点。可见行星与彗星接近太阳的趋势是向径扫过的面积与所用的时间成正比的必然结果。

为了决定这趋势的定律，假设行星与彗星在正圆轨道上运动(这假设与实际的情况相差很少)。行星的真速度的平方与轨道半径的平方被公转周期的平方所除之商成正比。可是根据开普勒定律，周期的平方与半径的立方成正比，因此速度的平方与半径成反比。以前讲过在圆周上运动的物体所受的中心力与速度的平方被其轨道半径所除之商成正比。可见行星接近太阳的趋势与其所假设的圆周轨道的半径的平方成反比。自然，这个假设是不精确的，但行星公转周期的平方与其轨道的长轴的立方成正比，而其比值并不因轨道的偏心率而有变化，因此自然想到这定律对于正圆轨道一样有效。由此可见，太阳的引力与距离平方成反比定律，明显地表现在这个关系上。

类比推理使我们想到这定律既可由这一行星推广到那一行

星，对同一行星在其和太阳的不同距离处也一样有效。行星的椭圆运动在这方面便没有任何可疑的了。为了说明这个定律，试跟踪一颗行星的运动。设想它从近日点出发，那时它的速度极大，它离开太阳的趋势胜过它受太阳的引力，此后向径增长，与其运动的方向（切线向）成钝角；指向太阳的引力可以分解成切线方向上的一个分量，它使速度愈来愈小直到行星达到远日点之时。在这一点向径再与曲线正交；速度变为极小，离开太阳的趋势比太阳的引力小，于是行星接近太阳而描出其轨道的第二部分。在这部分里太阳的引力使行星的速度增加，正如在第一部分里它使行星的速度减少的情形一样。行星再以其原来的速度达到近日点，更开始与前相似的另一周的公转。由于椭圆的曲率在近日点与在远日点是相同的，密切圆的半径在这两点是相等的，因此这两点上的离心力之比等于其速度的平方之比。由于在相同的时间单元内向径所扫过的扇形面积相等，近日点和远日点上的速度与近日距和远日距成反比；因而这两个速度的平方与近日距和远日距的平方成反比。但在近日点和远日点上，在密切圆周上的离心力显然与太阳对于行星的引力相等，由此可见引力和行星与太阳之间的距离的平方成反比。

惠更斯所发现的离心力定理足够认识行星向太阳的趋势；因为这个定律对于从这个行星到他个行星，和每个行星在近日点和远日点均属有效，很可能推广到行星轨道上的任何点及距离太阳的任何远处。但为得到无可怀疑的证明，应当求出指向椭圆的焦点，使一个抛射体经行这种曲线抛射体运动的这种力的表达式。

事实上，牛顿发现了这个力是与向径的平方成反比的。还须精确地证明指向太阳的引力只随行星和太阳的距离而变化。这位大数学家更证明这是从公转周期平方与轨道长轴立方成正比的定律而得出的结果。因此假设行星均静止在和太阳一样远处，而任其因引力而向中心坠落，它们在相同时间内应下降相同的高度，这结果可以推广到彗星上去，虽然它们的轨道长轴是不知道的；因为第二篇里讲过彗星的向径所扫过的面积是根据周期的平方与长轴的立方成正比的定律而求得的。

根据分析阐明一条定律可能有的含义，向我们表明，由于引力的作用，行星与彗星所描绘的轨道不只是椭圆，而且还可能是一切的圆锥曲线。因此彗星的轨道可能是抛物线或双曲线的，那么这样的彗星只能出现一次，以后便离开我们这个太阳系而去接近另外的太阳，此后又远离它而去，在星际空间里许多系统里游荡。因鉴于宇宙的无限，太空里可能有许多类似的天体，可是非周期的彗星出现次数很少，人们观测得最多的是在凹形轨道上运动，按或长或短的周期在太阳附近的空间运行的彗星。

卫星和行星一样，受到太阳的引力作用。假使月球不受太阳的作用，它不但不能围绕地球在近似正圆的轨道上运动，而且很快便会离开地球；假使月球和木卫不受太阳给予它们，正如给予行星一样的作用，则根据对它们的观测便不会发现其运动里有哪些显著的离差。因此，彗星、行星与卫星均受向着太阳的引力的同样定律所支配。在卫星围绕其行星运动的同时，行星与卫星构成的系统在空间具有一个公共运动，并且皆为同一种引力所维系而环绕太阳运动。因此，卫星与行星的相对运动差不多与行星是静止而并未受有外力作用的情况相同。

由此可见，在不需其他假说的情况下，作为天体运动的必然结果，引导我们将太阳看作是引力的焦点，而这力是可延伸至无限远处并同距离平方成反比的，而且这力以相似的方式吸引着一切天体。开普勒的每一条定律表现这个引力的一个性质：面积与时间成正比的定律，表明引力总是指向太阳的中心；行星的椭圆轨道，证明引力随距离的平方增加而减少；最后公转周期的平方与轨道长轴的立方成正比，使我们明白一切物体所受到的向太阳的引力在等距离处是相同的。因此将这种力叫作太阳的摄引力。虽然我们还不了解摄引力的原因，但借助数学家常用的一个概念，可以假设这个力是由于太阳内具有一种吸引本领所造成的。

由于观测所引起的误差和行星椭圆运动的微小变化，使我们感到由刚才所说的运动定律导出的结果稍有不正确性，因而使人怀疑太阳引力的减小是否恰与距离的平方成反比。但是，即使引力定律有少许的离差，对行星轨道上近日点的运动却会发生显著的差异，假使与太阳引力成反比的距离乘幂只增大万分之一(0.0001)，则地球轨道的近日点每年前进 64″.8。而现在由观测求得的实际数值不过 11″.8 而已。以后我们还要谈到这种近日点运动的原因。因此引力按距离平方成反比是异常接近真实的定律，且由于其简单性，应当承认它是真实的，只要观测不强使我们放弃它的话。当然，我们不应根据我们容易想象它们的观点去衡量自然界定律的简单性。但是，当我们看上去是最简单的定律，完全和一切现象相合之时，我们便有充足的理由将它们看作是精确的定律。

卫星指向行星中心的引力，也是它们的向径扫过的面积与所用的时间成正比例的必然结果，至于这个力按距离平方增加而减小的规律，也由卫星轨道是椭圆的而得到证明。木卫、土卫与天王卫的轨道的扁率不很显著，因而引力变化的定律不易从这些卫星的运动得到证实。但其公转周期的平方与其轨道长轴的立方成一定的比例关系却明显证实了它，因为这个关系向我们表明由这一卫星到另一卫星，指向行星的引力是和卫星与行星两中心间的距离的平方成反比例的。

对于只有一颗卫星的地球缺乏这样的证明，我们可用以下的讨论来补足它。

地心引力可以达到高山，可是它在那里减少之量很微，只有达到距离地心更远得多的地方才能使人感到它的变化。自然，我们便会延伸到月球，而考虑它是否为地心引力维系在它的轨道上，正如太阳的引力将行星维持在它们各自的轨道上那样呢？事实上好像这两种力具有相同的性质。它们都渗透到物体的内部，使质量相同的物体得到相同的速度，因为刚才看过太阳的引力对于与它相同的距离处的物体都是相等的，正如地心引力使物体在真空中在相同的时间内坠落相同的高度一样。

在某高度用力循水平方向投出的一个抛射体，走了一段抛物线复落于远处的地面上，设其抛射速度约为每秒 8100 米，且不受大气阻力的减弱，它便不再坠落地面，而像一颗卫星一样围绕地球运行[①]，原来它的离心力等于它的重力。为了使这个抛射体成为月球，只须将它举到月球那样高处而给它以相同的抛射运动。

可是要证明月球向地球坠落的趋势是由于地心引力，便须使地心引力按天体间引力的普适定律而减少。由于这问题的重要性，我们将详细讨论于下。

使月球每瞬间离开其轨道的切线方向之力使它在一秒内所经行的空间，等于其在相同时间内所走的弧度的正矢，因为这正矢之值是月球在这一秒内离开它在开始时的方向的距离。我们可从月一地间的距离去决定这个数量，而这距离可从月球的视差表为地球半径的倍数。但是，为了得到与月球运动的各种差数无关的结果，应取月球的视差中和这些差数无关的部分作为平均视差，它对应于月球的椭圆轨道的半长轴。比尔格（Bürg）综合了许多观测决定月球的这种视差，在纬度的正弦的平方为 1/3 的纬度圈上量得的数字为 56′55″[②]。我们所以选择这个纬度圈，是因为地球对于其表面相应之点的引力差不多如在月球的距离处，等于地球的质量被这一点与重心之距离的平方所除之商。这纬度圈的任一点至地球重心的半径为 6369809 米。容易算出作用于月球使它向地球接近之力在一秒内使月亮坠落 0.0013624 米。以后还要谈到太阳的作用使月球的重力减少其 1/358，因而为使其与太阳的作用无关，应将以上所说的高度增加其 1/358，于是月球在一秒内向地球坠落的数字为 0.00136624 米。可是，在月球围绕地球的相对运动里，月球所受之力等于地球与月球的质量之和被它们之间的距离的平方所除之商。因此为了得到只因地球的作用一秒内月球坠落的高度，应将以上所说的高度以地球的质量对于地球与月球的质量之和的比值乘之；可是根据与月球的作用有关的现象的总合求得月球的质量为地球的质量的 1/75[③]。将这高度乘以 75/76，便得地球的引力使月球在一秒内坠落的高度为0.0013616米。

将这高度与由钟摆的观测而得到的结果比较。在我们所讨论

的纬度圈上，重力使物体在第一秒内所坠落的高度，据第一篇第十四章，等于 4.89700 米。但在这纬度圈上，地球的引力比重力小，两者之差等于在赤道上因地球自转而产生的离心力的 2/3，而这离心力是重力的 1/288，因此应将以上所说的高度增加其 1/432，而得到因地球的作用造成下落的高度，这作用在这纬度圈上，等于地球的质量除以其半径的平方。由此求得这高度为 4.90820 米。在月球的距离处，这作用力应按地球椭圆体半径平方与月球距离的平方之比而减少，显然只须以月球的视差（56′55″）的正弦的平方乘之。于是便得由于地球的引力使月球在一秒内应向地球坠落的高度为 0.0013455 米。由钟摆的实验而得的这一高度，与由月球视差的直接观测而推出的高度相差很少，只须将上述月亮的平均视差的数值改变 0″.65 便能使这两个高度完全相合。由于这样小的差异在观测误差与计算里所用的数据的误差的范围之内，可以断言将月球维系在它轨道上的主要力是地球的引力，它按月—地间的距离的平方而变小。可见，引力减少的定律对于伴有几颗卫星的行星来说，由它们的卫星的距离和公转周期的比较证实；对于月球，则由它的运动与地面抛射体的运动的比较而证实。在山顶所作的钟摆的观测已经表明重力的变小，但还不足以发现重力变化的定律，因为即使最高的山峰的高度比起地球的半径来还小得很多。所以须用一个离我们远的天体（例如月球），才能揭示这个定律，而证明地球的重力只是整个宇宙里所遍布的引力的一个特殊例子。

每个现象是自然界里的定律的一个验证，它使定律发出新的光辉。因此，由重力的实验与月球运动之比较表明我们计算引力

时应该将距离的原点放在太阳和行星的重心处，对地球而言，这情形更加显著；地球的引力和太阳与行星的引力在性质上显然是相同的。

由类比推理使我们将这种吸引力的性质推广到没有卫星的行星。一切天体的形状都是球体，显然表明组成它们的分子为一种力将它们聚集在其重心的周围，在等距离处施于这些分子的力的强度是相等的。这种力还表现在行星运动所受到的摄动；以下的讨论使我们对于这种力的存在没有丝毫的怀疑。以上讲过，假使将行星与彗星放在和太刚的等距离处，它们对于太阳的重量和它们的质量成正比；但这是自然界的一个普适定律：反作用与作用等值而反向。所以太阳系里的天体对于太阳有反作用，按它们各自的质量吸引太阳；因此它们具有一种与其质量成正比而与其对太阳的距离的平方成反比的引力。根据相同的原理，卫星亦按同一定律吸引行星与太阳，可见吸引力是一切天体所共有的性质。

如果只考虑一颗行星和太阳之间的相互作用，则行星围绕太阳的椭圆运动不会受到什么扰乱。事实上，如果给予一物体系统一个公共运动，该系统里的物体的相对运动一点也不会改变。因此若循反方向给予太阳和行星以太阳的运动以及太阳所受到行星的作用，则太阳可以看作是一个不动点，但是那时行星便受到指向太阳的一个与距离平方成反比并与两体的质量之和成正比的力。行星将周绕太阳做椭圆运动，而且根据相同的理解，若设想这两体所构成的系统在空间里有一公共运动，两体的相对的椭圆运动还是没有改变。同理可知卫星的椭圆运动也不因行星的公转运动而受到丝毫的扰乱，如果太阳的作用对于行星和它的卫星是完全相同的，这运动也不会受这作用的影响。

可是，行星对于太阳的作用影响了它的公转周期，行星的质量越大时它的公转周期变得越短。因此轨道长轴的立方与公转周期平方之比是和太阳与行星的质量之和成正比例的。但是，因为这比值对于所有的行星差不多是相同的，所以它们的质量比较太阳的质量当是很小，卫星的质量与其所隶属的行星质量相比也是这样：这是由这些天体的体积的大小可以证明的。

天体的吸引性质不只属于它们的质量，也属于构成天体的每个分子。假使太阳只施作用于地心，而不影响其各部分，结果便会使海洋里产生无可比拟的巨大的潮汐振荡而同观测到的情况有很大差异。因此地球受到太阳的引力是构成地球的一切分子所受到引力的结果，这些分子也按它们各自的质量去吸引太阳。而且地球上每个物体对地心所起的作用与其质量成正比，所以它对于地球的反作用使它以相同的比例吸引地心。假使不是这样，而且假使地球的一部分（不管它是怎样小的一部分）不按其被吸引的方式去吸引其他部分，由于重力的原故，地球的重心便会在空间里运动，而这是不可能的。

将天体现象和运动定律比较，使我们发现自然界里的这个伟大原则：即物质的一切分子按它们的质量并与其间的距离的平方成反比而互相吸引。从万有引力定律，我们已可看出椭圆运动受摄动的原因；因为行星与彗星既然受到相互的作用，它们便应该对于这个椭圆运动有一点偏离，只有行星或彗星单独受到太阳的作用时，它才能精确地做椭圆运动。卫星在围绕其行星运动时，受到其他卫星和太阳的作用，也同样对这些定律发生偏离。还可看到构成每个天体的分子为它们之间的引力所结合，应该形成一个近似球体的物质团，它们对于在其表面的物体的作用的合力应造成重力的一切现象。我们曾经讲过，天体的自转运动稍微改变其正球的形状，而使其两极区域比较扁平，于是天体间的相互作用的合力不恰巧通过它们的重心，这合力应在它们的自转轴上造成类似观测到的运动。最后，我们也料到由于海水受到太阳和月球的引力是不一样的，应有像涨潮与落潮那样的波动。但这一切现象都可以从引力的普遍原则去推导出来，使这原则得到物理的真理所应有的一切确定性。

## 注　释

①现今人造卫星脱离地球引力羁绊的速度约为 7900 米/秒。——译者

②现今采用的月球的赤道地平视差为 57′2″. 6。——译者

③现今采用的数值：月球的质量等于地球的质量的 1/81.3。——译者

# 第二章 行星椭圆运动的摄动

如果行星只受太阳的作用,它们围绕太阳运动的轨道是椭圆的;而且行星彼此之间又有相互作用,同时它们也作用于太阳,因而这许多引力在它们的椭圆运动上便产生由观测所察觉的各种摄动。为了编制精密的行星星历表,就需要先确定这些摄动。这个问题的精确解答超出现今分析数学的能力,我们只能达到近似值的计算。幸而行星的质量比太阳小得多,而且大多数行星轨道的偏心率和相互的交角不大,还容易达到这个目的。可是,这问题本身仍然是很复杂的,需要最精细与最艰深的分析数学,才能从行星运动的无限个差数里区分出其中重要的差数,而赋予其各自的数值。

行星椭圆运动里的摄动可以区别为极不相同的两类:一类是对椭圆运动的轨道要素有影响且其增长极其缓慢,叫作**长期差**。另一类则与同行星的组态有关,这些组态差异或与行星相对位置的变化或和它们各自的轨道交点和近日点位置有关。当组态恢复其原来的情况时,摄动便恢复其原来的数值,这叫作**周期差**。长期差虽然也具有周期性,但其周期很长,而与行星的组态无关。

处理各种摄动的最简单的方法,是假想有一个行星按椭圆运动的规律,但其轨道要素缓慢地变化,同时设想真正的行星围绕这假想的行星作很小的振动，至于这个振动的小轨道的性质，则和周期性摄动有关。

首先讨论长期差，这是须经历以世纪为单位计的长时期才改变一切行星的轨道的形状与位置。这些差数中最重要的一个能影响行星平均运动。将自天文学复兴时期[①]以来的观测加以比较，发现木星的运动变快，将土星运动的近代观测和古代观测比较，好像土星的运动变慢。因此天文学家断定，逐世纪来，木星的运动是加速的，土星的运动是减速的，为了考虑到这些变化，他们在这两颗行星的运行表中引进两个随时间的平方而增加的长期差项，一个加于木星的平均运动上，另一个则从土星的平均运动里减去。据哈雷的研究，自1700年起的第一个世纪里木星的长期差是34″，土星的长期差是83″.25。自然，应该从太阳系里这两颗最大行星的相互作用中寻找这些差数的原因。欧拉研究这个问题，找到一个对这两颗行星是相等的长期差，附加于这两行星的同观测已发生矛盾的平均运动中去。跟着，拉格朗日所得的结果与观测更是相符，其他数学家还找到别的差数。鉴于这些分歧，我重新研究了这个问题。从仔细讨论里，我终于找到行星长期运动的真正数学表达式。将与木星和土星有关量的数值代入这个表达式，我惊异地发现它为零。我猜测这结果不只是这两颗行星所特有的，而且如果利用表达式里所含各量之间的关系，将该表达式所含的量减少到最小数目而使这表达式写为其可能达到的最简单的形式，则该表达式里一切项便互相抵消。计算证实了这个猜测，我才明白行星的平均运动及其和太阳的平均距离一般是不变的，至少是在略去含偏心率和轨道交角的四阶乘幂与施摄动体的质量的平方等

项之时是如此，而略去这些项后的表达式已能够满足现今天文学的需要了。以后拉格朗日更证实了这个结果，同时他用一个很巧妙的方法，证明即使考虑到偏心率与轨道交角的任何阶的乘幂与乘积，也是一样有效。普瓦松[②]利用其博学的分析，证明即使推广到关于行星的质量的两阶近似（即行星质量的平方项与质量相互乘积的项）亦得到相同的结果。因此，在木星和土星的平均运动里所观测到的变化和它们的长期差没有丝毫的关系。

行星的平均运动及其轨道长轴的不变性是太阳系里最显著的现象之一。行星的其他椭圆根数都是变化的；这些椭圆的形状接近或偏离正圆是不能觉察的；它们的轨道对于一个固定平面和黄道的交角或增或减；轨道的近日点与交点常在运动。由行星相互作用所产生的这些变化极其缓慢，在几个世纪里这些变化差不多与时间成正比。观测已经使我们觉察这些变化：例如第一篇里我们曾经讲过地球轨道的近日点每年有 11″.7 的顺向运动，地球轨道与其赤道的交角每世纪减少 48″。欧拉首先发现这种减少的原因，所有的行星由于它们的轨道平面的各自情况现时仍在共同造成这种减少。地球轨道的这些变化使太阳的近地点与春分点于某一日相重合，这个日期，据我用分析数学计算，当在公元前 4089 年。令人瞩目的是，这一天文时期差不多和许多年代学家认为的世界创始时期相合[③]。古代的观测不够精确，近代的观测经历的时间又太短，不能用以精确决定行星轨道的巨大变化的数值；但是将这两种观测连接起来，可以说明这些变化的存在，而且使人看到它们的进程与从万有引力定律所推出的相同。因此，如果已知行星的质量，我们可以根据理论在观测以前便算出行星的长期差的

真实数值。且计算这些数值最可靠的方法是将这些差数展开为时间的级数。于是由计算可以上溯到行星系过去所受到的连续变化，而且可以预推未来世纪里可观测到的变化；数学家在一瞥之下便可在他的公式里看出行星系的过去和未来的情况。

于是出现几个有趣的问题。行星的轨道是近似正圆的椭圆，是否过去是、而且将来也总是这样的呢？是否有些行星，它们原来是彗星，因轨道受其他行星的引力作用逐渐接近于正圆呢？黄赤交角是否继续变小，终致使黄道与赤道重合，而使地上各处的昼夜一样长呢？分析数学给予这些问题以满意的回答。我曾证明：不论行星的质量多寡，只要它们都循同一方向，在偏心率小的轨道上运行，而且彼此轨道的交角小，它们的长期差便是周期性的，而且在相当狭窄的范围之内变化，因而行星系只在其平均状态的周围振动，即和这状态的离差总是很小的数量。行星的椭圆轨道过去是而将来也仍然是近似正圆的；因此若只考虑行星系里各天体间的相互作用，行星从前绝不会是彗星。黄道绝不会与赤道重合，黄赤交角的变化范围绝不会超过2°.7。

如果天文学家将相隔很长时间的精密观测加以比较，行星和恒星的运动有一天会使他们为难。他们已经开始感到这种困难；在这一切变化之中有趣之点是能寻找到一个不变的平面或者保持平行的平面。前篇之末曾经谈过一个简单的方法，在只有相互作用的物体系统的运动里，去决定这样一个平面；这方法应用于太阳系，便可得到下面所说的一个规则：

“任一瞬间，在过太阳中心的平面上，若从这中心向行星的轨道与这平面相交的升交点引直线，若在这些直线上，从太阳中心起，取一些线段代表行星轨道与这平面的交角的正切，更设想在这些线段的末端有与行星的质量和它们各自的轨道参数的平方根及它们轨道交角的余弦的乘积成正比例的质量；最后，如果我们决定这新的质量系统的重心，则从这一点与太阳中心所连的直线将表示不变平面与给定平面的交角的正切，若将这直线从这一点延长到天穹，那便是这个不变平面的升交点的位置。”

不管经历多少世纪，对行星的轨道及其轨道的参照面带来怎样的改变，由这条规则所决定的平面常维持平行的情况。事实上，它的位置依赖于行星的质量；但行星的质量立刻会知道得相当精密，因而这不变面也会确切地固定下来。采用下章所给出的行星质量的数字，求得在19世纪之初，不变面的升交点的黄经为103°.2307，其与黄道的交角为1°.5809。

以上没有计入彗星的作用，它们既然属于太阳系，自然也应该影响这不变面的位置。如果知道彗星的质量和它们的轨道根数，按照以上的规则，容易将其作用计算进去。但是由于我们不知道这些数据，因而假设彗星的质量相当小，它们对行星系的作用不能觉察；这假设似很有可能，因为为行星间相互吸引的理论已足够表达在它们运动里所观测到的一切差数。此外，假使彗星的作用须经过长时期后才有显著的影响，它们应主要改变这里所说的不变面的位置，如果我们能认识这些变化，以新的观点来考虑这个平面仍然是有用的，可是事实上这是很困难的。

建立在万有引力定律上的行星运动的长期差和周期差的理论，由于符合古代的和现代的观测而得到证明。这特别表现在这些差数比较显著的木星和土星的运动理论上。表达这些差数的项，形式既很复杂，周期又很长，若只借观测须经历几个世纪才能决定其变化的规律，在这一点上，理论便比观测优越得多。

已经认识了行星的平均运动的不变性之后，我便猜想木星和土星的平均运动里所观测到的改变可能是由彗星的作用所致。拉朗德注意到土星运动里的不规则性好像与木星的作用无关，他发现木星在18世纪复返春分点比它复返秋分点更迅速，虽然木星与土星的相对位置或其近日点的相对位置差不多是相同的。朗白尔④将近代的与古代的观测加以比较之后，还发现土星的平均运动好像逐世纪变慢，但是只将近代的观测加以比较之后却发现相反的结果，即土星的平均运动变快而木星的平均运动相反却变慢。这一切使我们相信，改变这两颗行星运动的原因和它们彼此间的作用无关。但是更进一步探讨，我感觉在这两颗行星的平均运动里所观测到的变化的过程，实在和由它们相互吸引的作用所推出的结果符合得很好，致使我毅然扔掉外来作用的假设。

假使我们只考虑有很长周期的差数，每颗行星的质量各以其作为变化的椭圆轨道的长轴除后之商的总和，便很接近于常数，这不能不说是行星间相互作用的一个显著的结果。因此，由于平均运动的平方与长轴的立方成反比，假使土星的运动因木星的作用而变慢，则木星的运动将因土星的作用而加速，这便与观测符合。我还发现这些变化的比例是与由观测得来的结果相同的。按照哈雷的计算土星的变缓率在从1700年起算的第一世纪内为83″.25，木星的加速率则为33″.99，而他由观测所得的结果是34″.35。因此，在木星和土星的平均运动里所观测到的变化，很可能是它们相互作用的一个效果，这种作用肯定不能在它们的平均运动里产生任何不断增长的或是和它们的组态无关的周期性的差数，而只能产生与这种组态有关的差数，于是自然地想到有一类周期很长的相当大的差数，因而便产生这些变化。

这一类差数虽然很小，在微分方程式里几乎感觉不到，但是积分之后，可能变为很大，而行星的黄经的表达式里可能得到相当大的数值。我很满意地在木土两行星运动的微分方程式里发现这类差数。这两个运动很接近于可通约的情形，土星的运动的 5 倍差不多等于木星运动的 2 倍。由此我推知以土星的平黄经的 5 倍减木星的平黄经的 2 倍为引数的项可积分变为很显著的数值，虽然它们被轨道偏心率与交角的立方和它们的三维乘积相乘。因此，我把这些项视为这两颗行星的平均运动里所观测到的变化的很可能的原因。这个原因的可能性与这问题的重要性，使我决定做这艰苦的计算工作，这是为了确定这个原因所必需的计算。计算的结果完全证实我的猜测，使我明白：(1)在土星的理论里有一个大的差数，其极大值为 2882″.2，其周期为 929 年，而应加在土星的平均运动上；(2)在木星的运动里同样也有一个差数，周期大约相同，但符号相反，至多只有 1186″.6。这些差数项的系数的大小与其周期的长短不同是相同的，这些同轨道根数有关的差数参加它们的长期变化；我特别仔细地决定了这些系数与其长期的减小量。就是由于这两个从前不知道的差数，才是土星的视减速与木星的视加速的原因。这些现象在 1560 年达到它们的极大值，自那时以后，这两颗行星的视平均运动逐渐接近于其真运动，到了 1790 年它们便相等了。这便是哈雷将近代的和古代的观测比较之后比朗白尔只将近代的观测互相比较时，发现土星的平均运动较慢而木

星的平均运动较快的缘故。朗白尔所得的结果是土星的运动加速，而木星的运动减速，令人瞩目的是：从哈雷与朗白尔由观测所导出的这些现象的数值和由我刚才所说的两个大差数所算出的结果，大约相同。假使4个半世纪以前曾经有人做过这项观测，便会发现与此相反的现象，我们更可从某个国家的天文学家们所观测到木星与土星的平均运动的数值，而断定其在什么时代。因此我发现印度人曾经在使土星视运动较慢，木星视运动较快的以上那个差数的周期里测定过这两颗行星的平均运动；它们的两个主要时期，一个上溯到公元前3102年，另一个在公元1491年，差不多都满足这个条件。

木星和土星的运动差不多可以通约的比例，产生了其他显著的差数。最大的一个差数影响了土星的运动；假使土星的平均运动的5倍恰等于木星的平均运动的2倍，这差数便和中心差数混淆了。主要也由于这个差数，使上一世纪内土星复返春分点比复返秋分点较快。一般地讲，当我认识到，而且比前人更仔细地决定了前人所未计算过的差数之后，我才明白在这两颗行星运动里所观测到的一切现象是很符合理论的，从前它们好像是万有引力定律的例外，而现在竟成了它最动人的证据。这便是牛顿的卓越发现的遭遇，它所遇到的每个困难，结果都成了他的一个个新的胜利；这便是自然界里真正体系的最可靠的特征。我所推导出来的表达木、土两行星运动的公式，可以非常高的精度满足于这两颗星相冲时的观测，而这些观测是为能干的天文学家用最好的子午仪与最大的象限仪所进行的，误差绝不会达到13″，而在20年前最好的行星表上的误差竟超过1296″之多。这些公式也精密地表达了过去的观测，如弗兰斯蒂德[⑤]、阿拉伯人和托勒密等的观测。行星系里这两颗最大的行星从很古的时期至现今都以这样高的精度遵循相互吸引的定律，证明行星系的稳定性，因为土星所受到的太阳的引力虽只有地球所受到的 1/100，但自喜帕恰斯[⑥]以来，到现今没有受到任何可以觉察的外力作用。

这里，我情不自禁地将木、土两颗行星的平均运动之间存在的关系的真实效应和占星术所给予的加以比较。由于这一关系，这两颗行星相合[⑦]的周期，大约是 20 年；但是达到这一点以前在黄道带上逆行 1/3，因此如果两星合于白羊宫的起始点(春分点)，20 年后它们将合于人马宫；再过 20 年合于狮子宫；然后再合于白羊宫，距原来的位置约有 9°的距离。如果继续下去，木、土两星在这三宫里会合约经历 200 年。跟着在以后的 200 年内按照相同的方式更会合于金牛、摩羯与室女三宫之内，再经历两个世纪，它们会合于双子、宝瓶与天秤三宫。最后两个世纪内会合处将在巨蟹、双鱼与天蝎三宫之内，然后再从白羊宫开始。于是组成一个以两世纪为一季的长年。人们把在各季里气温的差异归诸于其所在的宫的气温的差异；每三个宫集成一组叫作三角对[⑧]：第一个三角对属火，第二个属土，第三个属气，第四个属水。占星术曾经广泛地使用这些三角对，开普勒在其几部著作中曾经作过详尽说明。科学的天文学打破了存在于木、土两行星平均运动里的这些玄想，而从这个关系里看出行星系里最大的摄动的来源。

天王星虽然发现不久，业已提供了它受到木、土两行星的摄动，成为无可辩驳的证据。椭圆运动的定律不能恰和它的观测位置相合，为了表达这些位置，应当考虑它所受到的摄动。有 3 颗小星曾经为勒·蒙尼耶[9]、默耶尔[10]与弗兰斯蒂德分别于1769年、1756年与1690年所观测过，可是在它们的位置上现在已找不着这3颗小星，而据摄动理论，天王星的位置恰和这3颗小星的位置奇异地相合，这无疑证实它们即是天王星。

不久以前发现的几颗小行星，必然会受到很大的摄动，它们将为天体的引力理论开辟一个新的时代，而且使这理论日益完善；但迄今还不能由观测查出其运动上的这些差数。哥白尼首先在天文表里引进行星围绕太阳的运动；至今还不到3个世纪；大约一个世纪以后，开普勒在椭圆运动的理论上编制了行星运行表；他根据第谷·布拉赫[11]的观测发现行星运动的定律，这些定律导致牛顿发现万有引力定律。这是科学史上最可纪念的三个时期。微积分学的进步使行星运动里由其相互吸引而来的许多差数得以纳入计算，于是行星运动表达到了意外的精确。在这以前它们的方位误差常是几弧分；现在减少到几弧秒，而且这些偏差常可能是由观测上不可避免的误差而来的。

## 注　释

①指哥白尼时代，即16世纪以后。——译者

②普瓦松(S. D. Poisson，1781—1840)，法国数学家。——译者

③300年前爱尔兰大主教阿歇尔曾主张“创造宇宙的时刻”在公元前4001年10月23日星期日。拉普拉斯引用这个骗人的鬼话，是作为他的不确切的计算的佐证。按照辩证唯物主义观点，宇宙在时间和空间上都是无限的。——译者

④朗白尔(J. H.  Lambert，1728—1777)，法国物理学家。——译者

⑤弗兰斯蒂德(J. Flamsteed，1646—1719)，英国格林尼治天文台首任台长。——译者

⑥见本书第 24 页注④。——译者

⑦两行星的黄经相等时叫作合，相距 180°时叫作冲。——译者

⑧相距 120°的 3 颗行星结成一组叫作“三角对”。——译者

⑨勒·蒙尼耶(P. Le Monnier，1715—1799)，法国天文学家。——译者

⑩默耶尔(T. Mayer，1723—1762)，德国天文学家。——译者

⑪第谷·布拉赫(Tycho Brahe，1546—1601)，丹麦天文学家。——译者

# 第三章　行星的质量及其表面的重力

由于行星的质量与太阳的质量之比，是行星的摄动理论的主要因素，将这理论和很多精密的观测比较，应使我们求得这比值，而且由它造成的摄动越大，求得它的数值越精确。我们因此便决定了金星、火星、木星与土星的质量。至于木星与土星以及其他有卫星的行星的质量，还可用以下的方法求得。



根据前篇所讲过的离心力的定律，卫星对其行星的引力与地球对太阳的引力之比，等于卫星的轨道半径被其恒星周期的平方除得之商与地—日间的平均距离被恒星年的平方除得之商之比。为了将这两个引力归算到产生它们的天体在相同的距离处去，应分别以它们的轨道半径的平方乘之；由于在等距离处质量与引力成正比，行星的质量与太阳的质量之比，等于卫星轨道的平均半径的立方被其恒星周期的平方除得之商与地—日间平均距离的立方被恒星年的平方除得之商之比。这里，我们假设相对于行星质量，卫星质量可以略去；相对于太阳的质量，行星质量可以略去，这假设并不会造成显著的误差。如果将略去的质量一并计算进去，即以行星和它的卫星的质量之和代替行星的质量，以太阳和行星的质量之和代替太阳的质量，则这样求得的结果更精确，因为维持一物体围绕吸引它的另一物体在相对轨道上运行之力是同它们的质量之和有关的。

现将以上所得的结果，用于求木星的质量。第二篇里讲过，木卫4的轨道的平均半径，如果在日—地间的平均距离处观测，它所张的角是2580″.58；正圆的半径包含有206264″.8；因此木卫4与地球的轨道的平均半径之比应是这两个数字之比。木卫4的恒星周期是16.689日，而恒星年是365.2564日。将这些数字代入以上的公式，若取太阳的质量为单位，则木星的质量为1/1067.09。为更精确计，应在这分数的分母上减去一个单位，即变为1/1066.09。

用相同的方法，我求得土星的质量等于1/3359.4，天王星的质量等于1/19504。

这三大行星由其相互吸引所受到的摄动，提供一个精密测定其质量的方法。布瓦尔[①]将我在《天体力学》里的公式和他仔细讨论过的很多个观测加以比较，编制了木星、土星与天王星的很精确的新运行表。为处理这个重要问题，先写出条件方程式，式内他将行星的质量作为待定数，由这些方程式之解，他求得木星、土星与天王星的质量依次为1/1070.5，1/3512，1/17918。如果考虑到土卫和天王卫的大距离在观测上的困难，以及这些卫星轨道的椭率之不确定，那么我们对于由大距观测与摄动计算所得的结果相差很少，当表示惊异。这些数值里包括行星与其卫星的质量在内，对土星而言，还包括其光环的质量。总的说来，行星的质量远远超过其周围的附属体的质量，至少对于木星与地球是这样的。将我的概率分析应用于布瓦尔的方程式，便会知道这样求得的木星的质量，误差不超过其 1/100 的概率当是 1/1000000。土星的质量，误差不超过其 1/100 的概率为 1/11000。由于天王星在土星运动上所造成的摄动不大，应该等待人们做出更多的观测之后，才能够求得其具有相同概率的质量。但据现有的观测，以上数字的误差不超过其 1/4 的概率大于 1/2500。

地球受到金星与火星的引力所造成的摄动相当显著，可利用以求这两颗行星的质量。毕克哈特(Burckhardt)(曾编制了有名的太阳运行表)利用 4 千个观测决定了这两颗行星的质量分别为 1/405871 与 1/2546320。

以下述的方式可以求得地球的质量。设以地球和太阳的平均距离为单位，地球在每秒内所走的弧是圆周与半径之比除以恒星年里的秒数(36525636.1 秒)②；将这弧长的平方以直径除之，便得到其正矢值为 $1982050/10^{20}$；该数值即由于其围绕太阳的相对运动，地球向太阳每秒坠落的距离。前一章讲过在纬度的正弦的平方为 1/3 的纬度圈上，地球的引力使物体每秒坠落 4.90820 米。为了将这引力归算到地—日间的平均距离处，应将这数字以太阳的视差的正弦的平方相乘，且以这距离的米尺数除这个乘积。但是我们所讨论的纬度圈上，地球的半径是 6369809 米。因此以太阳的视差(设为 8″.60)的正弦除这数字，便得到以米表示的地球轨道的平均半径。由此可见，地球的引力效应，在其与太阳的平均距离处，等于 4.90820/6369801 和 8″.60 的正弦的立方的乘积，即等于 $5.5846/10^{20}$；从 $1982050/10^{20}$ 减去这分数便得 $1982044.4/10^{20}$，为同距离处太阳引力的效应。因此太阳的质量与地球的质量之比为 1982044.4 与 5.5846 之比，即地球的质量是太阳的质量的

1/354936。

如果太阳的视差与刚才所假设的数值稍微不同，则地球质量的数值应随这个视差的立方与8″.60的立方之比而改变。

水星的质量由其体积决定，假设水星和地球的密度按其与太阳的平均距离成反比，事实上这假设很不可靠，可是对于地球、木星与土星的密度相当合适，将来对于天体运动的长期变化有更多的了解时，以上这些数字应该加以修改。

**行星的质量（以太阳的质量为单位）**

| | | |
|---|---|---|
| 水　星 | $\frac{1}{2025810}$ | $\left(\frac{1}{5980000}\right)$③ |
| 金　星 | $\frac{1}{405871}$ | $\left(\frac{1}{408520}\right)$ |
| 地　球 | $\frac{1}{354936}$ | $\left(\frac{1}{328910}\right)$ |
| 火　星 | $\frac{1}{2546320}$ | $\left(\frac{1}{3098700}\right)$ |
| 木　星 | $\frac{1}{1070.5}$ | $\left(\frac{1}{1047.36}\right)$ |
| 土　星 | $\frac{1}{3512}$ | $\left(\frac{1}{3499.60}\right)$ |
| 天王星 | $\frac{1}{17918}$ | $\left(\frac{1}{22930}\right)$ |

物体的密度与其质量被其体积除得之商成正比，如果物体的形状近似于球，则其体积与其半径的立方成正比；因此密度与质量被半径的立方除得之商成正比。但为更精确计，应取行星的半径为相当于纬度的正弦的平方为1/3的纬度圈上的半径。

第一篇里讲过，在地—日间的平均距离处，太阳半径所张的角为 961″;在相同距离处地球半径所张的角为 8″.60。于是若以太阳的平均密度为单位,容易求得地球的平均密度为 3.9326。这数字与太阳的视差无关,因为地球的体积与质量均随这视差的立方而变化。

从木星和太阳的平均距离处看木星的赤道半径,据阿拉果的精密测量,等于 18″.37;通过其两极的半轴为 17″.33;木星椭球体对应于纬度的正弦的平方为 1/3 的纬度圈上的半径,从相同的距离处看它所张之角因此为 18″.13,而在地—日间的平均距离处看这个角便是 94″.34。这样便容易算出木星的密度为 0.99239。

其他行星的密度亦可按照这个方法决定,但因视直径的测量与其质量的估计上的误差,便使由这方法计算出的密度很不可靠,设从土星和太阳的平均距离处所看的土星的视直径为 16″,便得其密度为 0.55(仍以太阳的密度为单位)。



比较地球、木星与土星的密度,便可看出距离太阳愈远的行星密度愈小。开普勒据适当与和谐的观点,亦得到相同的结果,他假设行星的密度与其距离的平方根成反比。可是按照同样的理由,他认为太阳的密度在一切星里为最大,实际上并不是这样的。天王星的密度超过土星,便不合以上的规则,但由于其视直径与其卫星的大距的测量均不可靠,所以对于这问题还不能作确切的结论。

为了寻求太阳与行星表面的重力的强度,设将木星与地球看做是正球形的,而且假设它们没有自转运动,则它们赤道上的重力,将与它们的质量被它们的直径的平方除后之商成正比,可是在日—地间的平均距离处,木星的半径所张之角为 94″.34.而地球的赤道半径所张之角为 8″.60。设以在地球赤道上的物体的重量为单位，将这物体搬到木星的赤道上去，重量将是 2.716。但为将这两颗行星因自转而产生的离心力考虑进去，应减去这数字的 1/9。同一物体在太阳的赤道上将比在地球赤道上重 27.9 倍，物体在那里第一秒钟坠落的距离为 137 米。

这些天体间距离的遥远，好像人类不可能知道它们表面上重力的效应。但只是在我们了解它们所遵循的原则之时，真理才会引导我们得到像是不可能得到的结果。因此，太阳和行星表面上的重力强度的测量，便因万有引力的发现而成为可能。

## 注　释

①布瓦尔(M. E. Bouvard，1767—1843)，法国天文学家。——译者

②以现今的计时法计算，恒星年 = 365.256362 × 86400 = 31558149.7 秒

③括弧内的数字是现今采用的数值。——译者

# 第四章　彗星椭圆运动的摄动

行星对彗星运动所产生的显著差数，主要在其复返近日点的周期上。哈雷首先注意到，1531 年、1607 年与 1682 年所观测到的彗星的轨道根数差不多是相同的，他断定这些彗星属于同一颗彗星，它在 151 年间在其轨道上运行了两周。事实上，1531 年至 1607 年的一周，比 1607 年至 1682 年的一周长了 13 个月。但是这位大天文学家合理地相信行星（主要是木星与土星）的引力造成了这个差异，于是他粗略地估计下一周里的摄动作用，而断定下一次复返近日点的时间应推迟而在 1758 年年末或 1759 年年初。这个预告本身便很重要，它同万有引力理论有紧密的内在联系，上一世纪中叶，数学家便不断地扩充这理论的应用，这预告不但引起留心科学进步之人的注意，而且是给予这个与其他很多现象相合的理论，以最好的校核机会。由于这颗彗星再度出现的时间还未确定，1757 年以来天文学家便研究它。首先研究三体问题的克勒罗，将这问题的解应用于计算这颗彗星因受木星与土星的作用，在其运动上应遭到的改变。1758 年 11 月 14 日，他向法国科学院宣布这颗彗星复返近日点的周期，在现在这一周将比前一周长 618 日，因此，该彗星过近日点的日期当在 1759 年 4 月中旬。同时他说，由于其近似计算里所略去的一些小数量可能将这日期提早或推迟一个月。他又说,"一个在空间走得这样远,经过这样长的时间没有观测过的天体,可能受到完全不知道的力的影响,例如别的彗星,甚至离太阳太远而为人所不觉察的某个行星的作用"。这位数学家满意地看到他的预言的应验:这颗彗星果然于1759年3月12日过近日点,恰在他认为其结果可能有的误差范围之内。克勒罗重新校订了他的计算之后,过近日点的日期便定为4月4日,假使他用前章所载的土星的质量,这日期可提早到3月24日,与观测到的日期相差只有12日。如果考虑到计算中略去的项数之多,而且还将克勒罗时代尚不知道的天王星的作用计算进去,理论与观测间的偏差将很小。

还须讲一下这颗彗星对于人类知识的进步上所起的作用。在上一个世纪里曾引起天文学家与数学家们巨大兴趣的这颗彗星,在它的四个周期以前的1456年,人类对于它的看法便很不相同。那时正值土耳其人迅速成功地推翻东罗马帝国,人民已经感到惊愕,这颗彗星所拖的长长的尾巴在欧洲到处散布着恐怖,教皇卡里克斯特命令信徒们祈祷以禳解彗星与土耳其人所造成的灾祸。在那些愚昧的时期里,人们绝没有想到自然界始终遵循不变的规律。按照一些现象的来临以及它们有规则地或貌似无秩序地继续,人们可以把它们看作是同必然的或偶然的原因有关。如果这些现象表现有反常的情况,似乎违背了自然秩序,人们便把它们看作是上天发怒的象征。

于是彗星的出现便在人们精神上引起惊愕和恐惧,他们怕在行星系里四面八方通过的许多彗星中可能有一颗会碰撞地球。由于彗星在地球旁边掠过的速度很大,它们的引力的影响是无需怀

疑的。如果它们真和地球发生碰撞，可能在地球上造成不幸的灾祸。但是这碰撞虽然可能，然而在一个世纪的时间里这可能性却很小，如果想到天体运动的空间如此辽阔，相对来说两个很小的物体发生碰撞，这种偶然事件是异常稀少的。因此有理性的人们实在不应对此抱任何恐惧。可是在许多世纪里，这微小的概率因积累可能变得很大。如果彗星果真和地球发生碰撞，其结果是不难想象的。地球的自转轴与自转运动发生改变，海水离开其原来的位置，而倾注于新的赤道上去，人和动物大多淹没于洪水里，或毁灭于地球所受到的猛烈震撼之中，人类工艺的成就与建筑物遭到摧毁。假使彗星的质量与地球相似，这便是彗星和地球碰撞可能造成的灾祸。因此人们现在发现海洋曾经覆盖过高山，把它们的遗迹留在那里，而且在北方的气候里发现南方的动物与植物的尸体与遗迹。最后我们还可以说明文化时期的短暂，现存由古代遗留下来的大建筑物最早的不过五千年。经过一次大的灾变以后人类的种族减少到少数的个体，且处于很悲惨的境地，只有经历相当长时间的努力才能把自己保存下来。昔日科学与艺术的成就都被遗忘，当文明再度进步之时，他们又重新感到科学与艺术的需要，一切都须从头开始，好像人类初次来到地球上一般。不管哲学家们对于造成这些现象的原固有怎样的看法，我仍然肯定这一类可怕的灾变在个人一生的短时间内是不会出现的，更何况彗星的质量非常之小，即使和地球碰撞造成的灾祸也是局部的。可是人们总是容易接受恐惧的印象。例如 1773 年由于拉朗德发表一篇与地球能够最接近的彗星表之时，从巴黎到整个法国散布了很大的恐怖心理：由于愚昧无知而产生的谬误、迷信和无根据的恐怖实在传播得很快，只有凭借科学的光辉才能把它们消灭[1]。

对1770年出现的第一颗彗星所作的观测，使天文学家们得出一个很特殊的结果。人们对于这颗彗星的观测数据首先按抛物线运动规律处理，因为直到那时认为抛物线轨道很接近彗星的运动，可是对于这颗彗星，这样的尝试无效，而终于知道它的轨道是一个椭圆，其周期比6年还短。勒克塞尔(Lexell)首先注意到这个特殊现象，发现只有椭圆轨道才能符合对这颗彗星的全部观测。但是这样短的周期须经过无可辩驳的证据才能确定。于是须对这颗彗星的观测及与其对比的恒星位置重新加以仔细的研究。法国科学院对于这个研究予以悬赏以求解决。得奖人毕克哈特所得的结论与勒克塞尔的结果很相近，因而这个短周期的椭圆轨道便被确定下来[2]而不存在任何怀疑了。这颗彗星的公转如此迅速，应该多次出现，可是1770年以前从来没有人观测到它，以后也没人再看见过它。为了解释这个奇特现象，勒克塞尔注意到这颗彗星在1767年与1779年两年都很接近木星，其强大的引力在1767年使其轨道的近日距变短，因而使这颗从前看不见的彗星于1770年出现，可是1779年木星的引力又把这颗彗星的近日距变长到使它成为一颗永远看不见的彗星。但是我们必须根据摄动理论证明木星的引力造成这两种效果的可能性，即证明这颗彗星的椭圆轨道根数是能适合这两种情形的。我便根据分析数学做了这个计算而证明勒克塞尔的解释是很可能的。

在迄今所发现的彗星里，这一颗最接近地球，因此假使它的质量和地球的质量相近，地球的运动便会受到可以觉察到的影响。假使这两个天体的质量相等，这颗彗星的作用便会使恒星年增加

10032.8 秒。据德朗布尔③与毕克哈特为编制太阳运行表所作的许多观测的比较，我们可以肯定自 1770 年以来，恒星年的增长还不到 2.6 秒。因此这颗彗星的质量还不及地球的质量的 1/5000，如果再考虑这颗彗星于 1767 年与 1779 年经过木星的卫星系而没有对它们造成丝毫的摄动，那么它的质量比以上所说的数值还小。彗星质量的微小一般由它们对行星系运动的影响微弱到不能觉察的程度表现出来。行星系的运动可根据该系统里各天体的作用，精确地表达出来，用同最好的星历表一样的精度（其所存在的微小偏差应归诸于计算近似和观测所产生的误差）表达出来。只有积累若干世纪的极精确的观测且和理论相比较，才能说明宇宙体系里这个重要而细致的问题。



## 注　释

①人们一向恐惧彗星和地球碰撞可能酿成不测的灾祸，即在 18 世纪之末，科学家如布封（Buffon，1707—1788）与拉普拉斯也相信这是可能的事情，可是从彗星结构的极度稀薄与作用的微弱的研究，表明这种恐惧实在是多余的。18 世纪中叶已有人说明彗星的引力作用实在微小，法国物理学家巴比内（J. Babinet，1794—1872）说："彗星是可以看见的虚空。"1974 年苏联天文学家研究了彗星 1942d，得出它的质量为 60 万吨左右，彗头的直径为 600 万公里，所以彗星内最大的密度也不超过 $10^{-11}$ 克/厘米$^{3}$，即只有空气密度的 1/100000000。——译者

②现时知道的周期最短（只有 3.3 年）的彗星名叫恩克彗星，参见本书第 136 页注④。——译者

③德朗布尔（J. B. T. Delambre，1749—1822），法国天文学家。——译者

# 第五章　月球运动的摄动

月球同时受到太阳与地球的吸引，但它围绕地球的运动只为太阳对于地—月两体的作用之差所扰动。假使太阳在无限远处，它对于地—月两体的作用是等值而且沿平行线方向的，它们的相对运动便不会受到这种共有作用的丝毫影响。但是太阳的距离与月球的距离虽然很远，却不能认为是无限远；月球交替地比地球更接近和更远离太阳，连接日—月两体的中心的直线与地球的向径形成或大或小的锐角。因此太阳施于地球与施于月球的作用既非等值亦非同向，由于这种差异，这些作用在月球的运动上产生同太阳和月球位置有关的差数。对这些差数的研究便形成有名的三体问题，其精确的解法超过分析数学的能力，但因月球的距离比太阳近，月球的质量比地球小，这个三体问题可以得到近似解。可是为了将可觉察的影响之项分开，也需要极细致的分析数学。如果为了编制出一本完善的月离表（这是研究的主要目的），这些项的讨论是分析数学里最重要之点。我们容易想出许多方法将三体问题表达为方程式；但是这问题的真正困难是在于微分方程式里分辨而且确切地决定那些虽然很小而却由逐次积分得到有可观数值之项，这便须对坐标的选择，积分性质的仔细讨论，近似值的导出，计算的仔细与多次校核等程序上，加以十分注意。在我的《天体力

学》里所提出的月球理论便特别留心去满足这些条件，我满意地发现我的结果和马松（Mason）与比尔格比较布拉德累和马斯克利恩[①]的大约5千个观测所求得的结果是符合的，他们所编制的月离表的精度是难于超过的，地理学与航海天文学的进步主要应归功于这些月离表。默耶尔这位伟大的天文学家，首先看出为了航海这个重要目的，月离表需要达到的精度。马松与比尔格采用了默耶尔所提出的形式，校正了差数项的系数，根据他的理论加入另外一些差数项。默耶尔还用其所发明的，而为波尔达（Borda）所改进的循回复测地平测角仪[②]，使海上观测的精度达到月离表所需的精度。最后毕克哈特改进了月离表，他以一种比较简单而适用的形式给出引数，并据现代的全部观测决定了差数项的系数。我的理论的目的是证明月球运动里一切差数都来源于唯一的万有引力定律。然后应用这个定律去改进月离表，并由此去决定太阳系里的几个重要数据，例如月球的长期差，月球和太阳的视差，以及地球的扁率等。高兴的是，当我正进行这项研究之时，比尔格也在做改进月离表的工作。我的分析为他提供了几个有相当大影响的差数，他将这些差数和所作的很多次观测加以比较，不但证实了这些差数的存在，而且阐明了我刚才所说的数据。

月球轨道的交点与近地点的运动是它所受到的摄动的主要效应。首先第一近似值只给出这些运动的一半差数。克勒罗因此认为引力定律并不如我们所相信的那样简单，它由两个部分所组成，它的第一部分是引力与距离的平方成反比，只对于行星与太阳之间距离大时才显著，而它的第二部分是当距离缩短时引力按更大的比例增长，对于月—地间的距离便变得显著。这个结论受到布封的激烈反对:他说自然界的基本定律应该是最简单的,它们只有一个模数,其表达式里只有一项。从这个观点看,除非在极度需要之外,无疑我们不应使引力定律复杂化;但是由于还不明白引力的性质,我们便不能保证其表达式的简单性。不管怎样,这一次形而上学的观点便与数学的思想是一致的,数学家认为克勒罗的看法是不合理的,因为他们注意到当逐次近似计算推进得更远时,引力定律所给出的月球近地点的运动与观测完全符合,自此以后这为一切研究这个问题的人所证实。根据我的理论所推算出来的月球的近地点运动与真实的运动相差还不及其 1/440,对于轨道交点的运动,这偏差只有 1/350。

对于月球因受太阳与地球的综合作用在其运动上所造成的一切差数,虽然分析数学是必需的,可是即使不用分析数学,也能说明月球的周年差与长期差的原因。在月球运动里,现今虽不觉察,但积累若干世纪后应表现于观测的最大差数,我将不再去加以阐述了。

当月球与太阳相合(即朔)时,月球比地球更接近太阳,因而受到太阳的引力较大,太阳对于月—地两体的引力之差便减少月球向地球的重力。同样,当月球与太阳相冲(即望)时,月球比地球距离太阳更远,因而受到太阳的引力较小,太阳对于月—地两体引力之差仍使月球的重力减少。这两个情形里,这种减少量差不多是相同的,等于太阳的质量与月球轨道半径被日—地间的距离的立方除后之商的乘积的 2 倍。在上下弦时,太阳施于月球的作用在月球的向径上的分量使月球向地球的重力增加,但重力的这种增加量只是朔望时它受到的减少量的一半。因此,在月球的会合周期里，由太阳施于月球的一切引力得到一个平均力，它的方向在月球的向径上，它减少了月球的重力而且等于太阳的质量与这向径被日—地间的距离的立方除后之商的乘积的一半。

为了得到这个乘积与月球的重力之比，我们注意到维系月球在其轨道上之力差不多等于地球与月球的质量之和被它们之间的距离的平方除后之商，而维系地球在其轨道上之力很接近于太阳的质量被日—地之间的距离的平方除后之商。据第三篇里所讲过的中心力的理论，这两个力之比等于月球和地球的轨道半径分别以它们的周期的平方除得之商之比；因此求得以上的乘积与月球的重力之比等于月球的恒星周期的平方与地球的恒星周期的平方之比，这乘积因此很接近于月球重力的 1/179，于是太阳的平均作用减少月球重力的 1/358。

由于这一减少量，月球比只受地球的引力作用时，位于距离地球更远之处，其向径围绕地球所作的扇形面积不会因此有丝毫的改变，因为造成这种作用的力是沿向径方向的。但月球的真速度与角速度减少了，容易证明当月球离开地球远到使得它的离心力等于它因太阳的作用而减少的重力时，而且当其向径所描绘的扇形面积等于在相同时间内没有这种作用情况下所描绘的面积时，则向径将增长其 1/358，而角运动将减少其 1/179。

这些数量同太阳、地球间的距离的立方成反比而变化。当太阳在近地点时，它的作用较大，使月球的轨道膨胀，当太阳接近远地点时，月球的轨道便收缩。可见月球的轨道是一系列的圆外旋轮线（外摆线），其中心在地球的轨道上，且随地球接近或远离太阳，这些旋轮线发生膨胀或收缩。由此可知其角运动里有一个与太阳的中心差相似的差数，只有这样一个差异，即当太阳运动加快时，这差数使月球角运动变慢，当太阳运动减慢时，这差数使月球角运动加快，因而这两个差数的符号是相反的。第一篇里讲过，太阳的角运动与其距离的平方成反比：在近地点处这距离比其平均距离短 1/60，则角速度应增加 1/30；由于太阳的作用在月球运动里所造成的 1/179 的减少，是与日—地间的距离的立方的增长量成正比，于是它增大 1/20。因此，这减少量的增长值是这运动的 1/3580。由此便得太阳的中心差与月球的周年差之比等于太阳运动的 1/30 与月球运动的 1/3580 之比，于是算出月球的周年差为 777″。这比观测值约小 1/8；这个偏差是由于前一计算里所略去的量而产生的。

与周年差相似的原因造成月球的长期差。哈雷首先注意到月球的长期差，经当索恩（Dunthome）与默耶尔由观测的深入讨论而得到证实。这两位博学的天文学家发现月球的平均运动不能与近代的观测和迦勒底人及阿拉伯人的日、月食观测同时符合。他们企图在月球的平黄经上加入与 1700 年起算的世纪数的平方成正比例之量，去表达这些观测。据当索恩求得这个量在 1700 年后的第一个世纪为 10″.0；默耶尔在其前几个月离表里取为 7″.0，在以后的几个表内取为 9″.0。最后，拉朗德重新讨论这个问题，得到与当索恩相同的结果。

经常为人使用的阿拉伯人的观测是 10 世纪之末为伊本－尤尼斯（Ebn-Junis）在开罗所作的两个日食与一个月食的观测（这位天文学家的手稿抄本多年来便保存于来顿图书馆里）。有人对于这些日月食的真实性发生怀疑，但经科桑（Caussin）翻译了这些珍

贵手稿里包含这些观测的部分，才解除了这种怀疑；而且这份手稿使我们知道阿拉伯人观测过的其他 25 次日、月食，因而证实了月球平均运动上实在有一种加速现象。此外，为了说明这个问题，只需将现代的观测和迦勒底人与希腊人的观测加以比较。事实上，德朗布尔、布瓦尔与比尔格使用以前两个世纪的许多观测，决定了现今的长期运动其精度很高，只有极微的不确定，他们发现由近代观测得到的数值比由古代观测得到的约大 200 秒，可见月球的运动自迦勒底人以来便有一种加速度，而且又有阿拉伯人在离现在较远的时间内所作的观测支持这个结论，所以我们不能怀疑这个加速现象。

那么，造成这现象的原因究竟是怎样的呢？万有引力定律使我们得以解释月球运动的许多差数，是否也可能说明它的长期差呢？这问题的解决之所以更有兴趣，是因为可以由此得知月球运动里长期变化的规律；我们感到天文学家公认的月球运动上有与时间成正比的加速度的假说，只是一种近似的，而且不应推广到无限的时间里去。



这个问题真煞费了数学家们的苦心，经过很长时期的研究都没有结果，无论由太阳与行星对于月球的作用或由月与地不是正球形等因素出发去寻找，均未发现能显著改变月球的平均运动的原因。于是有些天文学家不承认月球运动里有长期差；还有些天文学家想从其他途径，例如彗星的作用、以太的阻力以及引力的逐渐传递等去解释这个现象。可是其他天文现象与引力理论相合得如此完善，我们不能无憾地看见月球的长期差总不能纳入这理论，成为这个普遍而简单的定律的唯一例外，可是引力定律由于其所能说明的现象之多与广，它的发现成为人类智慧的无上光荣的成就。这一思想使我决定重新考虑这个问题，经过多次探索之后，我才发现这现象的原因：

月球的长期差，是由太阳对于这颗卫星的作用加上地球轨道的偏心率的长期变化的作用而形成的。为了对于这个原因有一个正确的概念，应回忆以前讲过的由于受到行星的作用，地球的轨道根数的改变，只有其长轴不变，但其偏心率与对于一固定平面的交角及轨道的交点与近日点的位置均在不断变化。更回忆起由于太阳对于月球的作用，减少其角速度的 1/179，而此差数项的系数与日—地间的距离的立方成反比而变化，再将这距离的负三次幂展开为地球的平均运动与其倍角的正弦与余弦的级数，如取地球的半长轴为单位，便发现这级数里有一项等于这轨道的偏心率的3/2次方；因此月球的角速度的减少量里包含这一项与其角速度1/179的乘积。假使地球轨道的偏心率不变，则这乘积将与月球的平均角速度相符；但是它的变化虽然很小，在长时间里，对于月球的运动却有感觉得到的影响。可以看出，当偏心率减少时，它使这运动加速，这发生于自古代以至今天的观测里；以后这加速度逐渐减少，当偏心率达到其极小值后，便停止减少，然后再开始增大。

1750 年至 1850 年之间，地球轨道的偏心率的平方减少了 0.00000140595；因而月球角速度相应增长为这一角速度的 0.0000000117821。由于这个增长量按与时间成正比而继续增加，它对于月球的效应比在这一百年里假设该增长量都和 1850 年的增长量一样的情况下小了一半。因此为了决定这效应或求从 1801 年开始的一个世纪之末月球的长期变化，应将月球的长期运动以其角速度很小的增量的一半相乘，可是在一个世纪里月球运动了1732559352″；于是求得其长期差为10″.2065。

只要地球轨道的偏心率的平方可以假设为与时间成正比而减少，月球的长期差则显然按时间的平方增加；因此只须将10″.2065以计算之时到19世纪开始之际中间所经历的世纪数的平方相乘便成了。但是上溯到迦勒底人的观测时，我发现在表达月球长期差的级数里，与时间的立方成正比之项变得显著。对于第一个世纪（1801年起算），这项等于0″.018537，并应以年开始计算的世纪数的立方乘之，这乘积对于1801年以前的世纪应取负号。

太阳对于月球的平均作用，还同月球的轨道与黄道的交角有关，我们可以相信由于黄道的位置是改变的，这便应在月球的运动里造成与由地球轨道的偏心率在月球运动里所造成的类似的长期差。但是我由分析数学得知月球的轨道不断地为太阳的作用引向与地球的轨道有相同的交角，于是月球的极大和极小的赤纬，由于黄道倾角的长期变化，经受与太阳的极大和极小的赤纬相同的变化。月球轨道的交角（黄白交角）的不变性为古代与近代的一切观测所证实。月球轨道的偏心率与长轴只受到因地球轨道的偏心率的改变而造成的不能觉察的改变。

月球轨道的交点与近地点的运动便不是这样的。应用分析数学研究这些变化，我便发现同摄动力（而这个摄动力，如前所述，使近地点的平均运动加倍）的平方有关的那些项对月球近地点运动的变化的影响更大。这一艰难的分析结果为我提供一个长期差为月球平均运动的长期差的3倍，从近地点的平黄经应减去这个长期差，使月球运动加速时，近地点的平均运动变慢。同样，我找到在白道与真黄道的交点运动上也有一个附加在它们的平黄经上的长期差，它等于平均运动的长期差的 0.735 倍。因此当月球的运动加快时，其轨道交点的运动像近地点的运动一样变缓，这三个运动的长期差常保持 0.735：3：1 的比例。容易由这里求出，月球的三种运动对太阳的运动而言，太阳的近地点与太阳轨道的交点的运动都加速，而太阳的三个长期差之比为 1：4：0.265。

在未来的世纪里，这些大的差数将发展，有一天会在月球的长期运动里造成至少 1/40 圆周，在近地点的长期运动里造成至少 1/13 圆周的变化。这些差数不是经常增长的，它们与其所依赖的地球轨道的偏心率的变化同样是周期性的，这些差数只能在几百万年以后才恢复其原来数值。这些差数应改变月球的交点周期、近点周期和会合周期的整数倍的假想的周期，而月球的这些周期在长期差的漫长周期的各部分里有显著的变化。600 年的日—月周期在一个时期里是精确的，如果已经确切知道行星的质量，用分析数学容易上溯到这个时期，但为了改进天文理论所亟须的关于行星精确的质量的知识，现时却还没有。幸而对于月球的长期差最有影响的木星的质量，已经得到相当好的测定，其他行星的质量值也大约知道，因而不怕在这长期差的数值上有太大的误差。

古代的观测虽不完善，但已经肯定有这些差数，于是在观测里或在天文表内，我们可追踪它们的进程直到今日。以前讲过，在引力理论阐明其原因以前，古代日、月食观测已使我们知道月球运动上有加速现象。将现代的观测以及阿拉伯人、希腊人和迦勒底人所作日、月食的观测和这理论比较，如果考虑到古代观测的不完善，地球轨道偏心率的变化以及金星和火星的质量等之不精确，我们应当认为理论和观测实在是有惊人的符合。月球长期差项的展开式将是最适宜于决定这些质量的一个数据。

特别有兴趣的是校核关于白道的近地点的长期差或比平均运动的长期差大4倍的近点角的长期差的引力理论。这差数的发现使我猜想应从天文学家据现代和古代的观测求得并现时采用的近地点的长期运动里减去8.1至8.6弧分。事实上即使现今天文学家不知道月球运动上的长期差,他们很快便会发现它,如果他们没有计入长期差时,便给与月球的平均运动以过小的数值。这是布瓦尔与比尔格用很多近代观测决定月球近地点的现今的长期运动的数值时所证明的事实。布瓦尔计入长期差以后,还据最早的观测与阿拉伯人的观测再寻找到长期运动的现今数值,这便以不可辩驳的方式证明长期差项的存在。

由《至大论》[3]和阿拉伯人的星表中所载的月球的平均运动与其观测时期显然表明它的运动上有这三种长期差。托勒密的星表是他和喜帕恰斯经过大量计算的结果。喜帕恰斯的工作没有遗留下来,只由托勒密的著作中得知喜帕恰斯曾经很仔细地选择最适宜于决定他所要寻找的根数的日、月食观测。经过了两个半世纪的观测,托勒密对于喜帕恰斯所定的根数改变很少,因此可以肯定托勒密用心编制其星表的根数是根据很多的日、月食观测而决定的,而且只用了那些同喜帕恰斯和他所得的平均结果相符的观测。日、月食观测只使我们认识月球的平均会合运动与其对于交点和近地点的角距离,因此我们只能信赖《至大论》的星表里的根数,可是若只用由现今的观测所决定的运动上溯到托勒密星表的初始历元,却不会得到如这些星表里所载在该历元时的月球对于其交点、近地点与太阳之间的平均角距离。应加在这些角距离上的数量，很接近于由长期差而得的数量；由此可见，这些星表根数同时说明长期差的存在和我所给予这些差的数值。

月球相对于它的近地点和相对于太阳的运动，在《至大论》里要比在现今较为缓慢，表明这些运动有一个加速度，这个加速度既表现在托勒密以后的8个世纪，阿耳巴塔尼[④]对于这些星表的根数的改正上，也表现在伊本－尤尼斯在公元1000年间总结迦勒底人、希腊人与阿拉伯人的全部观测而编制的星表的历元内。

可注意的是地球轨道的偏心率的变小，在月球运动里的效应，比在其本身上更为显著。这一减少量，自我们知道的最早的日、月食观测以来，还没有改变太阳的中心差至$8'.1$，但却在月球的黄经上造成$1^{\circ}.8$的变化，在其平近点角上造成$7^{\circ}.2$的变化；根据喜帕恰斯与托勒密的观测，我们很难怀疑这个现象，阿拉伯人的观测表明此现象似很真实；但据古代的日、月食观测和引力理论的比较，使我们对这个问题没有什么可以怀疑之处。由于太阳的作用，地球轨道上的长期变化在月球的运动的这种反应（假若我可这样说的话）同样发生于周期性的差数。因此，地球轨道的中心差在月球的运动里再现，但其符号相反，而且大约为其数值的1/10，月球的作用在地球的运动里所造成的差数，复产生于月球的运动里，但减弱为1与2之比。最后，行星使地球运动所受到的差数转移到月球上来，但太阳使行星对于月球所发生的这一间接作用，比它们对于这颗卫星的直接作用更大。

这里，我们看见一个例子说明须从现象的发展中才能明了其形成的真实原因。当我们知道的只是月球平均运动的加速时，可

能是由于以太的阻力或引力的渐次传播。可是分析数学为我们证明这两个原因不能在月球轨道的交点与近地点的平均运动上造成任何显著的变化，于是就应该扔掉这两个假设的原因，即使还不明白在这些运动里观测到的变化的真正原因。理论与观测的符合为我们证明：假使月球的平均运动为万有引力之外的其他原因所改变，其影响将是小到现时还不能觉察的程度。

这个符合性确切地证明日子长短的不变性，这是一切天文理论的基本根数。如果一日的长度现时比喜帕恰斯时代超过 1/100 秒，那么现今的一个世纪将比那时长 315″.57；在这期间月球走了 173″.1 长的一段弧，因此现时月球长期运动的平均值应增加了这个数量，这样便使自 1801 年起算的第一个世纪，月球的长期差增加 4″.37，而据以上的研究，它是 10″.2066。观测不容许设这样大的增量：因此我们肯定自喜帕恰斯以来一日的长度没有改变 1/100秒[⑤]。

月球理论内，由地球的扁率而造成的最重要的差数之一，是月球在黄纬度上的运动的变化。这差数与月球的真黄经的正弦成正比例。这是由于地球扁球形的作用在月球轨道上所造成的一种章动的结果，与月球的作用在地球赤道上所造成的章动相对应，因此这两个章动一个是他一个的反作用，假使组成地球和月球的分子为不可屈曲而又无质量的直线所固连，由于造成这两个章动的力，地月两体组成的系统将在地球重心的附近得到平衡，作用于月球的力较小，由其所联系的杠杆臂的长度来补偿它。我们可以假想月球的轨道不是与黄道成不变的角度，均匀地在黄道上移动，而是以相同的情况在黄赤两道之间与黄道相交很小角度，且常经过二分点的平面上移动去表达这种黄纬度上的差数，这种现象在木卫的运动里，由于木星的扁率大而更加显著。由此可见当白道的升交点与春分点相合时，这差数使黄白交角减少，当这交点与秋分点相合时，这差数使黄白交角增大，这现象发生于1755年，使这交角比马松根据布拉德累于1750年至1760年间的观测所确定的数值大得多。事实上，比尔格根据长期的观测，且计入以上所说的差数，所决定的黄白交角便小了3″.7。在我的请求下，比尔格很好地测定了这差数项的系数，他用了很多观测求出它是－8″.00，毕克哈特使用更多的观测，得到相间的结果，更用这结果求得地球的扁率为1/304.6[⑥]。

我们还可根据与白道交点的黄经有关的月球运动在黄经上的差数去决定地球的扁率。默耶尔的观测表明这个差数的存在并确定它为7″.70，但是由于这数字不是由引力理论推出的结果，大多数天文学家不加重视。引力理论使我发现地球的扁率是这差数的原因。比尔格和毕克哈特根据大量的观测将其定为7″.80，由此算出地球的扁率为1/305.05，与以上所说的由黄纬上运动的差数所得的结果接近。由此可见，月球运动的观测使天文学得以改进地球扁率的数值。可是古代的天文学家只能由月食推测地是球形的。

以上两个差数很值得天文学家注意，它们比大地测量优越在于所给出的地球扁率很少与地球的起伏形状的不规则起伏有关。假使地球的结构是均匀的，这两差数便会比观测到的情况更大得多，因此我们排除了这种均匀性。由此还使我们明白地球给予月球的引力是地球内所有的分子的引力合成的，这更为物体的各部分都有吸引作用，提供一个新的证据。

引力理论与钟摆实验及地球上弧度的测量组合，如本篇第一章所说的，给出月球的视差大约与观测相合，所以我们可以由这些观测反转来决定地球的大小。

最后，利用与日—月间的角距离有关的月球运动上的黄经差，可以精确地测定太阳的视差。为此，我特别仔细地计算了这个差数项的系数；并相等于毕克哈特与比尔格由长期的观测的比较而得的这个系数，求得太阳的平均视差为 8″.60[7]，这结果与几位天文学家由最近一次金星凌日观测所推出的结果相同。

值得令人注意的是：一个天文学家不出天文台只将他的观测与分析数学的计算加以比较，便可精确测定地球的大小与扁率及其与太阳和月球的距离，而这些基本数据是在两半球作艰苦的长途旅行才能得到的结果。由这两种方法所得的结果的符合，是万有引力最动人的证据之一。



我们的最好的月离表是建立在理论和观测的基础之上的。这些表由理论假借来的差数项的引数，是很难单由观测知道的。我在我的《天体力学》里决定了这些引数的系数到很近似的程度，但由于这些近似值收敛的缓慢，且在由分析数学展开的很多项里很难将积分后得到的比较大的数值的项分开，因而对这些系数的研究是很艰苦的。在这些汇集的观测里，大自然本身为我们提供从分析数学很难得到的这些积分结果。毕克哈特与比尔格用几千个观测决定了这些系数，因而他们所编的月离表达到很高的精度。为了扫除一切经验主义，且为了使其他数学家对我首先发现的这理论的几个细致之点，例如月球运动的长期差加以进一步的讨论，我建议法国科学院将其1820年的数学奖的题目定为“只根据理论编制比以前同时用理论和观测编制的更优越的月离表”。有两篇应征的论文得奖，一篇的作者是达木瓦佐[8]，他所编制的月离表和观测对比后显示其精度可与最好的表相比拟。两篇论文的作者在月球运动的周期差与长期差上都是一致的；在月球平均运动的长期差上，他们的结果和我的相差很少；但是月球运动对于太阳、白道的近地点与交点的长期差之比，不是像我所求得的1∶4∶0.265，而他们求得的是1∶4.6776∶0.391。达木瓦佐在其论文里起初所给这比例中第二项的数值很接近4，但仔细地校核了他的数据以后，他得的结果与第二篇论文的作者蒲拉拿（Plana）和卡里尼（Carlini）的结果相同。由于这两人将其近似值推进得很远，他们所得的数字似比我以前所得的更好。最后，他们所给出的白道的近地点与交点的平均运动的近似值精确地和观测相符。

综上所述，无可辩驳地说明万有引力定律是月球运动的一切差数的唯一原因，假设考虑到这些差数的项数之多、范围之广以及月球和地球的接近，我们才明白我们的卫星是天体中最适宜于证明这个伟大的自然定律和树立分析数学的威力，这门数学是一个卓绝的工具，假使没有它，人类的思维便不能深入一个如此复杂的理论，它并可作为一个有效方法用以去发现宇宙的奥秘，它的可靠性能和观测本身相比拟。

有些主张“目的论”的人认为月球是由上天赐予地球为了照明黑夜之用的。如果这样，大自然便没有达到它的目的，因为许多夜晚我们既没有日光也没有月光。假使要办到没有黑夜，只须在当初将月球与太阳同放在黄道面内相冲的位置上（即相距180°望的情况)，给予月球到地球的距离等于日—地间距离的1/100，并且给予月球和地球的速度互相平行，同太阳的距离成正比，于是月球不断地和太阳相冲，而且围绕太阳描绘与地球轨道相似的椭圆轨道；因而我们看见日、月两个天体在我们的地平线上相继地此起彼落，因为在这距离处月球不会被食，于是夜里月光永远代替日光，而无所谓黑夜。

古希腊阿尔卡迪亚(Arcadie)地方的人认为地球还没有月球陪伴时，就已经有了他们的祖先，有些哲学家因鉴于这个奇特的思想，认为我们的卫星原来是一颗彗星，当其运行到很接近地球之时，被地球引力拉住，才围绕地球运行。但是根据分析数学上溯到很古的时代，我们知道月球总是在近似正圆轨道上运行，正如行星围绕太阳运行那样。可见月球或其他行星的卫星没有一颗原来是彗星。

由于月面的重力比地面的重力小得多[9]，而且月球上没有大气来阻碍其上面的抛射体的运动，我们可以了解有些物体，例如由月面火山爆发以高速喷出的物体，可以达到而且超出地球引力开始胜过月球引力的范围。为此物体在垂直向上的初速度只须达到每秒2500米[10]，它使不坠落于月面，而成为围绕地球的一颗卫星，在一个扁率或大或小的轨道上运行。这物体所受的原初冲力可以沿这样的方向以致使它直接与地球的大气发生碰撞，或在围绕地球运行若干转甚至很多转之后再达到其大气，因为太阳的作用常显著地改变月—地间的距离，它便在很扁长的轨道上运行的一颗卫星的向径上造成更大的变化，经过长时期会使这卫星的近地距变短，终于穿入我们的大气。这个以很大的速度窜入地球大气的物体受到很大的阻力，而终于坠落地面，大气对于该物体表面的摩擦力足以使它燃烧和爆炸（如果它里面含有易燃、易炸的物质），这便是我们常见的陨石的现象。如果我们能够证明这些物体不是地上的火山或大气里的产物，则其来源当在星际空间去寻找。此外，由于上述假设能解释陨石里所查出的成分和它们来源的成分相同。所以它并不是不可能的。

## 注　释

①马斯克利恩（N. Maskelyne，1732—1811），英国天文学家。——译者

②以后经过改进成为经纬仪。——译者

③《至大论》（*Almageste*），又名《天文学大成》，是古希腊天文学家托勒密的主要著作，在整个中世纪里，这本书被奉为天文学的经典著作。——译者

④阿耳巴塔尼（Albaténius，858—929），阿拉伯天文学家。——译者

⑤古希腊的天文学家已经发现月球的运动上有几种差数，17 世纪以来天文学家便想用牛顿的引力理论去解释这些差数。自 18 世纪之初，人们已经知道，只根据引力理论算出的结果，不能适当地说明观测。因此自哈雷以来天文学家须根据观测对月球的位置定出经验的校正数，而根据经验数据所编制的月离表，须得经常修改，以适应航海天文学与大地测量学的需要。



由这一章可见拉普拉斯曾煞费苦心企图用太阳和行星对于月球的摄动，根据牛顿的万有引力定律，去解释月球运动上的差数，特别是其平均运动（即平均角速度）上的长期差，但他的努力却是白费。原来使月球运动发生加速度现象的原因，不在太阳和行星对我们的卫星的摄动，而在地球自转运动的长期变缓，这是拉普拉斯所料不到的。

1925 年布朗（E. W. Brown，1866—1938）才将月球运动总不与理论符合的部分辨认为由于地球自转的不均匀性，因此我们用以记录观测的时刻（格林尼治平太阳时或世界时），不是像天体力学的方程式所需要的均匀地流逝的时刻。1952 年天文学家因在太阳和行星的运动里发现有同样的不均匀性且与它们在轨道上运动的平均角速度（即平均运动）成正比例，而证实了地球

自转的不均匀性。自 1960 年开始计算太阳和行星、卫星等的历表，都要用新的时间单位，这叫作“历书时”，以 1900 年回归年为标准，历书时的一秒是这一年的 1/31556925.97474，因此世界时应用于天体力学的定律需要加以校正，而使其成为与理想的均匀时很接近的历书时。

造成地球自转运动长期性变缓的原因，是被太阳与月球的引力在海洋和陆地上所激起的潮汐对于地球的自转运动所起的一种抑制的作用。地球的自转周期称为恒星日，定为 86164 秒，在每一世纪里增长 0.00164 秒。可是因为地球自转的增长率与时间成正比，于是这样积累的效果便随时间的平方而增加。自喜帕恰斯以来经过 21 个世纪，地球的自转已经慢了 3 小时之多。如果从古代的月食所观测的时刻出发计算现在月食发生的时刻，比起实际的时刻要早几小时，这便是地球自转慢了，而使我们感觉月球的运动快了的真正原因。——译者

⑥根据人造卫星观测资料，求得地球扁率的精确数值为 1/298.25。——译者

⑦见本书第 40 页注②。——译者

⑥达木瓦佐（M. C. T. Damoiscau，1768—1846），法国天体力学家。——译者



⑨月球表面上的重力大约等于地球表面上的重力的 1/6。——译者

⑩现今测得月面脱离速度的数值是 2380 米/秒。——译者

# 第六章　木卫的摄动

在所有的卫星中，月球以外，木星的卫星是最使人感兴趣的。这些卫星是望远镜发明后，首先发现的一批天体①，它们为人观测还不到两个世纪，木卫食的观测甚至还不到一个半世纪。但是在这短时期里，由于木卫的运动周期短，行星系里进度极其缓慢的一切大变化，都表现在类似行星系的木卫系的这些观测之中。它们相互的摄引所引起的差数与行星和月球的差数都无多大差别；可是由于头3颗木卫的平均运动之间的关系给予这些差数中的某几个以相当大的数值，这对木卫理论有很大影响。第二篇里讲过，这些运动差不多是1/2比率的级数，而且它们经受相当大的差数，在木卫食里变为437.659日的一个周期。这些差数首先表现于木卫的理论内，正如它们首先出现在观测者眼里那样。理论不只决定了这些差数；还向我们证明这些观测是很近似的，如木卫2的差数是以下两个差数的结果：一个是由木卫1的作用产生的，随木卫1的黄经减木卫2的黄经之差的正弦而变化，另一个差数为木卫3的作用造成，随木卫2减木卫3的黄经之差的2倍的正弦而变化。可见木卫2从木卫1所受到的摄动，正如它使木卫3所受到的摄动，并且，它从木卫3所受到的摄动，正如它使木卫1所受到的摄动。由于这3颗卫星的平均运动与平黄经之间的关系，这两个差

数混合为一。按照这个关系，木卫 1 的平均运动加木卫 3 的平均运动的 2 倍等于木卫 2 的平均运动的 3 倍，而木卫 1 的平黄经减木卫 2 的平黄经的 3 倍加木卫 3 的平黄经的 2 倍总是等于半个圆周。但是这些关系是否永久存在均等问题，理论上是可以回答的。

木卫运行表中所表达的以上那些关系，是近似值，便使我怀疑它们的严格性，表上的值与实际值间微小差量和表内可能有的误差有关。如果说这 3 颗木卫原来偶然地位于适合于这些关系的地方，这种假设的可能性应是非常小的，这些关系很可能为一特殊原因所造成，因此我从这些卫星的相互作用去寻找这个原因。仔细地考查了这个作用之后，我才发现它使这些关系严格化了；于是我从时间间隔相当远的很多观测的研究，重新决定了这头 3 颗卫星的平均运动与平黄经，才知道它们比原来表上所表达的关系还更精确。我满意地发现这理论的结果，由德朗布尔对于木卫所做的高精度研究所证实。这些关系并不需要在起初便是这样的精确，即使这头 3 颗卫星的运动与黄经对于这些关系有点离差，它们之间的相互作用便能建立这些关系而且严格地维持这些关系。可是它们的运动与黄经同起初关系之间的微差产生一种范围不定的差数，分配在这 3 颗卫星上，我把它叫作天平动。这差数项里的两个任意常数便代替以上两个关系从这头 3 颗木卫的平均运动与平黄经的历元内所消去的那个任意常数；因为物体系统的理论内所含的任意常数的数目必须是物体个数的 6 倍。由于没有从观测发现这个差数，它应该是很小，甚至小到不能觉察的程度。

即使这些卫星的平均运动所受到的长期差与月球所受到的相似，以上的关系仍然永久存在。假使它们的运动为以太介质或其

效应历久才能觉察的其它原因所改变，这些关系仍然存在。在这一切情况里，这些运动的长期差为这些卫星之间的相互作用所调整，以致木卫 1 的长期差加木卫 3 的长期差的 2 倍，等于木卫 2 的长期差的 3 倍，它们的差数增长虽很缓慢，但周期愈长的愈容易得到这样的调整。使这头 3 颗卫星的运动在空间发生摇摆的这种天平动也遵照刚才所说的定律，而且假使如观测所表现的，木卫的自转运动等于公转运动的话，这种天平动也可以推广到它们的自转运动。于是木星的引力维持这个差数，给予木卫的自转运动以相同于影响其公转运动的长期差。因此，木星的头 3 颗卫星形成一个以这些差数与上述的关系彼此相联系的体系，这些关系将为它们的相互作用不断地维持住，除非一个外来的原因，突然扰乱它们的运动和它们的各自位置。这外因可能是由一颗彗星来的，例如 1770 年出现的那颗彗星，曾经穿过木卫系，好像碰撞了其中之一。自从行星系起源以来的漫长世纪里，在行星系空间里可能发生过这一类的碰撞，质量只有地球的 1/100000 的彗星，其碰撞可能影响这些卫星的天平动。虽然德朗布尔很仔细地企图从观测里将这差数分开，但却没有结果，由此可见可能与过 3 颗卫星之一发生碰撞的彗星的质量之小，这是以前所说过的彗星质量很小的又一个证据。

假使我们考虑到土星平均运动的 5 倍与木星平均运动的 2 倍相差很少，便知道在这两个行星的初始平均距离里若有少许的改变，便足使这差值为零。但并非必须这样，才能达到这个目的；因为即使开始时不是这样的，两行星的相互作用也会使这差值常为零，只要这差值限制在相当狭窄的范围内。分析数学表明这范围是观测到的差值的4/10左右，为了使这差数落在这范围内，只须将土星—太阳间的平均距离增加1/530，并将木星的平均距离减少1/1300。可见只差一点儿便会使太阳系的这两个大行星出现类似头3颗木卫的那种现象，但是由它对这两颗行星的轨道的长期变化的巨大影响，情况便复杂得多。

卫星轨道所受到的改变类似于行星轨道的大的变化；它们的运动也受到类似于月球的长期差。这一切差数随时间的前进而发展，将提供决定这些卫星的质量与木星的扁率最有用的数据。最后这个因素对于交点运动的相当大的影响，使它能决定到与直接测量的精度相同的程度。由这个方法求得木星的短轴与其赤道的直径之比为0.9368，很接近于16与17之比，由最精密的测量所求得的这颗行星的扁率也是这样。观测与理论的这种符合是一个新的证据，表明行星施于其卫星的引力是由其所有的分子的引力合成的。

木卫理论的一个奇特结果当是求得它们的质量，由于其质量很小，而且不能直接测定其直径，好像我们无法知道这些卫星的质量。为了达到这个目的，我选择现今天文学认为是最好的数据，有理由认为我所推得的下表内的数字是很好的近似值：

**木卫的质量**(以木星的质量为单位)

| | |
|---|---|
| 木卫1 | 0.0000173281 |
| 木卫2 | 0.0000232355 |
| 木卫3 | 0.0000884972 |
| 木卫4 | 0.0000426591 |

以后对于这些木卫轨道的长期变化知道得更清楚时，这些数

值将会得到改进。

不管理论怎样完善，天文学家仍有大量工作，将分析数学的公式换算为星历表。这些公式里含有31个未定系数，即木卫运动的12个微分方程式里的24个任意常数，这些卫星的质量，木星的扁率，其赤道面与黄道面的交角及其交点的位置。为了求得这些未知数的数值，须讨论每颗木卫的很多次食，而且以最合适的方式加以组合，去决定每个根数。德朗布尔做了这个重要工作，并得到很大的战功，他所编制的木卫运行表，表达观测的精度与观测本身的精度相同，对于航海人提供一个很可靠而且容易的方法，即由木卫食（特别是木卫1的食）立刻可以求得其到达地的经度。每颗木卫的理论的主要根数是由德朗布尔将我的公式和观测比较而求得的。

木卫1的轨道在木星的赤道与其轨道之间、经过这两个平面之交点的一个固定平面上，以不变的交角匀速移动，据观测，木星的赤道面与其轨道面的交角等于3°.0917。据理论，这固定平曲与木星的赤道的交角只6″.5，因而不能觉察得到。木卫1的轨道与这平面的交角也是观测不出的，因此我们可以认为木卫1在木星的赤道面上运行。我们还不知道它的轨道的偏心率，这偏心率很可能接近木卫3与术卫4的轨道偏心率，因为由于这些卫星的相互作用，它们轨道的偏心率是有相互影响的，不过愈远的轨道，偏心率愈小而已。木卫1唯一可以使人觉察的差数是以木卫1的平黄经减去木卫2的平黄经的2倍为角引数的差数，它在木卫1食的周期里造成周期为437.659日的那个差数，这是我用于计算木卫的质量的数据之一。因其只由木卫2的作用而来，所以由这差数可相当精确地决定木卫2的质量。

人们曾利用木卫1的食[②]以求光的速度，以后更由光行差的现象，得到更好的认识。我认为木卫1的理论今天已经相当完善，而且它的食的观测已经很多，由这些讨论所决定的光行差的数值比由直接观测所决定的精度应该更高。由于我的请求，德朗布尔做了这个工作，求得光行差之值为20″.3[③]，与布拉德累由观测求得的数字完全符合。由如此不同的方法所求得的结果之间竟有如此好的符合是令人满意的。由此符合得知包含在地球轨道内的整个空间里光线的传播是匀速的。事实上，由光行差所给出的光速是光在地球轨道周界上的速度，这速度与地球运动的速度组合造成光行差现象。由木卫食求得的光速是据光越过地球的轨道所用的时间而决定的，由于这两个速度相同，可见光速在地球轨道直径的整个范围里是均匀的。由木卫食亦得到包含在木星轨道的空间里光的传播是匀速的，因为由于这个轨道的偏心率，其向径变化对于木卫食应有相当大的影响，而且木卫食的讨论已经证明这效应是和光的匀速运动精确相符的。

假使光是发光粒子的散射，因光线以等速传播，这些粒子便须为同一种力所抛出，而且其运动并不为其他物体的引力所延迟。假使光是一种弹性流体的振动，则其匀速性须使这流体的密度在行星系的范围内与其弹力成正比。如果将光看作是发光微粒的散射，星的光行差与光线由一种介质进入他种介质的折射现象便极简单地得到解释，因而光的微粒假说至少是很可能的。

木卫2的轨道在木星的赤道与其轨道之间、经过这两个平面之交点的一个固定平面上，以不变的交角匀速移动，这固定平面与这赤道交角是65″。木卫2的轨道与这固定平面的交角为1669″.3，其交点在这个平面上有一逆行的回归运动，周期为29.9142年，这周期是我用以决定卫星质量的数据之一。木卫2轨道的偏心率不能由观测求得，它可能和木卫3与木卫4的轨道偏心率相近。木卫2的两个主要差数同木卫1与木卫3的作用有关；头3颗木卫的黄经之间的关系，总是将这些差数组合为单一的差数，这差数在木卫食循环中的周期为437.659日，而且这差数的数值是我用以决定木卫的质量的第三个数据。

木卫3的轨道在经过木星的赤道与轨道之间，通过这两个平面交点的一个固定平面上，以不变的交角做匀速的移动，这固定平面与木星的赤道的交角为302″。木卫3的轨道与这固定平面的交角为730″，其交点在这平面上有一逆行的回归运动，其周期为141.739年。从前天文学家曾假设头3颗木卫的轨道还在木星的赤道面上移动，但是由木卫3的食比由其他两木卫之食所得出的木星的赤道与轨道的交角要小一些。这差数(他们不知道其原因)是由于这些木卫的轨道并非以不变的交角在赤道上移动，而在不同的平面上移动，距离木星愈远的卫星，交角愈大。前章讲过月球提供一个类似的结果，月球运动在黄纬上的差数即由此而来，由这差数算出的地球扁率可能比子午线上的弧度测量所得数值更精确。

木卫3轨道的偏心率表现一些奇特反常的现象，我据理论找到它们的原因。这些反常现象同两个不同的中心差有关。一个属于木卫3的轨道，与恒星年运动为9399″的近木点有关，另一个可以当作是由木卫4的中心差的表现，与木卫4的近木点有关。这差数是我用以决定木卫的质量的一个数据。这两个中心差组合成为一个变化的中心差，与一个运动不均匀的近木点有关。这两个中心差于 1682 年重合而相加，其和高达 796″.4，1777 年它们彼此抵消，其差不过 307″.5。瓦经亭（Wargentin）曾试以两个中心差表达这些变化，却不能将其中之一认为与木卫 4 的近木点有关；他的假设因受到观测的限制而被放弃，于是他更提出变化的中心差的假说，并且他用观测决定了这些变化，由此推出的结果与以上所说的很相近。

最后，木卫 4 的轨道以不变的交角均匀地移动在与木星的赤道相交成 1444″的一个固定平面上，而这平面通过木星的赤道与轨道之间的交点线，木卫 4 的轨道与这固定平面的交角为 898″，其轨道与这固定平面的交点有一逆行的同归运动，周期为 531 年。由于这一运动，木卫 4 的轨道与木星的轨道的交角不断地变化。前世纪中（即 17 世纪 50 年代），这交角达到其极小值（约为 2°.4），差不多固定不变，自 1680 年至 1760 年间，木卫 4 轨道与木星轨道的交点有大约 4′.3 的周年顺行运动。观测表现的这一情况，为天文学家长期利用以编制木卫 4 的有成效的星历表；这个由给出交角与交点运动的理论得出的结果与天文学家根据木卫食的讨论而得的结果大致相同。但近几年内木卫 4 的轨道交角有显著的增加，若无分析数学的帮助，其规律是不容易知道的。令人惊奇的是，这些观测窥见的奇异现象可以从分析数学的公式推导出来，但这些现象因由几个简单差数综合而成，显得很复杂，因而天文学家不可能发现它们的规律。木卫 4 轨道的偏心率比其他木卫的轨道的偏心率要大得多；其近木点有一个 2579″的周年顺行运动：这是

我用以决定木卫质量的第五个数据。

每个木卫的轨道都稍微干扰其他木卫的运动。我们作参照用的固定平面不是严格地固定的，它们很缓慢地随木星的赤道与轨道而移动，但总经过这两个平面的交线，而且对木星赤道面的交角虽然是变化的，但它们与木星轨道面和赤道面间的交角之间保持一定的比例。

以上便是木卫理论与木卫食的许多观测比较之后，而得出的主要结果。木卫的阴影在木星圆面上进出的观测，使我们明白这理论的几个根数。这一类观测，天文学家迄今过于忽略，我认为应该引起他们的注意；因为由阴影和木星圆面的内切观测应该比由木卫食的观测决定木卫合日的时刻更加精确。木卫的理论现在已有相当进展，所欠缺的只是由极精密的观测所决定的数据而已，因此必须试验新的观测方法，或者至少在现今所用的方法中应该选择一些最合用的去进行工作。

## 注　释

①木星的 4 颗主要卫星是于 1610 年为伽利略用其所制造的望远镜首先发现的。——译者

②见本书第 117 页注①。——译者

③光行差常数现今公认的数字为 20″.496。——译者

# 第七章　土星与天王星的卫星

土星卫星的观测极其困难，它们的理论也很不完善，以致我们不能够精确地求得它们的公转周期与它们和土星中心的平均距离，因而现今还不能讨论它们的摄动。但它们轨道的位置，表现出一种值得天文学家和数学家注意的现象。头 6 颗土卫的轨道在土星的光环面上，至于第 7 颗卫星的轨道离开光环面远些。自然想到这与土星的作用有关，由于土星的扁率将头 6 颗卫星的轨道与光环维持在其赤道面上，太阳的作用使它们有离开这平面的倾向；但这离开的倾向增长得很迅速，大约与土卫的轨道半径的五次方成正比，故只对于最后一颗土卫，这效应才显著。土卫的轨道亦如木卫的轨道那样运动，即在土星的赤道与轨道之间，通过它们的交线的平面上运动，而且轨道距离土星愈远的卫星与土星的赤道交角愈大。如果根据已经做过的观测，以最后一颗土卫[①]的轨道交角为最大，约为 21°.6；这颗土卫的轨道对于这平面的交角为 15°.26，其轨道交点在这平面上的周年运动为 305″。可是由于这些观测很不确定，以上的结果只是很粗糙的近似值而已。

天王星的卫星我们知道得更少，根据赫歇耳的观测，只知道这些卫星好像都在同一个平面上运动，这平面差不多和天王星的轨道面正交，这显然表示天王星的赤道面也有相似的位置。由数学分析可以知道天王星的扁率加上其卫星的作用，可以将它们的轨道差不多维持在这平面上。这便是我们对天王卫所有的知识，由于其距离远，体积小，许多年以来一直不能作更深入的研究。

## 注　释

①这指以上讲过的土卫 7。土卫 7 于 1848 年为邦德（W. C. Bond, 1789—1859）所发现，可是拉普拉斯已于 1827 年去世，可见这是作者死后编辑人所补写进去的。现在已经发现的土卫有 10 颗之多。——译者

# 第八章 地球与行星的形状及其表面重力的定律

第一篇内讲过，由观测得知地球与行星的形状，现在将那些结果和万有引力的结果加以比较。

行星的重力为其所有分子的引力所组成。假使组成它们的物质是流体，而且没有自转运动，则它们的形态及其各层物质的分布是球形的，而且与中心最接近的物质层最密。表面及其外面任意远处的重力将与其质量完全汇聚于其重心的情形相同，这是一个重要的性质，由于这一性质，太阳、行星、彗星与卫星彼此的作用，差不多同许多质点的相互作用一样。



在远距离处，任何形状物体里，离被吸引点最远的分子的引力与最近的分子的引力合成的总引力，差不多和这些分子全汇聚于这物体的重心的情况相同，而且假使我们将过物体的大小与它和被吸引点的距离之比当作是一阶微量，这结果将精确到二阶微量。物体若是正球形，这便是绝对的精确，对于与正球十分近似的类球体，误差将与其偏心率及其半径和被吸引点间的距离之比的平方的乘积属同阶微量。

正球的引力作用与其质量汇聚于中心时的引力作用相同，这个性质使天体的运动简单化。这性质不只是万有引力定律所独有，也属于与距离成正比的引力定律，而且它只适合于由这两个简单定律所叠加而成的定律。但是在所有使重力在无限远处为零的定律中，只有万有引力定律才使正球体具有这个性质。

按照这条定律，放在到处一样厚的球壳内的物体，其所受球壳各部分的引力相等，因而它静止不动。将这物体放在内外表面相似的椭球壳内而且处于相似的地位，亦将发生相同的情况。假使行星是均匀结构的正球形，其内部的引力将随被吸引物体到其中心的距离的缩短而减少，因为这被吸引物体以外的行星包壳对于它的重力不起什么作用，因此这物体所受到的引力只等于以它和行星中心间的距离为半径的正球的引力，但这引力与这球体内的质量为其半径平方所除之商成正比，而这质量是与这个半径的立方成正比，因此这物体所受的引力与这半径成正比。但行星的球层里，距离中心愈近的物质可能愈密，于是其内层的重力比在均匀结构的情况里按较小的比例减少。

行星的自转运动使其稍偏离正球的形状，由于自转运动所造成的离心力使行星在赤道上膨胀，两极变成扁平。首先讨论这种扁平化在最简单的情况里的效应；即如地球是均匀的流体结构，其引力指向中心且与中心的距离的平方成反比。于是容易证明地球类球体是一个旋转椭球；因为如果设想有两个流体柱在地球中心相通，一柱的一端在椭球的极点，另一柱的一端在其表面的任何一点，这两个流体柱应该彼此平衡。离心力不会改变指向极点的柱体的重量，却会改变另一柱体的重量。离心力在地心为零；在地球的表面上，它与纬度圈的半径成正比，即大约与纬度的余弦成正比，但不是全部离心力都用以去减少地心引力。地心引力与离心力之间的角等于纬度，因此离心力在引力方向上的分量按这个角的余弦与1之比而减弱；故在地球表面上离心力在任一纬度圈上减少引力之量等于赤道上之离心力与纬度的余弦的平方的乘积；于是在这流体柱的长度里，这一减少量的平均值是这乘积的一半，由于离心力是赤道引力的1/289，这一数值便是引力的1/578与纬度的余弦的平力之积。为了得到平衡，这柱体以其长度与其重力的减少量相互抵消，于是这柱体应长于过极点的柱体，其所长之量等于重力的1/578和纬度余弦平方的乘积。因此，从极点到赤道，地球半径的增长量与这个平方数成正比，于是容易断定地球是一个旋转椭球，其极径与赤道径之比为577与578之比。

由此可见，只要重力不变，即使地球内一部分凝固，流体物质的平衡仍然存在。

为了决定地球表面重力变化的规律，我们首先注意到由观测发现任何一处的重力比极点处的重力小，这原因是任何点距离地心比极点远，这一减少率很接近于地球半径的增长率的2倍；因此等于重力的1/289与纬度的余弦的平方的乘积。离心力减少重力之量与此相同；若将这两个原因组合，则从极点到赤道，重力减少之量等于0.00694与纬度的余弦的平方的乘积（若取赤道上的重力为单位）。

第一篇里讲过，由经度圈上弧长的测量求得地球的扁率大于1/578，而且由秒摆长度的测量求得自两极至赤道重力的减少量小于0.00694，而等于0.0054；因此弧度与钟摆的测量皆使我们认识重力绝不会聚于唯一点，这是由果溯因地证实以前所表明的一个事实：即重力是由地球内所有的分子的引力组合而成的效果。

在这情况下，重力的规律随地球类球体的形状而变化，可是地球的形状又随重力的规律而变化。这两个未知量的相互依存关系，使地球形状的研究成为很困难。幸而椭球是正球以外最简单的凹形曲面，它可以满足具有自转运动、而其中的一切分子均按距离的平方成反比而相互吸引的流体物质的平衡。牛顿满足于这样假设并根据这个假说与地球是均匀结构的假说，而得到地球的极轴与赤道轴之比为 229：230。

容易由此求得重力在地球上变化的规律。为此，考虑从一个在平衡态的均匀流体的中心到其表面所引的同一半径上的各点。所有相似的椭球层中有一层经过这半径上的某一点，其外边的球层里的物质对于这一点的引力作用为零，它所受到的引力的合力完全由于与整个类球体相似而其表面经过这一点的椭球体内物质的引力而来。这两个类球体的相似的而且放在相似位置上的分子分别吸引这点和外表面与之对应之点，其引力大小与质量为距离之平方所除之商成正比，因两个类球体的质量之比等于相似的半径的立方之比，而距离的平方之比等于同半径的平方之比，因此相似的分子的引力与这些半径成正比，于是两个类球体的全部引力有相同的比例，而且它们的方向是平行的。我们所讨论的两点的离心力也和这些半径成正比，因此所有这些力合成的它们的重力，与它们到流体物质的中心的距离成正比。

若有两个会于中心的流体柱，一柱到极点，另一柱到表面上的任何一点，容易了解如果类球体的扁度很小，重力在这些柱上的分量差不多和总重力相同；将两柱的长度分为和它们成正比的等数的无限小部分，则对应的部分的重量之间的比等于柱长与其在表

面的末端之点上的重力的乘积之比，于是这两个流体柱的全部重量亦有相同的比例。为了得到平衡，这两个重量应该相等；表面上的重力因而与柱长成反比。赤道半径大于极半径的 1/230，因此，极点处的重力大于赤道上的重力的 1/230。

以上是假设椭圆形满足均匀流体质量的平衡，这是马克洛林(Maclaurin)用一个巧妙的方法得到的证明，由此得知平衡是严格的可能，而且若设类球体的扁度很小，则椭率等于赤道上的离心力与重力之比的 5/4。

两个不同的平衡状态可有相同的自转运动；但平衡不能对于一切运动存在。平衡态里的均匀流体(其密度等于地球的平均密度)的最短的自转周期为 0.1009 日，而这极限值同密度的平方根成反比。当自转的速度增加时，流体质量在两极成为扁平，于是它的自转周期变短，而落入适合于平衡态的极限里。在许多次振荡以后，由于流体的摩擦与所受到的阻力，它便固定在这状态里，而这状态只有一个，为初始运动所决定，且无论分子的初始力怎样，对于由流体物质的重心所引的轴，如它们的力矩在初始时为极大，则这轴便成为自转轴。

以上的结果提供一个简单的方法去校核地球是均匀结构的假说。由于经度圈上测量的弧度的不规则性，推出的地球的扁率很不确定，因而不能辨别这假说所要求的是否差不多得到满足；但是由赤道到两极，重力相当有规则的增大，可以使我们明了这个问题，设以赤道上的重力为单位，在地球是均匀结构的情况里，极点的重力便会增加 0.00435；可是由钟摆的观测，这增长值为 0.0054；可见地球绝不是均匀的结构。于是很自然地认为地层的密度，由表面至中心逐渐增大，为了说明海水平衡的稳定，必须设海水的密度比地球的平均密度小；否则海水为风与其他原因所扰乱时，便会时常离开它的界限而淹没了大陆。

地球是均匀结构的假说既为观测所否定之后，为了决定地球的形状，便须假设海水覆盖着一个核，而该核各层的密度，由中心到表面逐渐变小。克勒罗在其名著《地球的形状》里证明：若设地球的表面和内核各层皆是椭球形，平衡也是可能的。在关于这些壳层的密度与椭率的规律最似真的假说下，所求得的地球扁率比地球在均匀结构的情况下要小一些，而比在重力会聚于单独一个点的情况下要大一些，由赤道至两极重力的增长值，比第一情况大，而比第二情况小。但在重力的总增长量（以赤道上的重力为单位）和地球的椭率之间，有一个显著的关系，即在为海水所覆盖着的地核结构的一切假说里，整个地球的椭率比在均匀结构情况里的椭率小的数量，正如重力的总增长量比在均匀结构里的总增长量大的数量，反过来也是这样；因此这增长量之和与椭率之和常相同，而且等于离心力与赤道上的重力之比的 5/2，对地球而言这便是 1/115.2。

因此假设地球类球体的各层形状呈椭球，从两极到赤道，半径增长和重力与经度圈上弧度的减少都与纬度的余弦的平方成正比，它们和地球椭率的关系是半径的总增长量等于椭率，弧度的总减少量等于椭率乘赤道上的弧度的 3 倍，重力的总增长量等于赤道上的重力同 1/115.2 减去这椭率之差的乘积。因此我们用弧度的测量或钟摆的观测，便可决定地球的椭率。由这观测的总和得出由赤道到两极，重力的增长量为 0.0054；从 1/115.2 减去这个量便得地球的扁率为1/304.8。假设椭球状的假设是自然界里的情况，这扁率应符合弧度的测量，但相反，这测量里有相当大的误差，再加上将所有的观测归算到同一椭圆经度圈的困难，由此推出的地球的形状，好像比我们原来所设想的还更复杂。如果更考虑到海洋深度的起伏，大陆的高低不平，伸出海面的岛屿和高出陆地的山岳以及我们这个行星表面上水和各种物质密度的大有差异，这是不足为奇的。

为了将地球与行星的形状包罗在最普遍的理论内，便应定出与正球很接近，而以形状与密度按某些规律变化的层次所组成的类球体的引力；还应决定其形状须适合于其表面所分布的流体得到平衡；因为我们应该设想行星亦如地球，表面盖有平衡态的流体；否则它们便会成为无一定的形状。德朗布尔为此发明了一个很巧妙的方法，可用于大多数情形；但这方法却缺少简便性，而在复杂且很用得着这方法的研究中，我们却希望有这种简便性。从表达类球体引力的一个卓绝的偏微分方程式，我不用积分法而只用微分法，推导出了关于类球体的半径，类球体对于在其内层、表面或外部的任一点的引力，类球体表面所覆盖的流体的平衡条件，这些流体表面上的重力的规律和弧度的变化等的普遍表达式。这一切量都以很简单的关系相联系，于是得出一个方法容易用以校核为了表示观测到的重力的变化或经度圈上弧度的测量所作的各种假说。例如布盖为了表达在北欧拉坡尼地区与法国和赤道上所作的弧度测量的结果，曾假设地球是一个旋转椭球体，它的经度圈上的弧度从赤道到两极的增长量，与纬度的正弦的四次方成正比，可是人们发觉这假设不能符合由赤道到泊洛(Pello)地方的重力

增量，按照观测这增量等于总重力的 45/10000，而由这假设所推出的只是 27/10000。

设有一团流体具有旋转运动，而为不同密度的流体物质所组成，其中的一切分子彼此按与质量成正比和距离平方成反比的定律而吸引，刚才所说的这些表达式给予定出这团平衡状态的流体形状问题以直接而普遍的解。勒让德[①]在物质是均匀的结构的假设下，用很巧妙的分析法，已解决了这个问题。对于普遍的情形，流体必然取回转椭球体的形状，其各层皆呈椭球状而由中心至表面密度逐渐减小，椭率则逐渐增大。整个椭球体的扁率的极限是离心力与赤道重力之比的 5/4 与 1/2，前一极限值是对应于均匀物质的情形，后一极限值是对应于同中心无限接近的各层内的物质有无限大的密度，即类球体的整个质量可以设想其会聚于这一点的情形。在后一情形，重力指向单独一点且与距离平方成反比，因此地球的形状是以上我们所决定的那一种，但在普通的情形里，重力所指的方向线，自类球体的中心至表面是一条曲线，其每一单元与其所穿过的壳层正交。

刚才所说的数学分析假设类球体的地面全部覆盖着海水，但是，事实上地球面上有相当大一部分是陆地，这种数学分析的研究虽然具有普遍性，但表达自然界的情况却不确切，因此必须修改地球是全部淹没于流体的假说下所得到的结果。事实上，地球形状的数学理论有更多的困难；但是分析数学，特别是在这一方面的分析数学的进步，提供了克服这些困难，而将实际的陆地和海洋一并加以考虑的方法。这样，与自然界的实际情况相近以后，我们便明了博物学与地质学向我们提供的几种重要现象的原因，于是将这两门科学和宇宙体系的理论联系起来，使它们得到发展。以下是我据分析数学得到的主要结果。其中最有兴趣的是下面的一个定理，它肯定地说明类球体的地球不是均匀的结构。

如果从类球体的地面上任何一点所观测到的秒摆的长度上，加上这长度与这一点在海面上由气压计测得的高度的一半的乘积被极轴之半除之所得商，假设地球在不太深层下的密度不变，这修正后的长度从赤道以至两极的增量，将是赤道上的这长度与纬度的正弦的平方及离心力与赤道上重力之比的5/4(即43/10000)的乘积。

我从表达近似正球的均匀类球体表面的一阶微分方程式导出的这个定理，不管海水的密度怎样，和它覆盖地球表面部分的多寡，是普遍正确的。可注意的是，这推理对于不能预知的地球的类球形状和海洋的形状并没有作任何假设。

在两半球所作的钟摆实验都一致地给予纬度的正弦的平方之项一个大于赤道上秒摆长度的43/10000(很接近于54/10000)的系数。因此地球内部绝不是均匀的结构，这已经很好地为实验所证明。而且与分析数学的研究比较，我们明了地球的密度从表面到中心增大。

由观测得到的秒摆长度按纬度的正弦的平方而变化的规律，证明地球内部的层次围绕地球重心作有规律的分布，而且这些层次的形状差不多是回转椭球。

地球类球体的椭率可由经度圈上的弧度测量来决定。由所作的不同测量两相比较，所得的椭率有差异，因此弧度的变化不是严格地遵守重力按纬度的正弦的平方变化的规律。这是由于经度圈上弧度与密接半径的表达式里含有地球半径的二次微分，然而重力表达式里只含这个半径的一次微分，且地球半径与椭圆半径的微小离差由逐次微分而增大。但是，比较距离远的弧度，如法国与赤道附近的两段弧，它们之间的差异上的反常应不显著，且由这一比较求得地球类球体的椭率等于 1/308。

求这椭率还有一个更确切的方法，即以前所讲过的，将由地球的扁率所产生的月球运行上的两个差数，一个在黄经上的差数，另一个在黄纬上的差数的大量观测相比较而求得这个椭率。由这两个差数求得的结果彼此符合，因而求得地球类球体的扁率为 1/305，这结果值得注意的是，由这两个差数分别推出的如上所说的结果，与由法国和赤道上弧度测量的比较所得的结果相差很少。

海水的密度差不多只是地球的平均密度的 1/5，因此海水对于弧度与重力的变化以及对于刚才所说的月球的两个差数的影响应是很小的。由于我们发现海洋的平均深度浅，因而它的影响还应减少。假设地面上原来没有海洋，后来为流体所覆盖而得到平衡，可从离心力与赤道上重力之比的 5/2，减去秒摆长度的表达式里，由实验得出的纬度的正弦平方项的系数，便得到地球的椭率(取赤道上秒摆长度为单位)。如果不计入海水对于重力变化的微小影响，由这方法求得的地球类球体的扁率为 1/304.8。这数字与由地面的弧度测量和月球运动的差数所求得的扁率相差很少，这说明类球体的表面，假使是流体的，很接近处于平衡的表面。由于这个结果与地面上还有未被水淹的辽阔的大陆，可见海洋并不深且它的平均深度与大陆及露出海面的岛屿的平均高度(不及 1000 米)同数量级。因此这深度是赤道半径与极半径之差(约

20000 米)的一个小的分数。但是,大陆上某些地方亦有很高的山,海盆里也有很深的渊。可是我们可以设想海洋的深度不及山岳的高度,河水的沉淀与海水里所挟带的海洋生物遗骸,经过长期的积累,应将海渊填满[②]。

这结果对于博物学与地质学都属重要。我们不能怀疑海洋曾经淹没过大部分陆地,现今陆地上还留下无可辩驳的海洋的痕迹。昔日的岛屿与大陆的一部分曾经陆续陷落沉没于海盆之中,继而海盆的陷落又使它们露出水面,这一切都很明白地表现在现今大陆表面与地层所显示出的各种现象里。为了解释这些陷落的存在,只须设想类似于历史上所载的地层断裂的原因,曾在更大的规模上发生过。一部分海盆陷落使另一部分海盆突出水面,愈浅之处暴露的区域愈广。虽然大陆可以露出于海洋之上,但类球体的地形却无多大改变。地球表面虽变为流体而其整个形状改变很少,这个特性需要海平面的降低,只是极轴与赤道轴之差的一个小分数。建立于两极在地面有相当大的移动的一切假说都不能成立,因为这是和我刚才所说的那个特性不相容的。有人为了解释在北方寒冷地区现今的大象不能生活之处发现大量的毛象的化石,而认为地极曾有相当大的移动。但是人们认为在最近一次地质灾变中埋葬在冰堆里,现今掘出其肉与皮毛尚保存完好的古象是能生活于北方冰雪之区的动物。这种动物的发现只足以证实地球形状的数学理论所表明的事实,即地质的灾变虽然改变了地貌,毁灭了一些动物与植物,但地球的类球形与其自转轴在地面的位置的改变却异常之小。

现在要问:使类球体的地球形成椭球状的地层,且由地面至地

心密度增大的原因安在？为什么地层在作为公共重心的地心周围成为有规则分布？假使地球原来是流体的，为什么它的表面总是和原始的形状相差很少？假使造成地球的各种物质，由于高温原来是液态的，最密的便应流向地心；各种物质形成椭球层，而使其表面处于平衡态。当凝固时这些壳层的形状改变很少，于是地球表现出刚才所说过的现象。这问题曾经数学家多次讨论。但是所谓均匀结构的地球，就化学的意义言，即其内部只含一种物质，也可能表现这些现象；事实上上层的巨大重量可以大量增加下层的密度。直至现时，数学家还没有将形成地球的物质的压缩性引进地球形状的研究里去，虽然丹尼尔·贝努里在其论海水的涨落的文章里，曾经提到地球各层的密度增大的这个原因。我在《天体力学》的第十一篇里对于这问题所用的分析数学，使我明白只须假设形成地球的物质仅有一种，便可满足已知的一切现象。由于压缩造成这些物质层的密度的规律还不明白，我们只能对它作一些假说。

我们知道，如果温度不变，气体的密度与它所受的压强成正比而增加。但是这定律不适用于液体与固体；这两个状态的物质愈受压缩愈能抗拒压缩。这是实验所表明的事实，因此压力的微分与密度的微分之商，不是像在气体物质里为常数，而是随密度而增加。这个微商如果是变化的，其最简单的表达式是密度与一个常数的乘积。我便采取了这个规律，因为它综合了两个优点：它可将我们所知道的物体的压缩性表达为最简单的形式，并且最便于研究地球形状的计算；我作这计算的目的只是想证明以这个方式去看地球的结构，至少在原始的地球是流体的假设下，也许可能和这结构有关的一切现象相合。在固体物质的情形，分子的附着性极度减少它们的压缩性，假使原始的物质是分离的，这便阻止整个物质团取得像流体物质所具有的有规则形状。因此，有关地球结构的这一假说，亦如其他假说，地球原始的流动性必然为重力与地球表面形状的有规则性所表现出来。

整个天文学建立在地球自转轴在地面的固定性与其自转速度的均匀性上面。地球绕轴自转的周期是测量时间的标准；因此认识一切可能扰动这个要素的原因至关重要。地轴绕黄道的极点旋转；自望远镜用作天文仪器以来，才有方法精密地测定地面纬度，在这些地面纬度里还没有认识出有不属于观测误差的任何变化，这说明地球的自转轴自那时以来差不多常对应于地面相同的一点，因此地轴是不变的[③]。多年以来数学家便知道刚体运动里有类似这样的轴存在。我们知道每个物体有三个互相正交的主轴，物体可以围绕它们作等速旋转，而自转轴保持不变的方向。但像地球这样一部分盖有流体的物体是否还有这个特性呢？于是流体平衡的条件加上旋转主轴的条件，当旋转轴受到改变之时，它便会改变地面的形状。因此，需要知道的是：在一切可能的改变里，是否有一个轴能使自转轴与流体的平衡都不改变？分析数学证明，如果在通过与地球重心的很接近处作一个固定的轴，地球可以围绕它自由旋转，海水常可能在地面保持不变的平衡状态。为了决定这种平衡状态，我在《天体力学》的第十一篇里，提出一个近似的方法，它按照海水的密度与地球的平均密度之比的乘方而排列，由于这个比值只是 1/5，使这近似值迅速收敛。海洋深度与海岸线的不规则性不能使我们得到这个近似值。但只须认识确有海洋平

衡态存在的可能性便可。由于旋转固定轴的位置是任意的，我们自然想到在这位置上可能发生的一切改变之中的有一个位置，在它的情况里，使得通过海洋与它所覆盖的地球的公共重心的轴（由于这流体在平衡和凝固的状态里），成为地球类球体与海洋的组合体的旋转主轴，由此可见使质量凝固而失却流动性时，这个轴总是整个地球的不变轴。我据分析数学证明这样一个轴的存在常是可能的，我提出决定这个位置的方程式。将这些方程式应用于海洋覆盖在整个类球体上的情形，我便推出下面的定理：

假设类球体的地每层的密度减去海水的密度，再设通过这假想的类球体的重心有一个旋转主轴，由于海洋在平衡态里，若使地球围绕这个轴旋转，它便是整个地球的一个旋转主轴，其重心便是这假想的类球体的重心。

因此，覆盖地球类球体的一部分的海洋，不但不使主轴的存在为不可能，而且由于海水的流动性与其振荡的阻抗性，海洋使地球常处于永恒的平衡态里，即使有其他原因来扰乱它。

假使海洋的深度足以覆盖地球类球体的表面，假设它依次围绕刚才所说的假想的类球体的三个主轴旋转，则每个轴便会是整个地球的主轴。但是旋转轴的稳定情况，如在固体那样，只对于转动惯量为极大值与极小值的两个主轴，才能存在。可是固体与地球之间有这样一个区别，即改变了旋转轴时，固体并不变形，而海面却因此而成为另一种形态。将这假想的类球体依次围绕这三个轴以相同的角速度旋转时，这表面呈现的三个形态有很简单的关系，由我的分析得出对应于地球椭球体的表面上相同的一点，这三个海面的半径的平均值等于海水平衡在这个类球体上且没有旋转运动时的海面的半径。

我在《天体力学》第五篇里讨论了地球的内在因素，诸如火山、地震、风和洋流等对于地球自转周期的影响，我据面积定律说明这影响小到不能觉察，为了造成可以觉察的效应，应使相当多的物质转移很远的距离，这是有史以来未曾发生过的事件。但有一个大家还没有考虑过的改变日长的内因，由于其重要性，值得提出加以特别的讨论。这便是地球内部的热量。据现象使我们假设整个地球原来是流体的，它的体积逐渐随温度降低而变小；它的旋转角速度因而逐渐增大，而且继续增加直至地球达到它所在的空间的平均温度的常态为止。为了对于角速度的增长量有一个正确的概念，假想在一个具有给定温度的空间里，有一个均匀结构的物质球，围绕它的轴每日旋转一周。假使将这个球搬移到温度低 1℃ 的另一个空间里去，如果它的旋转不为介质的阻力与摩擦所改变，它的体积将随温度降低而变小，经过长时期当它终于达到新的空间里的温度时，我假设它的半径将减少其原来的 1/100000，这是从玻璃球推算出的结果，我认为这和地球的情形相似。我们所作过的实验里没有查出热有重量，它如光一样，不使物体的质量发生显著变化；因此在新的空间里以下两个量可能与在第一个空间里的情况相同：即球体的质量与在一定时间内每个分子所描绘的面积在其赤道面上的投影的总和。这些分子将接近地球中心的距离为其原来的中心距离的 1/100000。因分子在赤道面上所扫过的面积与这距离的平方成正比，所以如果旋转的角速度不增加时，这面积大约减少原来的 1/50000。因此，为了使一定时间内这些面积的总和保持常量，这速度应增加，因而旋转周期减少其原来的

1/50000；这便是球体旋转周期最终减少之量。但是达到最终态以前，球体的温度不断地降低，而在中心比表面降低更缓，因此由这减少量的观测与热的理论的比较，可以决定球体被搬移到新的空间里的时间。地球的情况可能是这样的。这是由于深层矿井里所作的热量观测而得的结论，这表明进入地球内部愈深，热量愈有显著的增加。由观测而得的热量的平均增率为每深入 32 米增高 1℃；但据很多观测才能确切决定这数值，而且在不同的气候里，这增长量是不同的④。

为了使地球的旋转加速，应该知道从地心到地面热量减少的规律。我在《天体力学》第十一篇里，对于原初以某种方式致热而且更受到外来致热作用的球体做过这样的研究。我刊布这个规律于 1819 年的《法国天文年历》之中，波瓦松以一种广博的分析，证实了这个规律，而把它表达为一个无穷级数，这级数里所含的因子是依次比 1 小的常数，而其指数与时间成正比而增加。因此时间增长后，后面的一些项逐渐消失，于是在达到最终温度以前，使球体内部温度增长之项里，只有一项才有显著的效果。我曾假设地球可以达到这个情况，但是它现在还距离这情况很远。我只想在这里简略地谈谈地热的减少对于一日长短的影响，我采用了这个假说，因而断定自转速度的增加。为了以数字表示这个速度的增长量，应先决定两个任意常数的数值，一个是地球的导热系数，另一个是它表层的温度高于外围空间的温度的度数。利用各深层热量的周年变化，以决定前一个常数，为此我使用德·索绪尔（De Saussure）在他的《阿尔卑斯山旅行记》1422 号里公布的实验。在这些实验中，地球的热量的年变化在 9.6 米深处减少为其表面的

1/12。跟着，我假设在我们的矿井里每深入 32 米，温度增高 1℃，而地壳的膨胀系数对于温度每增 1℃ 为 1/100000。根据这些数据，我求得这两千年来，一日的长短没有增加百分制的 1 秒的 1/200⑤，这主要是由地球半径长度的变化而来。

以上假设地球是均匀的结构，事实上自表面至中心地层的密度无疑是逐渐增大的。但是我们在这里应该注意：假设在两个物体相对应的部分里热量与导热率均相同，则热量与其运动在非均匀结构的物质里，也是一样的。因此，物质可以当作是热的传导体，不同密度的物质可能有相同的导热率。可见，这热传导作用不是一种与分子质量有关的动力学性质，它只与物质的分子量有关。对于地热在日子长短上的效应有了这个看法之后，我们可将关于均匀结构的地球的热量的数据，推广到不均匀结构的地球。由此我们求得地层密度的增加，减少热量对于日子长短的效应，这效应自喜帕恰斯以来没有使一日增长 1/300 秒⑥。

方程式里表达地球内部热量增长之项现在并未使地面的平均温度增高(1/5)℃。因此虽然经过漫长的年代，只要太阳的热量与其对于地球的距离不发生显著的变化，这个增长量就接近于无，不致使地面现有的生物消灭。

此外，我绝不认为以上的假说符合自然界的情况，况且刚才所说的两个常数的观测值随土壤的性质而不同；而且，不同的地区的土壤的导热率亦有差异。但是我刚才所提出的概念足以使我们明白由地热所观测到的现象可以和我由月球运动长期差的理论与古代月食观测的比较而推出的结果相合，即自喜帕恰斯以来，日子的长短没有变化 0.01 秒⑦。

那么，地球的平均密度与地面某一物质的密度之比是多少呢？山的吸引力对于钟摆的振动周期和铅垂线方向的效应，引导我们解决这个有趣的问题。事实上，即使最高的山，同地球相比也算是很小的；但是我们能够很靠近它的作用的中心，再加以现代观测的精度，应使我们查出其效应。秘鲁的一些高山适宜于做这个工作；布盖到那里去测量赤道带经度圈上的弧长时，没有忽视作这个重要观测。由于这些山是中空的火山，它们的引力所造成的效应比我们由其庞大的体积所期待的效应要小得多。可是这效应虽小却可以测量；在匹兴沙（Pichincha）山峰上，重力的减少量，据理论计算假使没有山的引力时为 0.00149，而实际观测到的只是 0.00118；由另一座山的作用，使铅垂线偏离的效应超过 $4''.3$。以后马斯克利恩利用苏格兰的一座山，特别仔细地做了相似的测量，他所得到的结果是，地球的平均密度约为这座山的密度的 2 倍，即水的密度的 4～5 倍。这类奇特的观测值得对于某些已知其内部结构的山岭重复做许多次。卡文迪许[8]利用两个大直径的金属球的引力决定了这个密度，他所采用的极其巧妙的方法，使其能够查出这样微小的效应。由他的实验得出的结果是地球的平均密度与水的密度之比很接近 11∶2[9]。这个比值和上述数值如同人们所期望于这样细致的观测与实验的结果一样符合。

本章结束以前，我还要讨论一下海平面的定义与将观测归算到海平面的方法。假想地球周围有一圈很稀薄而到处一样密的流体，距离地面不高但却盖过最高的山岭；这很接近于我们的大气减小到其平均密度时的情况。分析数学使我们明白海洋与这流体圈两个表面之间相对应之点相隔一样的间距。假想将海面延伸到陆地和流体圈的下面，使得这两个表面总是相隔这样的间距，这便是我所说的海平面。由弧度测量得到的正是这两个表面的椭率，这也正是假想的流体表面的重力变化，加上这表面的椭率后，其和不变，等于离心力与赤道上重力之比的 5/2。因此就是对于这个表面或对于刚才所说的延伸的海面，才是大陆上的弧度与钟摆测量所应参照的表面。可是我们容易证明从大陆上的一点到假想的流体表面对应之点，若到海面之斜度不大时，重力只按这两点间的距离才有可以察觉的变化。因此将秒摆长度归算到海平面之时，我们只应考虑刚才所规定的海平面之上的高度。为了使人容易理解我用分析数学对某一情形计算的结果[10]，假想地球是一个回转椭球，其上面一部分覆盖有海水，海水的密度可以假设比地球的平均密度小得很多。如果地球类球体的椭率比对应于假想为流体的表面处于平衡态的椭率要小，则海水将覆盖赤道直至某一纬度地带。在大陆上所测量的弧度更加上它和假想的流体表面之间的距离按一定的比例而增加(如将地球的半径取为单位)，它们将是我们在这表面上所测量的弧度。按这比值的 2 倍而减少的秒摆长度，将是我们在这表面上所测量得的长度，且由弧度测量所定的椭率将与极点重力与赤道重力之差减去离心力与赤道重力之比的 5/2 而得的结果相同(将赤道上的重力取为单位)。

将以上的理论应用于木星。由木星的自转而来的离心力，大约等于其赤道重力的 1/12(这至少是采用本书第二篇里木卫 4 对木星中心的距离所算出之值)。假使木星是均匀的结构，则将其短轴(取为单位)加上以上的分数(1/12)的 5/4，便得其赤道的直径。因此这两轴之比为 10 ∶ 9.06。据观测这比值是 10 ∶ 9.43；因此木星不是均匀的结构。假使木星的结构是不均匀的，其密度自中心至表面减少，其椭率应在 1/24～5/48。这椭率的观测值也在这两个值之间，因而证实木星内层是非均匀的结构。更由类比推理，从钟摆的测量和与地球的扁率有关的月球运行的差数所已证实的地球类球体不是均匀的结构，亦使人相信这结果是正确的。

## 注　释

①勒让德(A. M. Legendre，1752—1833)，法国数学家。——译者

②据现今的探测，发现最深的海沟为 11034 米，最高的山峰为 8842 米；海水的平均深度为 3800 米，陆地的平均高度只有 700 米，即海水的平均深度比陆地的平均高度大 5.4 倍。从大陆冲刷入海的沉淀物一般不能达到深海盆地，那里只有软泥，是由浮游生物的骨骼、鲸的耳骨一类的有机物以及由流星物质所形成的，绝不会将海沟填满。这一切都与拉普拉斯所料想的相反。——译者

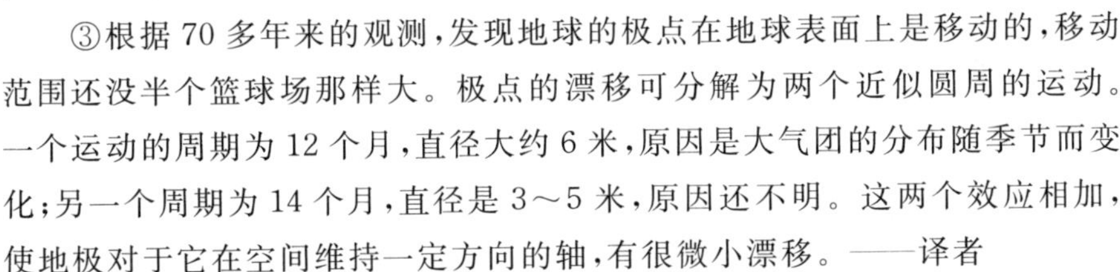

③根据 70 多年来的观测，发现地球的极点在地球表面上是移动的，移动范围还没半个篮球场那样大。极点的漂移可分解为两个近似圆周的运动。一个运动的周期为 12 个月，直径大约 6 米，原因是大气团的分布随季节而变化；另一个周期为 14 个月，直径是 3～5 米，原因还不明。这两个效应相加，使地极对于它在空间维持一定方向的轴，有很微小漂移。——译者

④假想在大平原下面深约 3000 米处有一大水池，常为雨水所贮满。雨水流到那里，由于地热达到沸腾的温度。再设由于附近水柱压力或由于水池里升起的蒸汽，热水复升起而到这平原的低处流出地面。这样便形成一股热水的源泉，中间溶有水通过的地层里的物质，这便是温泉形成的一个解释。

⑤以现今计时制计算，这数字应是 0.00288 秒。——译者

⑥使地球自转周期发生变化的主要原因不是如本书作者所认为的地热外散，而是由于海洋和大陆上的潮汐对于地球的一种抑制或摩擦作用。见本书第 224 页注⑤。——译者

⑦以现今计时制计算，这数字应是 0.0086 秒。——译者

⑧卡文迪许(Henry Cavendish,1731—1810),英国物理学家,1798 年曾用扭秤做实验,测定引力常数和地球的平均密度。——译者

⑨11∶2 = 5.55,这个数字与现今采用的地球的平均密度 5.52 很接近。——译者

⑩见《天体力学》的第十一篇。

# 第九章　土星光环的形状

本书第一篇里讲过，土星的光环是两个很薄的同心环圈所形成的①。

这些光环究竟由什么机制所维系而存在于土星周围的呢？它们的存在不可能是由于它们的分子之间简单的附着作用；因为光环邻近土星的部分受到土星的引力作用，终究会脱离光环，光环遭到逐渐的损耗而终于毁灭，自然界里的一切事物，凡是没有足够力量以抗拒外因作用的都不免有此下场。原来光环的存在并不是由于额外的力量，而是由于只遵循平衡的定律，因此应当设想它们有围绕垂直于经过土星中心的平面之轴而旋转的运动，于是它们受到的土星的引力为由这旋转运动而来的离心力所抵消，得到平衡而使其存在。

设想有一种结构均匀的流体②以环形分布于土星的周围，试研究这环状物应具何种形态才能因其分子的相互引力，指向土星的重力和它们旋转运动的离心力而得到平衡。假想自土星的中心通过一个与光环正交的平面，这平面与光环的交线我们叫它作生成曲线（或母曲线）。分析数学表明，假使光环的宽度与其到土星的中心的距离相比并不太大，使这些流体得到平衡的可能的条件，需要生成曲线是长轴指向土星中心的椭圆。这光环的旋转周期差不多和在生成椭圆的中心的距离处作圆周运动的土卫的周期相同，这周期对于内环大约是 $4\frac{1}{3}$ 小时。赫歇耳据观测证实了我由引力理论所得到的结果。

假使生成椭圆在光环的范围内其大小与位置都有变化，流体的平衡仍然可以存在，只须这些变化仅在比生成曲线的截面之轴大得多的距离处才显著。因此，可以假想光环各部分的宽狭不等；甚至可以假设其具有双曲率。这些差异为光环的出现与消逝所表明，在这隐现期间，光环的两臂表现不同的现象；为了维持光环平衡于土星周围，这些差异甚至是必需的；因为，假使光环各部分都完全相似，则稍微一点力量，如一颗土卫的引力，便会破坏其平衡，而使光环坠落到土星上去。

因此，土星外围的光环是在其周界各点上由大小不一的固体所形成，这致使它们的重心与它们的形心不在一处。这些重心可以看作是围绕土星中心运行的同等数目的卫星，其所在距离与光环上的差异有关，而且其角速度等于各圈光环的旋转速度[③]。

我们可想象这些光环因其相互作用并由于太阳和土卫的摄动，应围绕土星的中心摆动，因而造成隐现变化的现象，其周期大约为十多年[④]。这些光环由于受到各种不同的力，不应停留在同一平面上，但是由于土星旋转迅速，而其赤道又和光环以及头 6 颗土卫的轨道同在一个平面内，土星的作用将其附属体系维持在这平面上。太阳与土卫 7[⑤] 的作用只是使得土星的赤道面改变位置，因而带动光环及头 6 颗土卫的轨道一道改变它们的位置。

## 注　释

①土星有四圈光环：由外而内，A 环的直径在 276000 与 241000 公里之间；B 环的直径在 233000 与 175000 公里之间；C 环的直径在 175000 与 140000 公里之间。1966 年又发现第四圈光环（D 环）。——译者

②流体是液体和气体的总称，这里似指气体而言。——译者

③17 世纪的天文学家们还把光环当作是一个扁平的连续的固体物，可是根据开普勒定律，距离引力中心（这里便是土星本体）愈远的物体转动的角速度当愈小，光环如果是连续的固体物，便难理解。1859 年英国物理学家麦克斯韦（J. C. Maxwell，1831—1879）根据天体力学证明土星光环不是连续固体物，而是无数的小质点各自环绕土星，像无数的小卫星那样运行。至于从前认为土星光环的半径或宽度有一种长期变化，现已认为是由于以前图画不精确而来。——译者

④光环的表面交替地被太阳照着，北面被照 15 年 9 个月，南面 13 年 8 个月。过二分点时，太阳的光线只掠光环面而过，使它显得薄成一线，人眼便看不见它。在土星的二分日前后，地球通过光环平面，光环消逝不见，因为在这样的透视情况下，那样薄的一层是不会为人觉察的。——译者



⑤直到 1898 年，经人发现的土卫计有 9 颗，1966 年又发现土卫 10。——译者

# 第十章　天体的大气

天体周围依附在它上面的常有稀薄、透明、可以压缩、具有弹性的流体，这叫作它的大气。我们认为每个天体都有这样的大气[①]，太阳和木星上有大气已为观测所表明。距离天体表面愈高处的大气，其中流体愈是稀薄，由于其弹性，受压缩愈少时它膨胀愈大。若使其外层部分亦具有弹性，它便不断地扩展，而终于消散在空间。因此大气里的流体必须比压缩它的重量，按更大的比例而减少，于是其稀薄程度必然达到不具弹性的情况为止。最外一层大气里的流体便应该在这状况之中。

一切大气层在长时期里应该和其所围绕的天体具有相同的旋转角速度，因为各气层间的相互摩擦并和其所隶属的天体的表面摩擦，应使其运动最慢的部分加速，最快的部分减速，一直达到它们全部有相同的角速度为止。在这些改变里，一般言之，在大气受到的一切改变里，天体与其大气分子的质量和它们的向径在赤道面上的射影绕其公共重心旋转所扫过的面积的乘积的总和，在相等的时间内总是相同的。假使有一种原因使大气收缩或其一部分在天体表面凝结，这天体与其大气的旋转便会加速；因为原始大气分子的向径所扫过的面积变得小一些。所有分子的质量与其所扫过的面积的乘积的总和不能永久是常数，除非旋转速度增加。

大气外层的流体只能为其重力所维系，这外层表面的形状将是同离心力与引力的合力相正交的曲面。这大气层在其两极处呈扁平状，在赤道面突出；但这扁率有其极限，在扁率最大的情况里，极轴与赤道轴之比为 2∶3。

赤道面上大气只能延伸到离心力和引力相平衡之处；因为很明显，在这极限以外的气体将消散于空间。对于太阳，这一点其中心的距离等于一个假想的行星的轨道半径，这行星的公转周期等于太阳的自转周期。因此太阳的大气不能达到水星的轨道，而且不能在地球轨道之外造成黄道光[②]。由于太阳大气外层的极轴至少是其赤道轴的 2/3，所以太阳的大气的形状远不如观测到的黄道光那样呈透镜状。

离心力与重力平衡之点，对于旋转愈速的天体，愈接近它的表面。假想大气延伸到这个极限，然后收缩并因冷却而凝结于天体的表面，其旋转速度将变得愈来愈大，且大气最外层不断接近天体。因此大气在赤道面上逐渐逃逸，离心力等于重力的气体带，还继续围绕天体运行，但这一相等情况绝不能发生于远离赤道的大气分子，它们不断地从其所隶属天体逃逸出去。土星的光环很可能是为其最外层的大气所抛弃的气体带。



假使有其他天体围绕我们所讨论的天体运行，或者它围绕另一天体运行，它的大气的极限将是它的离心力加上其他天体的引力恰好和它的重力平衡之点，因此月球大气的极限是由于其自转运动的离心力加上地球的吸引力恰和月球的重力取得平衡之处。由于月球的质量等于地球的质量的 1/75[③]，因此这一点与月球中心间的距离大约是月—地间的距离的 1/9。假使在这距离处，月球的原始大气仍然富有弹性，它将被移向地球，好像地球把它吸过去一般。这可能是月球大气稀薄得不能察觉的原因。

## 注　释

①行星的卫星，除了木卫 3 和土卫 6 表面可能有大气之外，皆没有大气，至于火、木两星间的小行星，由于其质量小，更不会有大气。——译者

②黄道光的成因，现今认为是地球轨道上尘埃质点散射太用光所造成的，也有人说是日冕（即太阳的外层大气）的延长部分。——译者

③现今采用的月球的质量为地球的质量的 1/81.3。——译者

# 第十一章　潮　　汐

牛顿将潮汐和他的万有引力原理联系起来，首先提出潮汐的真实可靠的理论。开普勒早已认识到海水有向太阳和月球的中心流去的倾向，但是由于他不知道这倾向的规律，而且没有掌握计算它的方法，因而他只能对这现象得到一点模糊的概念。伽利略在其《世界体系的对话》里，对于开普勒的意见表示惊奇与惋惜，像开普勒这样的科学家竟将古代占星术的神秘观点介绍到自然哲学里去。伽利略将地球的自转与其围绕太阳的公转的组合，在海水的每个分子的绝对运动上造成的周日变化去解释潮汐现象。他认为他的理论是无可辩驳的正确，且认为是哥白尼日心说的一个主要依据，虽然他为维护这学说遭受到不少的迫害。以后的发现证实了开普勒的观点而驳倒了伽利略的解释，因为它违背了流体平衡与运动的定律。

牛顿的理论于 1687 年发表在其大作《自然哲学的数学原理》上。他将海水看做是与地球的密度相同的流体，覆盖着整个地球，而且这些流体因每一时刻所具有的形状都使它在受太阳的作用下处在平衡之中。跟着他假设这个形状是一个回转椭球，其长轴指向太阳。他从而决定了这椭球的长短两轴之比，所用的方法和他决定扁平的地球由地球旋转运动的离心力造成的两轴之比的方法相同。由于这个为海水做成的椭球的长轴常指向太阳,当太阳在赤道上时,每个海港里最高的水位应出现于中午或子夜,而最低的水位则发生于太阳在地平上升落之时。

试讨论太阳施在海水上的作用,扰乱其平衡的方式。假使太阳施在地球的重心和海水上的作用是等值而平行的,地球类球体与其表面所覆盖的海水做成的整个系统,都因这些力的作用而做共同运动,那么,海水的平衡便不会受到任何扰动;因此海水的平衡,只会因太阳所施的引力既非等值亦不同向而遭到破坏。设想在太阳正下面的地上有一滴海水分子,它将比地心处受到更大的引力;因此这个水分子便有离开地面的倾向,可是它为其重力所维系使这种倾向减小。半天以后,这个海水分子正好位于同太阳相对的地方,于是它受到的引力比地心处小,因此地面有离开它的倾向,但水分子的重力维系着它,因此它的重力仍为太阳的引力所减少,由于日—地间的距离比地球的半径长得多,在以上两个情况里重力减少之量差不多是相同的。将太阳对于海水分子的作用做简单的分解,足以表明太阳对于这些分子在其他位置上扰动它们的平衡的作用力,经过半日之后再复原状。

海水每日涨潮与落潮所遵循的定律可以这样决定:设想有一个垂直圈,其周界代表半日,其直径等于潮幅即高潮和低潮的水位之差;假设这圆周上的弧长(从最低点起算),表示从低潮开始所经历的时间;这些弧长的正矢将是海水在这些时间的高度;因此海水涨时,在等长的时间内覆盖过等长的弧段。

海面愈辽阔,潮汐的现象应该愈显著。一团流体物质里,每个质点受到的外力传递到整个一团里去,因此,太阳的作用施于一个孤独的分子虽是微不足道，但对于海洋却产生异常显著的效应。设想海底有一条弯曲的水道，一端与一条垂直管道相连而伸出海面，更设想将其延长直通太阳的中心。在这管道里的海水因受太阳的直接作用（它使这些分子的重力减少），而且特别由于水道内水分子的压力而升起，这些压力以集体的努力而会聚于太阳的正下面。由于这些无限小的力的积分（总和），使水从管道里升起，高出于海洋的天然水准面；假使水道愈长则这积分之值愈大，因为它伸展到较长的空间，而且两端的水分子所受的力在方向上和大小上都有更大的差异。由此例可见海洋的辽阔度对于潮汐现象的影响，而且可以明白在小的海区里（例如黑海与里海）为什么潮汐的涨落不很显著的道理。

潮汐的大小和局部的地方情况很有关系：在海峡里受到紧缩的海水的波动可以变得相当大，潮水受到海岸的反射还可增加其高度。因此南海许多岛屿里相当小的潮汐，在法国海港里便成为相当高的潮汐。



假使海水覆盖一个回转的椭球面，且设其运动里不受任何阻力，高潮到来的时刻将是太阳上或下中天的时刻，但自然界里的情况并不是这样的，局部的情况使涨潮的时刻，即使对相邻很近的几个海港也大有差异。为对这些变化有一个正确概念，假想有一广阔的水道，一端通向海洋，一端深入内陆，不难想象在海口形成的波动继续溯流而上，致使其表面的形状成为一系列的运动中的波浪，而且连续不断，将会在半日内通过其全部的长度。这些波浪在水道里的每一点按以上的规律造成涨落的现象；但离海口愈远之处，涨潮的时刻愈加推迟。这里所说的水道自然可用于江河，类似以上所说的波浪造成其表面的起伏，虽然这些波浪前进的方向与河流的方向相反。一切江河在其入海处都可观测到这样的波浪；在大河流里它们可以溯流而上到相当远处，例如亚马孙河的波克西斯(Pauxis)隘口，离海洋有800公里远，但潮汐仍很显著①。

月球与太阳的作用相同，在海水上亦造成类似的椭球，但月球的作用较强，这椭球因而比较椭长。由于这两个椭球的偏心率很小，可以假设它们互相重叠，这样，海面的半径是它们的表面的半径之和的一半。

因此产生两类主要的高潮与低潮。朔望两日，日、月所造成海水椭球的长轴互相重叠，在中午与子夜时海水达到最高的水位叫做大潮，同日当太阳与月亮同时在地平上时，落潮最低。在上、下弦时，月球在海水上造成的椭球的长轴与太阳所造成的椭球的短轴重叠；高潮因此发生于两天体之升或落之际，这时高潮最低，称为小潮；落潮发生于中午与子夜之时，其水位是低潮中最高的。因此将日或月的作用表为其在海水上所造成的椭球的两个轴的一半的长短差，这差数和这个作用成正比；我们便明白，假使海港在赤道上，则朔、望日高潮与低潮之差表示日、月的作用之和，且上、下弦时高潮与低潮之差表示这两天体的作用之差。如果海港不在赤道上，便应以纬度的余弦的平方乘这些潮差之数。因此，由朔、望与两弦高低潮汐的水位观测，便可决定月球与太阳的作用之比。牛顿根据英国布里斯托尔港(Bristol)所作的观测，求得这个比值是4.5∶1。因为每个天体的作用与它和地心的距离的立方成反比，所以日、月两天体与地球中心的距离都影响这些效应。

至于从一天到另一天，高潮来时的时差，牛顿由观测查出在朔

望日最小，他认为自朔或望到上或下弦，高潮来时愈来愈迟，在日、月的距角为1/8圆周（即月在日之东45°）时，高潮的时差达到一个太阴日（24时50分），且在弦日时高潮时差为极大，跟着减短，再到以后的1/8圆周（即日在月之东45°）时，它又相差一个太阴日，最后在朔望日时又达到极小值，因此高潮发生的次数与月亮上、下中天的次数相等。

按照牛顿的理论，这便是假使日、月同在地球的赤道面上运动情况下，潮汐的现象。但观测表明大潮绝不出现于朔、望日，而在其后一天半。牛顿认为这是海水振荡运动的迟滞差，即当日和月的作用停止时，由于惯性，这振荡还保持若干时间。但由于日与月的作用所造成的海水振荡的精密理论使我们明了，不附加其他条件，大潮也会发生于朔、望日，小潮会发生于两弦日。可见潮汐的相位的时差不能归诸于牛顿所说的原因，这时差以及每个海港里高潮发生的时刻实在和其他的附加条件有关。这个例子为我们表明我们应当怎样轻视极其貌似真实的观点，如果那个观点还没有经过严格的分析所证实的话。

可是两个互相叠加的椭球体仍可以表示潮汐，只须将太阳引力造成的水椭球的长轴方向对着一个假想的太阳，而这个假太阳和真太阳之间的角距离总是一样。月球引力造成的水椭球的长轴，也对着一个假想的月球，而且它与真月球之间的角距离总是相同，只是这两个假想的天体距真天体于这样一个距离处，使得它们相合的时刻，发生于真朔、望日之后一天半。

若将两个水椭球的观点推广到日、月运动于和赤道平面呈倾斜的轨道上的实际情况去，则理论便不符合观测到的情况。对于赤道上的海港接近大潮时，由这假设算出的早晚两个高潮的水位很接近，不管日月两天体的赤纬怎样；不过每个天体的引力应以其赤纬的余弦的平方与1之比而减少。如果海港不在赤道上，早晚高潮的水位可能相差很大，且当日、月的赤纬等于黄赤交角时，法国布勒斯特港的晚汐比早潮约高8倍。但是根据对这海港的很多观测，那里早潮和晚汐差不多一样高，两者最大差不超过其总和的1/30。牛顿把这两次潮汐水位之所以相差不远，归之于与朔望大潮的时滞差有相同的原因，即海水的振荡运动，将晚汐里一部分流水带到下一次的早潮里去，因而使它们的水位差不多一样高。可是海水的振动理论还表明这解释是不确切的，即使没有其他附加条件，相邻两次高潮只在海洋到处一样深的情况下，才有一样高的水位。

1738年法国科学院将其数学奖的题目定为《潮汐的成因》，1740年将这次奖金送给4篇论文的作者：头3篇论文的基础都建立在万有引力的原则上，得奖人是丹尼尔·贝努里、欧拉与马克洛林。第4篇论文的作者是耶稣会教士卡瓦勒里（Cavalleri），他采用了涡旋系的假说。这是法国科学院给予涡旋论的最后一次荣誉。那时科学院里有不少青年数学家，他们的工作有力地推动了天体力学的进展。

以万有引力定律为基础的3篇论文都发展了牛顿的理论。它们不但依据这个定律，而且还采用了牛顿的假说，即海洋每瞬间的形状是在吸引它的天体作用下而取得平衡的情况。

贝努里的论文含有最长的展开式。他与牛顿相同，将朔、望两弦的大潮和小潮出现的迟滞差，认为是由于海水的惯性，他还认为这时差中一部分可能是同月球的作用达到地球所需的时间有关。可是我却认为万有引力在天体间的传播，其速度即使不是无限大，也超过光速的几百万倍，而且大家知道，月光从月球到地面所用的时间还不到两秒。

达兰贝尔在其《风之一般成因》里，讨论了由于日和月的引力在大气里所造成的振荡，这本书于 1746 年获得普鲁士科学院对于这个问题的奖金。他假设地球没有自转运动（他认为在这里用不着考虑这个事实），并且假设大气到处一样密，而且受到一个静止中的天体的引力，他决定了大气里流体的振荡。但是当他讨论到天体在运动的情形时，问题变得极其困难，为简化计，他便采取一些不可靠的假说，因而其结果很不可靠。由他的公式得出一种由东向西的恒向风，可是其表达式则随大气的初态而不同；但是假使天体所施的作用停止，这些同这状态有关的量，由于大气重建平衡的诸原因而早已不复存在；因此，我们不能解释贸易风（信风）。达兰贝尔的这本著作里有一出色的成就，即用积分法去计算偏微分而解决了某些问题，一年后他更将这计算法幸运地应用于弦的振动问题。

因此，我于 1772 年开始研究覆盖行星表面的流体运动时，它几乎还是一个崭新的题目。利用那时刚发明的偏微分的计算法和流体运动的理论（这两方面达兰贝尔都作出很大的贡献），我于 1775 年在《科学院的论文集》里刊布了为日、月所吸引而覆盖着地球的流体运动的微分方程式。我首先将这些方程式用于达兰贝尔企图解决而未成功的问题，即覆盖着不旋转且是正球形的地球表面的流体的振荡问题，若设施引力的天体围绕这个行星运动。我给出了这问题的通解，不管流体的密度与其初始条件如何，我甚至假设每个流体分子受到与其速度成正比的阻力，这才使我明白运动的初始条件终究会被流体的摩擦与其微弱的黏滞性所取消。但是由于微分方程式的研究，使我很快认识有将地球的旋转运动考虑进去的必要。因此我讨论这运动，且特别留心去决定与初始条件无关、而具有永恒性的流体振荡。这些振荡可以分为三类。第一类与地球的旋转运动无关，不难将其决定。第二类与地球的旋转运动有关，周期约为一日；第三类是周期差不多为半日的振荡所合成的。在法国的海港里，第三类振荡显著超过其他两类。我对于这些不同的振荡都做了计算，所得结果对于一些情况是精确的，但对于其他情况只是收敛很快的近似值。二至日连续两日的高潮差与第二类振荡有关。这种超差在布勒斯特港不很显著，但据牛顿的理论却很显著。这位大数学家与其继承者，如我所说过的，将他们的公式与观测间之差归之于海水的惯性。但分析数学使我看出这超差却同海洋深度的规律有关。因此我寻觅使这差数为零的规律，找到海水的深度应是到处相同。跟着在假设地球的形状是椭球的情况下（这假设同样给予海洋的形状是一个平衡的椭球），我提出了表示第二类振荡的一般公式，由此推出如下的著名命题：即假使海水与地球一起形成为一团固体物质，地轴的运动不变。这便与数学家的意见发生矛盾，特别是同达兰贝尔的意见发生矛盾，他在分点岁差的著作里提出海水的流动性使他排除了在这一现象上的一切影响。我的分析还使我认识海水平衡和稳定的一般条件。数学家讨论椭球体上流体的平衡时，注意到若使这形状稍微变扁，只在海水的密度与椭球体的密度之比小于 5/3 时它才趋向于恢复原状，他们便采取这条件作为流体平衡的稳定条件。但是在这研究里只讨论很接近于平衡态的流体的静止情况还不够，更应该假设这流体有某种很小的初始运动，然后决定这运动总保持在狭窄的范围内的必需条件。从这普遍的观点去处理这个问题，我寻得如果地球的密度大于海水的密度，这流体受某些原因扰乱其平衡态之后，只对于这平衡态偏离很小之量，可是如果这条件没有满足，偏离也可能很大。最后，我还决定了海洋上面大气的振荡，我发现日、月的引力不能造成由东向西的定向流动，像我们所观测到的贸易风那样。大气的振荡在气压计的高度上造成微小的起伏，在赤道上振幅约为半毫米，值得观测者的注意。

以上的研究虽然很有普遍性，但还远不能表达法国各海港的潮汐观测。这些研究里假设地球类球体表面是规则的，而且全部覆盖着海水，但实际上地面很不规则，因而应该对于只盖着地面一部分的水的运动加以相当大的修改。事实上，经验表明还有别的情况对于相距很近的海港里的潮幅与潮时造成相当大的差异。我们还不能计算出这些差异，因为造成它们的原因还不知道，即使知道，其极端复杂性亦难使这问题得到解决[②]。可是在海水运动由于海区情况需要作的许多修改中间，海水的运动和造成它的力之间保持的某些关系，适宜于指出这些力的性质，并检验日月两体对于海水的吸引的规律。这些原因和它们的效果之间的关系的研究，在自然哲学里，无论在验证这些原因是否存在或决定造成它们的效应的规律方面，并不比直接解决问题的用途少；我们常常可以利用这两方面，正如概率计算那样，它可以补偿人们的无知与智慧的不足。对于现在讨论的问题，我的出发点是依据以下的原则，这原则对于其他问题也可能是有用的：

如果物体系统的运动，因其所受的阻力使这运动的初始条件消逝，则这系统的状态，将与作用于这系统的力一样，是周期性的。

据此，我断言假使海水受一种周期力作用，这力为与时间成正比之角的余弦所表达，它便形成一个分潮，亦可表为同样与时间成正比之角的余弦，但在余弦符合之内的常数和这余弦的系数，因附加情况，可能与力之表达式里的同类常数有很大的差异，而且只能由观测去决定。日月两体对于海水作用的表达式可以展开为类似的余弦的收敛级数。由此产生与余弦项数一样多的分潮，由于小振荡可以同时存在的定律，这些分潮一起叠加，以形成我们在海港里所观测到的总潮。我在《天体力学》第四篇里便从这个观点去研究潮汐。为了使分潮里的这些常数产生联系，我将每个分潮当做是赤道面上做匀速运动的一个天体的作用所形成的；周期约为半日的分潮，是由于某些天体的作用，对于地球的旋转运动而言，其本身的运动是很缓慢的，而且表达这些天体之一的作用的余弦之角是地球旋转的倍数加上或减去这天体的运动的倍数，而且如果这两天体的固有运动是相等的话，表达这两天体的分潮的余弦的常数将和表达它们的作用的余弦的常数有相同的比例，我假设这些比值与天体的固有运动之差成正比例而变化。这假设若有错误，它对于我的计算的主要结果，不会造成任何显著的影响。

假使日月两体常在和地球等距离处做匀速运动于其轨道面上，则法国海港潮汐高度的最大变化当是由这两个天体的作用而来。但是，为了得到这些变化的规律，应将观测予以组合致使其他一切变化均从其结果里消去。这便是由朔、望或两弦时高潮超过其前后低潮的高度(在每个二分日或二至日附近取等数的高低潮差)的研究而得的结果。使用这个方法,可将一切与地球旋转无关的分潮,周期约为一日的分潮以及地一日间距离的变化所造成的分潮都消去了。现在讨论连续三个朔望或三个弦日的潮汐,将中间的一次潮汐加倍便消去由于月球距离的变化所产生的分潮,因为如果月球在某月相时过近地点,则他一月相时它差不多过远地点;若所用的观测愈多,则彼此抵消得愈好。因此风在观测的结果里产生的影响接近于零;因为如果在一次高潮里风抬高了水位,在跟着的低潮里风也抬高相同的水位,因而这两个水位之差里风的效应便被消去了。因此按这方式组合观测,它们的总和只表现一个因素,这样便可挨次决定这些现象里的一切因素。概率分析为求这些因素提供一个更可靠的方法,我们可以叫它做最有利的方法。这方法是在这些因素间形成与观测一样多个条件方程式。借这个方法,我们将这些方程式的数目减少到等于这些因素的数目,而这些因素便由剩下的方程式的求解来决定。布瓦尔先生使用这方法去编制他的木星、土星和天王星的卓越的运行表。但是由于潮汐的观测还没有达到天文观测的精度,必须使用很多观测以使误差彼此抵消的情况,便不能用以上所说的最有利的方法去解决问题[③]。

由于法国科学院的请求,前一世纪[④]开始时,便在布勒斯特港做了连续 6 年的潮汐观测。我在上面所引用的那篇文章里便用了拉朗德所发表的这些观测去校核我的公式。这海港的情况极适宜于这类观测。该港建在一条广阔运河的首端而以这条河通向外海。因此达到该港的海水,其运动的无规性已有很大的减少,很像船只的无规性运动在气压计上所造成的振荡在这仪器的管里所受到阻滞而减弱一样。并且由于布勒斯特港的潮汐相当大，偶然性的变化在其中占很小的成分。人们在这些潮汐观测里也看出（即使其数目不多），流入这海港外的广阔海湾的小河的水不会改变其很大的规律性。由于这里的潮汐有这样的规律性，我才建议政府，在布勒斯特港对潮汐作新的系统性的观测，至少经历月球轨道的运动的一个交点周期[⑤]。这一系列的新观测自 1806 年 6 月 1 日开始，每天持续进行，并未间断。1807 年以后的 15 年间的观测已经整理。我应感谢布瓦尔先生的不懈努力，他为了将我的分析与观测相比较，做了大量与天文学有关的计算。他为此用了将近 6 千个观测。为了寻求高潮的水位与其变化（在大潮与小潮附近，这变化与时间的平方成正比），我们讨论了每个二分日和二至日附近连续 3 次朔望大潮，其中包含二分日和二至日的大潮；我们将中间的一次大潮加倍，以消除月球视差的效应。在每次朔望我们采用朔望前一日、朔望日以及后 4 天的晚间高潮高出早上低潮的水位，因为这些潮汐内最高的水位差不多出现于这段时间的中间。白昼观测的水位比较正确可靠。根据这 16 年内每年的观测，我们计算了二分日（和二至日）朔望大潮的水位之和，我们算出朔、望附近大潮水位的极大值（无论其在二分日或二至日），以及极大值附近的水位的变化。由这些水位与其变化发现布勒斯特港的这一类观测的规律性。

对于两弦日的小潮做了相似的处理，唯一的差异便是采取两弦日以及其后 3 天的早晨高潮高出夜晚低潮的水位。由于弦日潮自其极低水位的增高率比朔望潮自其极高水位的降低率迅速得多，我们应将潮汐同时间的平方成正比的变化规律限制在一段较短的时间内。

这些高度变化说明太阳与月球的赤纬的影响，不但存在于潮汐的绝对高度上，还存在于它们的变化里。许多科学家，特别是拉朗德，怀疑有这种影响，因为他们不考虑多数观测的整体，而只由个别的观测去作结论，原来个别观测因受偶然因素的效应，即在二至日潮汐亦可升起到相当高的水位。将最简单的概率计算应用于布瓦尔先生的结果，足以发现日月两体的赤纬的影响的概率很大，超过了我们绝不怀疑的许多事件的概率。

由这些极高与极低水位附近的潮汐变化，我们求得朔、望、两弦以后，出现极高与极低水位之间的时间间隔大约是一天半，这与我在《天体力学》第四篇里讲过的古代观测所得的结果完全符合。甚至极高与极低水位乃至从这些水位起潮汐高度的变化率都与从前符合，可见经过一个世纪以后，自然界还没有多大改变，而仍然与从前相同。刚才所说的时间间隔与由日月两体的作用造成的两个分潮的表达式里余弦符号内所含的常数有关。力之表达式里对应的常数为地方情况做了不同的修改：朔望日，月潮先于日潮，由于月潮每天比日潮来得较迟[⑥]，于是两个潮汐在朔望以后一天半才互相重合而产生大潮。设想在经度圈上有一水道，大潮于朔望日达到其入海处，再用一天半的时间达到这水道他端的港埠处，我们便可对朔望大潮发生的迟滞时差有一个正确的概念。余弦项前面的常数亦有相似的改正，于是在日月两体对于海水的作用上产生一个增量。我在《天体力学》第四篇里给出知道这增量的方法，由古代的观测我求得它是 1/10；虽然两弦小潮的观测，在这方面，

与朔望人潮的观测符合，我曾经说过决定这样微小的因素是需要很多观测的。布瓦尔先生的计算证实了这增量的存在，对于月球这增量很接近于1/4。确定与分点岁差及地轴章动现象有关的太阳和月球的作用的实际比值，定出上面这比值是必需的。在日月两天体对于海水的作用上改正了由于地方情况所造成的增量外，我们还求得章动为9″.4（以六十分制计），太阳表上的月行差为6″.8，月球的质量为地球的质量的1/75。这些结果与由天文观测所推得的结果很接近。由这样不同的方法所推出的数值的符合，是很使人瞩目的。

将潮汐的极高与极低水位和我们的公式比较，才决定了太阳与月球对于海水的作用和它们的增量。这些高低水位附近潮汐高度的变化是其必然的结果，因此将这些作用的数值代入我的公式便应重新求得同观测所得很相近的变化。事实果然是这样的。这一种符合是万有引力定律有力的验证。另外一个验证便是由月球在近地点和远地点附近的大潮的观测。在以上所引用的书里，我曾讨论月球在这两个位置上所造成的潮汐高度的差异。这里我更讨论了自大潮以后这些水位的变化，而且对于这两点，我的公式都能表达观测情况。

潮来的时间以及从一天到他一天的延迟，和潮的高度有相同的变化。布瓦尔先生根据他所用以决定潮汐高度的数据，编制了潮汐表。表内显然可以看出日、月的赤纬以及月球的视差的影响。这些观测和我的公式比较，符合的情况与潮汐的高度相同。在适当地决定每个分潮里的常数时，无疑还须将这些比较里一些很小的反常量消去。我用以连接这些常数的原则可能并不十分精确。

采用各种振荡同时并存的原则时所略去的数量，也许在大的潮汐里是不可忽略的。我在这里查出这些很小的反常量而表示满意。当布勒斯特港的潮汐观测（观测数据保存于巴黎皇家天文台）增多时，如有人想重作这些计算以确定这些反常量是否由于观测的误差而来，这里的结果可以作为他们的向导。但在修改我所用的原则以前，应先推进由分析式计算得出的近似值。

最后，我讨论了周期约为一日的潮汐。将许多二至日附近朔望时连续两个高潮与低潮的水位差加以比较，我决定了布勒斯特港这个分潮的大小与其极大值到来的时刻。我求得布勒斯特港这一分潮的高度很接近于 1/5 米，且在半日周高潮以前约 1/10 日到来。虽然它的潮高不是半日周潮高的 1/30，而这两个潮汐的引潮力却差不多相等，这表明地方性情况对于它们的高度的影响是怎样的不同。假使在地面是规则的，而且全部盖满海水的情形里，如果海洋到处的深度一样，则日周潮将消逝，那么我们对以上的结果便不奇怪。

海区情况还可在海港里消除半日周分潮，而使日周分潮特别显著。于是每天内只出现一种潮汐，当日月两体均在赤道面时，它便消逝了。这便是东京王国巴峡门（Batsham 音译）港和南海一些岛屿所观测到的现象。

我在这些情况里看出有些分潮遍及整个海洋，只同距离我们观测潮汐的海港很远的因素有关；例如我们不能怀疑大西洋与南海的振荡为美洲东岸（它差不多由一极伸展到他一极）所反射，我们认为这些振荡对于布勒斯特港的潮汐没有大的影响。主要由于地区情况，法国的海港里出现差不多相同的潮汐现象。这像是使朔望大潮发生延迟的原因。其他与海港较接近的地区，例如靠近海岸与海湾的海域，也常在相距不远的几个海港里发生我们观测到的潮高与潮时的差异。因此产生这样一个结果：有某一个分潮，它同港口的纬度之间没有如产生它的引潮力所显示的关系，因为它同距离很远（甚至在另一半球上）的纬度上的类似的分潮有关。由此可见我们只能借观测去决定这个分潮的特征与高度。

刚才所说的潮汐现象，在同表达天体的作用的展开式里，以天体和地球的距离的立方为分母的项有关，迄今所讨论过的只限于这类性质之项。但是月球很接近地球，使得它的作用的表达式里被其距离的四次方除的项，在许多观测的结果里也相当显著；因为由概率论我们知道精确度不足时，可增加观测的次数而补偿其缺陷，且使我们知道比每个观测所有的误差还小的差数。利用概率理论，我们甚至可预知所必需的观测次数，以使结果的误差限制在某一个范围获得一个大的概率。因此我想在月球的作用的表达式里，以其距离的四次力除三之项的影响，可能表现在布瓦尔先生所讨论过的观测的整体之内。与以距离的立方所除之项相对应的分潮对于新月的潮汐与满月的潮汐是没有差异的。但是以距离的四次方除过之项，在这两个潮汐上造成差异。这些项造成的分潮，周期约为 1/3 日；根据这一观点讨论的观测里表示很可能有这样一个分潮的存在。观测还无可怀疑地表明月球在南纬时比它在北纬时，在布勒斯特港要引起更高的水位，这只能够归之于月球的作用表达式里被距离的四次方除的项。

由此可见，潮汐现象与日月两天体对于海水的作用的一般关系的研究，幸运地弥补了这运动的微分方程式的无法积分以及对

于决定这些积分里的任意函数所需要的数据无知的缺陷，可是潮汐现象的唯一原因无疑是由于日月两天体的引力，而且符合于万有引力定律。

假使地球没有卫星，而且轨道是正圆的，位于其赤道面上，为了认识太阳对于海水的作用，我们只知道每日涨潮常在相同的时刻及这个潮汐所遵循的规律。但是月球的作用加在太阳的作用里，造成同月相有关的许多分潮，并且它们都和观测符合，这一事实给引力理论的真实性增加了很大的概率。由日月两体的运动，它们的赤纬和距离的一切差数便产生许多现象，这些现象经观测证实，使理论成为无可辩驳的了。可见，由原因的作用所产生的多种效果，我们得证明原因的存在。日月两体对于海水的作用是由天文现象所证明的万有引力的必然结论，由于万有引力又得到潮汐现象的直接证实，它的存在更是无可怀疑的了。现时，万有引力定律既然如此有成效，那么科学界对于潮汐现象就会有一致的认识，凡是熟知这些现象和几何学与力学的人都深知潮汐与引力定律之间的关系。可是我们还需对潮汐做比以前更精密、更长久的观测，以矫正已知的因素，修改还不确定的数据，而且展开至今还藏匿在观测误差里的现象。潮汐的研究并不比天体运动的差数的研究更少兴趣。可是其表现无规的情况，多年来人们没有使用适当和精密的方法去做观测；但观测增多时这些貌似无规的情况便会消逝；在像布勒斯特港那样适于观测潮汐现象的地方，即使观测的数目不多，亦可达到研究它的目的。

结束以前我还要谈一点决定任何一天涨潮与落潮的时刻的方法。在这方面，法国的每个海港应当看做在一个水道的一端，他一

端是其河口，假设分潮达到那里与日月两天体中天同时，然后再经过一天半而到他一端，并假设这一端在河口之东若干小时；这数字叫做海港的基本时。我们容易将这个时刻归算为海港的潮候时差，这时差即是朔、望日的高潮时刻。由于从一天到次一天，涨潮时刻迟 2337 秒(或 38 分 57 秒)，一天半后潮候时差迟 3414 秒(或 56 分 54 秒)，这便是欲得基本时，在潮候时差上应加入的时刻。现在，若在河口的涨潮时刻上加一天半再加上基本时，便得这海港的潮候时刻。于是这问题简化为：在各分潮于日月两天体中天时刻达到河口的假设下，求已知其经度的一地的涨潮时刻。为此，分析数学给出很简单的公式，而且容易由这些公式编算出潮汐预报表。

大潮汐在海港与海岸造成灾害，如果人们能够预报涨潮的水位，便可设法预防。风推动着潮可能造成不可预测的很大影响。但是太阳和月球的影响却能确切地预测，当风的冲力和这些常规性的因素结合在一起时，这种预测常常足够避免潮汐有时可能造成的灾害。为了使港务机关享受科学的这种贡献，法国经度局每年在其年历里刊布有朔望潮预报表，表内以二至日朔望潮的平均水位为单位。

我所以重视潮汐，因为它是天体引力的一切效应里同我们最接近和最显著的现象，而且我认为应该说明怎样根据即使不太精密但为数众多的观测去认识并决定这些现象的规律与原因，虽然我们还不能写出它们的微分方程式并积分它们去得出表达这些现象的数学分析式。在太阳的热效应使大气运动以形成贸易风和季风上，在压力计和温度计上的周日或周年的规律性的变化上，同样还不能用数学公式去表达它们。

## 注 释

①长江口的潮汐亦可上溯到安徽铜陵市以西的大通镇。——译者

②近代的潮汐振荡理论，对于这种地方性的差异给予了一种相当满意的说明。如果潮汐的入射波与反射波频率相等而传播方向相反时，它们叠加的结果形成驻波；驻渡中振幅最大的地方叫做“波腹”，振幅最小的地方叫做“波节”。每个海区里潮水上下摇摆的振荡是围绕中央几乎没有振荡的节点而进行的，因而位置在这海区里的节点附近的潮水上下运动很少，因而潮幅不大，但这海区里距离无振荡点（节点）稍远之处，潮幅逐渐变高，达到波腹处，潮幅最高。这便是潮幅随相距不远的海港而有相当大的差异的原因。更因波节之间各点有相同的振动的相，这便是涨潮与落潮时刻在相距不远的海港里也有相当大差异的原因。——译者

③这以后德国天文学家、数学家高斯（C. F. Gauss，1777—1855 年）发明了最小二乘法去处理这类问题。——译者

④指 17 世纪。——译者

⑤这周期是 18.6 年——译者

⑥月潮每天比前一天迟 50 分钟。——译者

# 第十二章 海水的稳定平衡



几种不常出现的因素，例如暴风与地震，扰乱海水，把它掀起很高以致泛滥到陆地。可是观测表明，趋向总是复返平衡态，即使没有太阳和月球的作用，各种摩擦与阻力也会使海水很快复返于平衡。这种倾向叫做稳定平衡，已在第三篇里讲过了。物体系统的平衡可能是绝对的稳定，即这系统受到任何的小扰动之后将复返于平衡；也可能是相对的稳定，这同原来的扰乱的性质有关。海水平衡的稳定情况究竟属哪一种呢？观测不能使我们确切地回答这个问题，因为在海洋受到反常的原因造成的无限多种扰乱里，它总是趋向恢复原来的平衡态，可是我们却担心有一种异常的因素给予它一个可能本不算大的骚动，但它愈来愈大终于将海水举起，使其超过高山，博物学家认为有几种现象表明过去曾发生过这一类的事故。因此有趣的是寻找使海水得到绝对稳定平衡的必需条件，而且研究这些条件是否出现在自然界里。用数学处理这个问题，我得到这样一个结论：假使海水的密度小于地球的平均密度，海洋的平衡将是稳定的；因为愈接近中心的地层密度愈大，是一种很自然的看法。而且我们在秒摆长度与经度圈上弧度的测量以及从山岳的引力的观测都证实这个结论，因此海水是处在稳定的平衡状态里。假使从前海水曾经淹没过现今海拔很高的大陆（这是难以怀疑的),除了假设海水的平衡曾经出现过不稳定的情况之外,便当在别处去寻找原因。由数学的推导还使我明白:假使海水的密度超过地球的平均密度,这种稳定便不再出现,因此海洋平衡的稳定度和地球的平均密度超过覆盖地面的海水的密度数量,两者之间有因果循环的相互关系。

# 第十三章　大气的振荡

太阳和月球的作用达到海洋以前先越过大气，因而大气应受到这些作用的影响，而遭受到类似海水的运动。于是形成气压计上水银柱高度的周期性的变化，而且形成风向与风力也是周期性的变化。这一类风在有相当大扰乱的大气里还是很小，甚至不能使人感觉得到；即使在赤道上气压变化最大的区域里，气压计里的振荡范围也不过是一毫米而已。



我在《天体力学》第四篇里曾经提出这些变化的理论，因而引起观测者对于这一类现象的注意。气压计高度变化的观测以赤道上最适宜。这不只是由于那里的变化极大，而且由于反常的原因所造成的变化最小。可是，正如地方因素使海港里的潮汐的高度有相当大的增长，它们也可使大气的振荡发生类似的增大，因而气压计也会产生相应的变化，有趣的是由观测去证实这个看法。

大气流是由以下的三个原因所造成的：(1)太阳与月球对于大气的直接作用，(2)作为大气的移动基底的海面的周期性升降，(3)形状按周期性变化的海洋里，海水对于大气的吸引。由于这三个原因都从太阳与月球的作用而来，它们的效果和其作用力有相同的周期，这是和我的潮汐理论所根据的原则相符合的。因此大气潮与海潮服从于相同的定律。大气潮和海潮相同，是由两个分潮所组成的，即一个由太阳的作用，另一个由月球的作用而形成的。太阳大气分潮的周期是半个太阳日，太阴大气分潮的周期是半个太阴日[①]。在布勒斯特港月球对于海水的作用是太阳的作用的3倍，太阴大气潮至少是太阳大气潮的2倍。这些讨论应引导我们选择合适的观测去决定那样的微小量，且选择组合观测的方法，使其尽量消去在气压计上造成大变化的因素的影响。

几年来在法国皇家天文台每日观测气压计和温度计的水银柱高度，时间在早上9时、正午、午后3时与晚上9时。这些观测由相同的观测者在相同的仪器上所作，由于观测的精度之高，次数之多，适宜于指出可以觉察到的大气潮。由观测的结果，我们查出气压有周日变化；即使在一个月的观测里也可看得出来。根据6年内每日观测的平均结果发现早上9时气压最高，午后3时最低，两者之差在巴黎为8/10毫米。

由太阳气潮而造成的气压计的高度，在每天相同的时刻恢复原状，这气潮与其所受的周日变化混在一起，因而不能从皇家天文台的观测区分出来。但由太阴气潮造成的气压计高度变化便不相同，因为它为太阴时所控制，自然不会在相同的太阳时恢复原状，除非经过半个月之后。刚才所说过的观测，若以半月为一组，而加以比较，是显示太阴气潮最适当的方法。譬如假使这气潮的极大值在朔望日的早上9时出现，其极小值将于午后3时出现。可是两弦日便出现相反的情形。因此这气潮于朔望日增大它的周日变化，而减少两弦日的周日变化，于是这些变化之差便是太阴大气潮的强度的2倍。但是由于这气潮的极大值并不刚出现于朔望日的上午9时，为了决定其出现时的强度与时刻，应该用每日早上9

时、正午与午后3时的气压观测(朔望日或两弦日的)。我们也可用这些月相前后同样天数里的观测,而且还可用每年所有的观测去协助决定这些细微的因素。

我们应在这里提出一个重要的方法,否则便不能在气压的大变化里认识太阴气潮的微小分量。在时间愈接近的观测里,这些效应愈不显著,由同一天在6小时间隔中所作的观测推出的结果接近于零。气压计上的变化总是相当缓慢,不能显著地扰乱有规则原因所产生的效应。这就是为什么每年日变化的平均结果相差很少的原因,虽然某几年的气压的绝对平均值可能相差几个毫米,因此,假使我们将某一年早上9时的气压平均值和另一年午后3时的平均值加以比较,可能得到经常是很错误的周日变化,甚至变化的符号也和实际情况相反。因此,为了决定这些很小的量,重要的是从同一天所作的观测里推导出它们来,且取这样求得的许多数字的一个平均值。因此我们只能从皇家天文台所规定每天至少相隔3小时所作的系统观测去决定太阴大气潮。

布瓦尔先生为我抄录了每个朔、望日,每个两弦日与其前后一两日的气压观测。这些观测的时间是从1815年10月1日至1823年10月1日的8年。我只用了早上9时、正午与午后3时的观测;为了尽量缩短观测的时间间隔,我没有用晚上9时的观测。而且,由于气压计在白昼的日光下照明清晰,前三次观测比晚上的观测较为精确,这样便可消除由于仪器照明的不同而产生的误差。将我的公式与由1584天的观测算出的结果比较,求得太阴大气潮强度只有1/18毫米,而且朔望日晚间的极大值在3⅓时。

特别是在这里我认为必须用很多观测,而且须将其作最有利的组合,并须掌握一种方法决定所得结果的误差限制在一个狭窄范围内的概率。否则我求得的结果可能是将反常的原因造成的效果表为自然的规律,这是气象学里常有的事。我在我的《概率的分析理论》中提出这个方法。将这方法应用于这些观测,我决定了气压的周日变化里这些偶然因素的规律,于是我认识到将以上的结果完全归之于这些偶然因素似乎不大可能;而可能是太阴气潮在朔望日减少周日变化,在两弦日增加这个变化,但这气潮的变化范围仅使气压计上的高度增加或减小了1/18毫米而已,这表明月球对于大气的作用在巴黎是怎样的微弱。虽然这些结果是从4752个观测推出,但要据我刚才所说的方法以足够大的概率去精确决定像太阴气潮这样小的因素,应当使用的观测至少是40000个。这方法的一个主要优点是使我们认识到应当用多少观测才使由它们推出的结果不致使人对它产生合理的怀疑。

由我刚才得到的气压周日变化中偶然性因素所引起的变化的规律,得知从早上9时到午后3时的周日变化,在连续75个月里每月30日的平均结果常是正号的,概率是1/2(即可能与不可能之比是1∶1)。我请求布瓦尔先生考查从1817年1月1日至1823年1月1日连续6年内72个月内每个月是否发生这样的情况,他根据这些数据得出的平均周日变化为0.801毫米。发现每月的平均变化常是正号的概率最大。

以上所说的影响大气潮的三个原因,分别对于太阴海潮的作用是怎样的呢?这问题是难回答的。然而由于海水的密度比地球的平均密度小得多,不可能对海洋形状的周期性变化有可以觉察的影响。假使没有其他条件,在我们的纬度里月球作用的直接效应亦不能觉察。这些条件对于法国海港的潮汐却有很大的影响，但由于大气分布在地球周围远不如海洋那样无规则，这种局部条件对于大气潮的影响当比海潮小得多。这些考虑使我认为在我们的气候里，太阴大气潮的主要原因应是海水周期性的升降。在潮汐特别高的海港里，每日的气压观测应能澄清气象学上的这一奇特问题。

这里我们注意到太阳和月球的作用在海水与大气里都没有造成由东向西的恒定运动；因此像我们在两回归线之间的大气里所遇见的、以贸易风（信风）得名的气流必另有一种成因，这种原因可能如下所述：

为简化问题，设想太阳在赤道面上，由于它的热量使空气柱变稀薄而上升到高层；但因其重量，这柱空气应再下落，在大气的高层里，它的落向当直指两极；同时另外一股新鲜空气应从大气下层升起，它们从极区而来以代替在赤道上稀薄化而升腾了的空气。于是造成两个方向相反的气流，一层在大气下层，另一层在大气上层；可是由于地球的旋转，愈近极点的空气，其真正速度愈小；因此向赤道推进的大气，比地面对应部分转动得慢，于是地面的物体应当以超越的速度冲击它，且由于反作用，这些物体受到与旋转方向相反的阻力。因此，对于自己认为是不动的观测者，空气好像吹向与地球旋转相反的方向去，即由东向西吹去：这便是贸易风的方向[②]。

假使我们考虑到扰乱大气平衡的许多原因，由于空气的流动性与弹性而造成的大气的易动性，冷热对于其弹性的影响，大气里交替地装入和卸下大量的水汽，最后地球的转动在空气分子的相对速度上造成的变化，使大气转移到经度圈上去，我们便不会对大气运动的种类之多，以及它们很难服从于一定的规律感到奇怪了。

## 注　释

①太阴日比太阳日约长 50 分，即一个太阴日平均长 24 时 50 分(平太阳时)。——译者

②由于地球是一个转动体，北(南)半球的物体在运动时受到向右(左)的科里奥利(Coriolis)力的惯性作用，因此由东向西的大气流在北半球形成东北贸易风带，在南半球形成东南贸易风带。——译者

# 第十四章　二分点岁差与地轴的章动

天地间万事万物都有关联，自然界里的普遍规律好像一条长链将貌似无关的现象联系在一起。例如地球的旋转使其两极扁平，并且地球的扁率与太阳和月球的作用组合，更产生二分点的岁差，在万有引力定律发现以前，这现象绝不像和地球的周日运动有什么关系。



设想地球是一个均匀结构的类球体，赤道带特别突出；我们可以想象它是一个以极轴为直径的球和盖在球面上的一块新月状（凹凸形表面）的物质，其最厚的中央部分在这球面的赤道上。这新月状物质的分子好像是黏附在一起的无数小月亮，按与地球自转周期相等的时间围绕地球公转。因此，由于太阳的作用，它们的轨道与黄道面的交点，像月球轨道的交点那样逆行。由于这些物体连接在一起，在新月形体内这些逆行运动应合成一种运动，使其与黄道面的交点逆行，但覆在这球面的新月体和正球体分享它的逆行运动，因此这新月体转动变缓，于是由太阳的作用，赤道与黄道的交点，即二分点，应有一个逆行运动。现在试进一步讨论这现象的规律与原因。

为此，考虑太阳对赤道面上的一个环形物的作用。假想太阳的质量均匀地分布在它的圆形轨道的周界上，可以证明这固体轨道的作用将代表太阳的平均作用。由于太阳对黄道面之上环形物内每个分子的作用，可以分解为两部分，一在环形面内，一与环形面正交，容易证明，对于一切这后一部分的作用的合力仍与这平面正交，而位于环形物与交点线正交的直径之上部分。太阳轨道对于黄道面之下的环形物的作用形成相似的合力，它与环形面正交而位于同一直径的下部分。这两个合力使环形物在交点线上运动，而使环形物趋近黄道面；因此由于太阳的平均作用，环形面与黄道面的交角变小，而交点固定，如果环形物无旋转运动的话是这样，这里将它看做是与地球同时转动。但这运动使环形物与黄道面的交角恒定不变，而在交点逆行的运动里改变太阳作用的效应；这运动将一种变化转移到交点去，如果没有这运动，这变化将发生在交角上，而且这运动将交点的不变性转移给交角。为了弄清楚这种奇特变化的原因，将环形物作无限小的改位，使这两位置的平面的交线在和交点线正交的直径上。在任一瞬间之末，将其每个质点的运动分解为二，其一在以下一个瞬间里应单独地存在，另一与环形物正交而应被抵消；容易看出环形物上面部分的一切质点的第二种运动的合力将和环形面正交而位于刚才所讨论的直径上，对于环形物下面部分也有同样的情形。为了使这合力为太阳轨道的作用所抵消，为了由于这些力使环形物围绕其中心得到平衡，这些力的方向应该相反，而且它们对于中心的力矩应该相等。这两个条件中，第一个需要环形物位置的假想改变是逆行的；第二个条件决定这改变的数量，因而决定交点逆行运动的速度。容易看出这速度和太阳的质量被日—地间的距离的立方除后再与黄赤

交角的余弦相乘之积成正比。

环形面的连续两个位置相交于与交点线正交的直径上，因此这两个面与黄道面的交角是常数；即环形面与黄道的交角不因太阳的平均作用而发生改变。

刚才谈到有关环形物的几个结果是由分析数学对于与正球相差很少的类球体的研究而证明的。太阳的平均作用在二分点上造成的一种运动是与太阳的质量被它的距离的立方除后再与黄赤交角的余弦的乘积成正比例的。若类球体在两极处是扁平的，这运动便是逆行的，其速度随类球体的扁率而变化，但黄赤交角是不变的。

月球的作用同样使地球的赤道在其轨道面上的交点逆行，但由于地球轨道面的位置与它和赤道的交角因太阳的作用不断地变化，又由于月球作用所造成的赤道与月球的轨道（白道）的交点的逆行运动与这交角的余弦成正比，因而这运动是变化的。而且，假使这运动是匀速的，则按白道的位置，它将使二分点的逆行运动和黄赤交角变化。只需简单的计算，便可看出，据月球的作用与白道的运动组合可得如下三个结果：(1)二分点的一个平均运动，等于假设月球在黄道平面上运动时所具有的平均运动；(2)从这逆行运动减去一个差数，它与白道升交点的黄经的正弦成正比；(3)黄赤交角的减小量，与这个角的余弦成正比。这两个差数同时表现在延长地轴与天穹相交之点的运动所描绘的小椭圆周界上，其所遵循的定律已经叙述在第一篇第十二章内，这椭圆的长轴与短轴之比，等于黄赤交角的余弦与这交角的 2 倍的余弦之比。

由上所说可以了解二分点岁差与地轴章动的原因；但经过精

密计算的结果需和观测比较，才是考验理论的试金石。达兰贝尔曾经以这两个现象，而使万有引力理论得到验证。这位大数学家用一个巧妙的方法，首先决定了地轴的运动，他假设地球类球体的各层具有某种形态与密度；他不但求出与观测相合的结果，而且认识了地极描绘的小椭圆的真正大小，而布拉德累关于它的观测却还有不精确之处。他的名著《二分点的岁差》发表于布拉德累发现地轴的章动一年半以后，在力学史上的重要性，不亚于章动的发现在天文学史上的重要性。

天体对于地轴的运动与海水的流动两者的影响都与天体的质量被它与地球的距离的立方所除之商成正比。章动的唯一原因是月球的作用，至于二分点的平均岁差，则是太阳与月球的组合作用的结果，可以看出由这两个现象观测得到的数量也应提供这两个作用的比例。和布拉德累一样，假设二分点的周年岁差为50″.03，章动的振幅为18″.02[①]，我们求得月球的作用很接近于太阳的作用的2倍。但是章动的振幅若有稍微变化，便会在日月两体的作用之比值上造成很大的差异。由最精密的观测可以得出这个振幅是18″.80，由此求得月球与地球的质量之比是1/75。

岁差与章动的现象揭露了地球类球体的结构；它们给予地球的扁率以一个极限，即它不会超过1/247.7，这是与钟摆的实验相合的。在第七章里我们讲过，在地球类球体的半径的表达式里有一些项，它们自身以及对于秒摆长度的影响都不显著，但在椭圆形的经度圈的弧长上发生显著的离差。这些项完全不存在于岁差与章动的数值里，而这些现象与钟摆的实验符合。因此这些项的存在，将月球的视差、秒摆的长度和经度弧长以及岁差与章动现象协调起来。

不管地球各层的形状与密度怎样，也不管它是否固态的回转体，只要它和正球形相差不大，我们是可以赋予它一个固体的回转椭球，它具有和地球相同的岁差与章动。在第七章所讲过的布盖的假设里，弧度的增率与纬度的正弦的四次方成正比，如果地球是一个椭球，其椭率等于 1/183，则这些现象才是完全相同的，而刚才看到这椭率不应大于 1/247.7；所以这些观测与钟摆的实验一致表示应该抛弃布盖的假设。

以上曾假设整个地球是固体的；但其表面大部分盖有海水，海水的作用是否会使岁差与章动现象发生改变呢？这是须研究的一个问题。

海水由于其流动性，容易屈服于日月的吸引，骤看之下好像海水的反作用不应影响地轴的运动；所以达兰贝尔和他以后研究这运动的数学家都完全没有考虑这个问题；他们甚至从这个观点出发去调和岁差与章动观测值同地面弧度的测量。可是对于这个问题做了深入的考查之后，使我们明白水的流动性不是一个充足的理由去忽略它们对二分点岁差的效应；因为如果一方面海水受到太阳和月球引力的作用，而另一方面重力使它们不断地恢复平衡而只能作小幅度的振荡；所以由于海水对于其所覆盖的地面的引力与压力，可能将其所接受到的运动至少一部分转给地轴（假如它凝固了的话）。并且，由于一种很简单的理解，我们可以肯定海水的反作用和地球的固体部分所受到的太阳和月球的直接作用有相同的数量级。

假想地球是均匀的结构，与海水的密度相同；更假设海水在每瞬间所具有的形状适合于在力的作用下取得平衡。如果在这些假设里，地球骤然全部变为流体，它将保持相同的形状，而且其各部分有相互的平衡；所以地球的旋转轴没有移动的趋势；而且显然可见，在这团物质的一部分凝固而形成为海水覆盖的类球体的情形里，这种状态仍然保存下去。以上的假设是牛顿关于地球的形状与潮汐的理论的基础；令人注意的是，对于这些题目可能作出无限多个假设里，牛顿特别选择了没有岁差与章动及海水的反作用抵消了太阳和月球的作用在任何形状的地核上的效应这两个假设。事实上，这两个假设，特别是后面一个，是与自然界里的情形不相合的；我们可以"先验地"看出水的反作用的效应，虽然与牛顿的假设里的效应不同，却是同数量级的。

据我所作过的有关海水振荡的研究，使我在合乎自然界里真实情况的假设下给出一个方法去决定水之反作用的效应，这些假设使我导出下面这个卓绝的定理：不管有关海水深度的规律怎样，以及它所盖着的类球体的形状怎样，岁差与章动现象，和假设海水与这类球体共同形成一团固体物质时是完全相同的。



假使只有太阳和月球施作用于地球，则黄赤交角的平均值将是常量；但我们讲过行星的作用不断地改变地球轨道的位置，因此黄赤交角上有一个减小量，已为古代和现代的观测所证实。同一原因给予二分点以周年的顺行，其数值是 0″.3129；因此日月的周年岁差里应减去由行星的作用所成的这个数字，假使没有行星的作用，岁差将是 50″.4121。由行星的作用所造成的效应与地球类球体的扁率无关；但太阳与月球对于这个类球体的作用便应修改它们所造成的效应，而且改变其所遵循的规律。

将地球轨道的位置与其旋转轴的运动参照于一个固定平面。容易了解:由于黄道的变化,而使太阳的作用在这轴里产生一种与章动相似的振荡运动,只是有这样一个差异,即由于这些变化的周期比白道面变化的周期无可比拟的长,对应于地轴振动的范围比章动的范围大很多。月球的作用在地轴上亦造成类似的振动,因为月球的轨道与地球轨道的平均交角是一个常数,因此黄道的改位与太阳和月球对于地球的作用合并起来,在黄赤交角里产生一种与只由黄道的改位而来的变化很不相同的变化,由这位移来的变化范围约为 10°.8,而太阳与月球的作用将其减少到大约 2°.7。

由相同的原因造成二分点运动的变化,改变了各世纪里回归年的长度。这运动加快时,长度缩短,这便是现今的情况,现时一年之长比喜帕恰斯时代短了 11.2 秒。但在一年的长度里的这种变化有其限度,而且还受到太阳与月球对于地球类球体的作用的限制。这限度的范围由于黄道位移而产生的数字约 432 秒,但因日月两体的作用将其减少到 103.7 秒。

最后,一天的长短(如我们在第一篇里所给它的定义)也受到黄道改位和太阳与月球的作用的组合效应,据理论应产生很小的变化,但小到为观测所不能觉察的程度。按照这理论,地球的旋转运动是匀速的,一天的长短可以看做是不变的常数;这结论对于天文学极其重要,因为一天的周期(恒星日)是用以量度时间和天体运行周期的基准。假使它是有变化的,我们便可由天体运行周期中发现这种变化,因为天体的运行周期是和这时间尺度成正比而增或减的,但是迄今我们还没有找到在某些天体里有这类的显著变化②。

可是，我认为在两回归线之间由东向西吹的贸易风，由于它们对于大陆和山岳的作用，可能使地球的自转速度减慢。我们还不能用数学来计算风的这种作用；幸而我们可以利用第三篇里所说的面积守恒原理，去证明这作用对于地球旋转的影响为零。按照这原理，地球所有的分子（包括海水和大气）的质量分别乘以它们的向径在赤道面上的射影围绕地球的重心所扫过的面积的总和是与时间成正比例的。太阳的热量不会使地上的分子造成这类变化，因为它使物体向各方等量膨胀；但可以看到假使地球的旋转变缓，这总和将变小；因此太阳的热量所形成的贸易风不会使地球的旋转运动有所改变。同一理解给我们证明洋流也不应使地球的旋转产生任何可以觉察的变化。如果要地球自转的周期发生可以觉察的变化，应使地球上的物质有相当大的改位，例如一大团物质从两极转移到赤道，便会使这周期变长；又如较密的物质向地心或地轴移近，这周期便会变短。可是我们没有发现任何原因能够将地上相当多的物质转移到相当远去，而在日子的长短上造成显著的变化，因此我们有理由将它看做是宇宙体系的一个不变的因素。地球的旋转轴与地面相交点也是固定不变的。假使我们所在的这颗行星挨次地围绕不同的轴旋转，而且这些直径之间形成相当大的角度，则赤道与两极在地面上的位置发生改变，那么海水向新的赤道流时将交替地淹没和露出高山。可是据我对于极点在地面移动的研究，证明它实在没有可以觉察的变化[3]。

## 注　释

①现今采用的岁差值为 50″.27，章动为 18″.42。——译者

②参见本书第 243 页注⑤。——译者

③极点在地球面上实在有漂移的运动，见本书第 275 页注③。——译者

# 第十五章 月球的天平动

最后，还剩下月球的天平动及其赤道的交点运动须待说明。因其自转运动，月球的两极稍微扁平；但地球的引力应使月球对着地球的轴伸长。假使月球是均匀的流体结构，为了得到平衡，它的形状将是椭球的，其短轴通过其旋转轴的两极，长轴对着地球而位在月球的赤道面内，中轴亦在赤道面内，而与长短两轴正交。长轴和短轴之差为中轴和短轴之差的 4 倍；设取短轴之长为单位，长短两轴之差大约是 1/27640[①]。

由此容易知道：假使月球的长轴稍微离开月心与地心间的向径的方向，地球的引力便会把长轴拖回到这向径上来，正如重力将钟摆拖回到铅垂线的方向来一样。假使月球原来旋转得相当迅速，足以胜过这一趋势，则其自转周期不会恰好等于其公转周期，由于这一差别，便会使我们挨次看见月面上所有之点。但在原初，由于月球的自转与公转的两种角运动稍微有点差异，使月球的长轴离开其向径的力不足以胜过因地球的引力使长轴返回这向径的趋势，于是地球的引力便会使月球的自转与公转两种运动严格相等；正如钟摆为很小的力使其离开铅垂线方向后，便因有回到那里的趋势，而在其两旁做小的振动，所以月球类球体的长轴应在其轨道的平均向径两旁做微小的振动，由此便产生一种天平动，其振幅为月球自转和公转的角运动在原始的差异所决定。这种天平动很小，以致还不能为观测所察觉。

由此可见引力理论满意地解释了月球自转与公转两种角运动的严格相等性。这两个运动在原初便完全相等的假说，其可能性当是很小，但是为了解释这现象，只需这两种运动原初的差异很小，而后来由地球的引力才使它们完全相等，如我们今天所观测到的那样。

由于月球的平均运动里有超过几个圆周的长期性的大差数，容易知道：假使其自转的平均运动原来是完全均匀的，则由于这些差数，月球将以其表面所有之点挨次暴露在我们的眼里。随这些差数的发展，月轮上的现象逐渐缓慢地改变；一个时期的观测看不出月面上有什么差异，但在相隔几个世纪的观测里便会发现有可以查出的改变。使月球的自转与公转成为相等的原因，使地上的人永远失掉看见月球背面的希望。地球的引力不断地将月球的长轴拖向我们，使它的自转运动参与它的公转运动上的长期差，且使其以同一半球对着地球。这一理论应该推广到我们观测到的围绕其行星公转与其自转两种运动相等的一切卫星。

月球赤道与黄道的交点以及黄白两道的交点互相重合的奇特现象，还是地球引力造成的结果。拉格朗日首先用一个巧妙的分析方法，使观测到的月球类球体的一切运动得到完全解释。月球的赤道平面与白道平面以及从月心所作的与黄道平行的平面三者的交线，差不多常在一条线上；我早已认识到黄道的长期运动既不会改变这三个面的交点的重合，也不会改变它们的平均交角，地球的引力使它们保持为不变的常数。

假使月球原先是由某些不同密度层的流体所构成，它便取得适合于平衡态的形状，在这假设下，以上的现象便不会存在；这些现象显示月球类球体各轴间的差别，比据这假设所算出的差别还大。我们在月面上看见的高山无疑对于这些现象有很显著的影响，月球类球体的扁率愈小，质量愈小，则这种影响便会愈大。

自然使天体的平均运动服从某些确定的条件时，这些运动里常伴随有任意振幅的一些振动：例如月球的自转与公转的平均运动相等时，便产生月球的一种真天平动。同样，赤道与白道对于黄道的平交点重合时，便产生赤道交点围绕白道交点的天平动，可是这种天平动很小，以致不能为观测所察出。刚才讲过月球长轴的天平动小到不能觉察，而且在第六章里，也讲过头 3 颗木卫的天平动也不显著。很引人注意的一点是：这些天平动，虽然幅度是任意的，而且可能相当大，但它们实际上却是很小；这可归之于造成这些天平动所依靠的初始条件有相同的原因。但是在维系天体初始旋转运动的任意条件中，自然会想到若无外来的引力，天体的各部分由于它们在其相互运动里所受到的摩擦与阻力，终于会达到一种平衡的恒态，这平衡态只能存在于绕一个不变轴的匀速旋转运动里，因此观测只能得出在这运动里由这些引力而来的差数。这便是由精密的观测所查出的地球的情况；同样的结果可以推广到月球，也许可以推广到其他一切天体上去。

假使月球曾与彗星碰撞过的话（按机遇律，在很长的时间里这是可能发生的事），那么，这些彗星的质量一定非常小；因为即使同月球相碰的彗星的质量只有地球的 1/100000，便已足够造成可感觉到的月球的真天平动，可是在观测上却没有查出过。这种考虑，

再和第四章所做过的讨论联系起来，应该使恐怕因这些天体的作用改变其月行表的根数的天文学家安心。

月球的自转与公转运动的相等性，为绘制月面图的天文学家提供一个全世界可用的月面的标准经圈，它是自然界里所固有、而且在任何时刻所容易找到的，具备地理学家绘制地图时所得不到的优点。这月面经度圈经过月球的两极与其经常指向我们长轴的末端。虽然这末端处没有任何斑痕，可是我们可以根据如下一个方法在任一瞬间确定它的位置，即当白道的平交点线与月球的平位置相合时，这位置便与该交点线重合。由此所测定的月面的主要斑痕的经纬度，其精度与地面上许多著名地方的经纬度相同。

## 注　释

①据现今的观测，月球的半短轴为 1757.89 公里，半长轴为 1738.98 公里，相差仅 1.09 公里，故长短两轴之差为短轴的 1/1594。——译者

# 第十六章　恒星的自行

已经讨论了太阳系里天体的运动之后，还留下恒星的运动须待研究。由于万有引力定律，恒星应该相互吸引，而运行在广阔的轨道上。由观测我们已经认识这些大型运动，其中一部分可能是太阳系的运动在恒星上造成的表观现象；根据光学的规律，这是将太阳率领其行星系的运动循反方向转移到恒星的运动上去的一部分。如果我们取许多恒星的运动作统计的研究，由于它们的运动指向四面八方，则综合很多恒星的自行的观测值，可以得到太阳的运动，在这运动的表达式里恒星的真正运动便会彼此抵消掉了。我们用这个方法求出太阳系的运动，这运动使系内一切天体向武仙座移动，其速率至少等于地球围绕太阳运动的速率。根据近一两个世纪内所作的很多的精密观测，才能精确测定宇宙体系里这个重要而难测的点①。

除了太阳和恒星的自行之外，我们还发现某些双星里的特殊运动，所谓双星是两颗实际很接近的恒星，在倍率不大的望远镜里它们像是一颗星。这种两星挨近的现象可看做是它们差不多落在我们的同一视线方向上。但类似的排列也可作为它们真正是互相接近的一个标志：假使这两颗星有相当大的自行，而且这些自行在赤经与赤纬上的分量都很少差异，它们便很可能是两颗很接近的恒星形成的双星系，其自行里的微小差别可能是由于两星各绕其公共重心运转而造成的。否则便不至于同时出现这三个事件：(1)两颗星的方位相当接近，(2)自行差不多相等，而且(3)自行在赤经或赤纬上的分量相差很少。天鹅座61号星和它的伴随者很明显地同时具有这三个条件；两星间的角距离只有$1''.9$；其周年自行(自布拉德累至现今的观测)，在赤经上是$5''.10$与$5''.19$，赤纬上是$3''.32$与$3''.10$；因此这两颗星很可能是双星，它们围绕其公共重心运转，周期当是几个世纪。还有许多对双星，都表现类似的情况。如果能够测量某些双星的视差，则由其两星相互绕转的周期，可求得它们的质量之和与太阳质量的比值。

天穹上还有一些密集在狭窄空间内的亮星团，例如昴星团。这种分布很可能表示团里的恒星彼此相当接近，相互间的距离，比它们对团外恒星的距离要近得多；至于团内各成员星绕其公共重心的运转，须经过若干世纪方可以发现。



## 注　释

①太阳对于它附近的星的速度是每秒20公里，指向天空上赤经18时06分，赤纬$+30^{\circ}$的一点，叫做向点。这向点在武仙座内，位于织女星西南大约$10^{\circ}$的天区上。一年内太阳率领它的行星系在这个方向上运行的距离约等于4个天文单位(即日—地间的平均距离)或$5.98\times10^{8}$(约6亿)公里。——译者

# 第十七章　万有引力定律的回顾

将太阳系的现象作整体考虑之时，我们可将它们分为三类：(1)天体的重心围绕作用它们的主力的焦点的运动；(2)这些天体上所覆盖的流体的形状及其振荡；(3)最后，这些天体围绕各自的重心的运动。我们便按这个次序去解说太阳系里的各种现象，已经讲过它们都是万有引力原理的必然结果。这原理使我们认识很难从观测中分开的一大群差数，由于这原理，天体的运动遵循一些精密而确定的规则。天体运行表的基础建立在引力定律上，只是表内的任意根数才按观测去决定，因为它们不能用其他方法得知，而且只有将观测和理论的精度同时推进之后，才能使天体运行表得到改善。

用地球的运动去解释天体运动，所表现的简单性，得到天文学家一致的赞成，认为是万有引力原理的一种新的验证，使其达到物理科学可能达到的最高境界。我们可从两个方面去增加理论的可靠性，即将其依据的假设尽量减少或使它所能解释的现象增多。引力原理使地球运动的理论得到这两种益处。由于地球的运动是引力原理的必然结论，便不需再附加任何新的假设这个理论；为了说明一切天体的运动，哥白尼认为地球有三种不同的运动：(1)围绕太阳的公转运动，(2)围绕其极轴的自转运动，(3)其赤道极围绕黄道极的运动。引力原理使这三种运动依赖于地球所受到的其方向并不指向地心的一种运动。就是由于这一运动，地球才有公转与自转运动；才使地球的形状在两极是扁平的，而且太阳和月球在这扁球体上的作用才使地轴缓慢地围绕黄道旋转。可见引力原理的发现将哥白尼建立他的理论时所作的假说做了尽量的减少。此外，引力原理还有利于把地球运动的理论和所有的天文现象联系起来。如果没有发现这原理，则行星轨道的椭圆形、行星与彗星围绕太阳运动所遵循的定律，它们运动里的长期性和周期性的差数，月球与木卫运动里的许多差数，二分点的岁差，地轴的章动，月球极轴的运动，最后海水潮汐的涨落等现象都成了各自独立并无关系的观测结果。这一切现象，乍看之下好像并无关系，但却受同一条定律的支配，而且由这个定律将它们和地球的运动联系在一起，因此一经承认了地球的运动之后，便可由数学的推理，导出这一切现象，这真是一件很值得称赞的事！这些现象中的每一个都体现这定律的存在，如果考虑到现今没有一个现象不是可以从引力定律去得到解说的话，而且考虑到这定律以很高的精度决定天体在每瞬间和整个进程里的位置与运动，我们便不怕这定律为某个还没有观测到的现象所否定；最后，天王星和它的卫星以及新发现的4颗小行星都顺从而且验证了引力定律；我们不能否认这一切证据，使我们不得不肯定，除了地球的运动与万有引力（按与质量成正比，与距离的平方成反比）的原理之外，自然哲学里没有什么更完美的论证了。

由于有关宇宙体系的问题的极端困难性，使我们不得不求助于近似解的方法，可是略去的量常使我们担心可能对于结果有相当大的影响。当观测向数学家提出这种影响时，他们便须回到他们做过的数学分析上去；在校正时他们常可能找到由观测发现的离差的原因；于是他们定出这些离差的规律，而且他们常在观测以前，便发现了还没有由观测显示出来的离差。如以前所说，月球、土星、木星和它们的卫星的理论提供很多这一类的例子。我们可以说自然界本身便协助数学家去改善建立在万有引力原理上的天文理论，我认为这是这个奇异的原理的真实性最有力的一个证据。

这原理是否是自然界的一条根本定律？它或只是一个未知因素的普遍效果？这里，由于我们不知道物质的本性，使我们无法对这些问题做满意的回答。我们暂且对于这个问题不作任何假说，只考察数学家对于万有引力原理所抱的态度。

数学家对于这原理有如下五个假定：(1)万有引力存在于物体的最小分子之间，(2)和质量成正比，(3)和距离的平方成反比，(4)由一体到他体作瞬时性的传递，(5)最后，引力对于静止的物体与对于已经在某一方向上运动好像部分地脱离其作用的物体具有相同的作用。



我们讲过第一个假设是作用与反作用相等的原则的必然结果，由于地球的每个分子应该吸引整个地球，正如它被整个地球所吸引一般。而且，这假定为弧度与钟摆的测量所证实；因为通过弧度测量发现的地球形状的不规则性，使我们描绘出(如果我能这样说)地球的一个合乎理论的有规则的轮廓。由于地球的椭率而来的月球运动在黄经和黄纬上的两个差数，还证明地球的引力是由其所有的分子的引力所组合成的；最后，由于木星的扁率在其卫星轨道的交点与近木点上的较大影响，证明木星也是同样的情况。

引力与质量成正比在地球上由钟摆的实验得到证明，其振荡周期与构成摆的物质无关；引力与质量的比例关系在行星际空间里，也从开普勒第三定律（即围绕一个公共焦点运转的天体，其周期的平方与轨道长轴的立方成一定比例）而得到证明。如果一个物体系统受到不改变其质量而只显著地改变其内部结构的因素，则其重力作用不会受到这些因素的影响。譬如盛放在一个封闭瓶内的几种物质因混合而产生沸腾、汽化、电、热等现象。并不使这些物质的重量发生变化，不管在其混合之时，还是混合之后。同样，我们观测到钢片受到强烈的磁化之后，还保持其以前的重量；作用与反作用相等的原则与类比推理，向我们证明在地球上与在一切天体上所发生的类似现象，只能由物体重心周围的分子的位置改变（这种改变的效应在遥远的距离处便不显著），才会使它们的引力发生改变。

第一章里讲过，与距离平方成反比的引力定律以怎样高的精度表明行星轨道上的近日点几乎绝对的静止，现在我们认识了使近日点发生微小运动的原因，我们便应将这定律看做是严格正确的。引力像光线，是从一个中心向四周散发出去的作用力；在远距离处还有作用的一切力，好像都遵循这条定律；不久以前人们又认识电与磁具有的引力和斥力，亦按距离的平方成反比而变化，可见由于这些力，如光线那样扩展出去，它们只在传播途中减弱，但它们的强度在围绕其力心的各个假想的球面上总是一样的。这条自然定律的一个显著特性是：假使宇宙里物体的大小，相隔的距离，和它们的速度均按一定的比例而增或减，它们所经行的曲线将与现今所经行的曲线完全相似，因而现象也完全一样；因为作用于它们的力是与质量被距离的平方除后之商成正比的引力的合力，所以这新宇宙里的力亦按其量纲变化的比例而增或减。同时我们明白这性质只能属于自然界的定律。因此，宇宙里的运动现象与其绝对量纲无关，因为这些表观现象来自空间里的绝对运动，且我们只能观测和知道它们的比值而已。由引力定律推出：两个正球体相互吸引时，好像它们的质量会聚在各自的中心那样吸引。这定律还将天体的轨道与形状分别看做是二次曲线与曲面，至少在不计入它们所受到的摄动，而且假设其为流体的结构时是这样的。

我们没有方法测量引力传播的时间，因为太阳的引力一经达到行星，它还继续施引力于行星上，好像这引力在一瞬间便达到行星系的边际；因此我们不知道引力究竟需要若干时间达到地球；正如没有木卫食与光行差，我们便不知道光在不断的运行中。引力对各个物体的作用并不因其速度的方向与大小而有一点差异。由计算得知，在行星绕太阳与卫星绕行星的平均运动里有一加速度。从前我想用这方法上解释月球的长期差，那时我和别的数学家一样认为不能用关于引力作用的可行的假说去解释这个差数。我发现如果这差数是产生于这个原因，则为了从地球对于月球的引力中完全减去它，便应假设月球有一指向地心的速度，至少为光速的700万倍。由于月球的长期差的真正原因现今已经知道得很清楚，可以肯定引力的作用还大得多。因此，我们可以将引力看做是以无限大的速率在起作用，我们应当肯定太阳的引力在几乎不可分割的一瞬间便传播到太阳系的边际。

除了相互的引力之外，天体之间是否还有他种力呢？我们还不知道，即使有的话，至少可以说它们的效应是不能觉察的。我们

还可肯定天体受到它们所穿过的流体（如光线、彗尾与黄道光）的阻力甚微，迄今还未能查出。由于太阳不断地辐射，其质量应该逐渐减少。但是，由于光线的极度稀薄，或者还有未知的因素去补偿太阳因发光所受到的损失，可以肯定两千年来太阳的质量还没有减少其两百万分之一。

自然界里的电磁现象，也表明还有与万有引力遵循同一定律的斥力。库仑[①]用很精密的实验证明，带同性电的两点之间有一种按距离的平方成反比的斥力，若两点上的电荷是异性的，则按距离的平方成反比而吸引。将这两种相反的电看做是两种不同的流体，在导体内可以完全流动，在非导体则附着于其表面上，更假设同一种流体里的分子互相排斥，并与另一种流体里的分子互相吸引，都遵循天体的引力定律，因此我们可将引力定律的公式应用于电磁现象上。于是我们证明导体内的电流为了得到平衡应该完全附着在表面上，即在为空气包围的外层上形成极薄的一层。在导体的内面斥力为零；但在其表层上每点的斥力与该层的厚度成正比；外层上的各点所受到的压力（由于这压力使各点有向外逃逸的趋势），是与这个厚度的平方成正比的。任一椭球，其各壳层的内外两面都和椭球表面相似而同心：如果椭球是回转的扁长椭球，则在其上的电流向它的两极与赤道逃逸的趋势之比，等于它的长轴平方与短轴平方之比，这便是尖端放电现象的数学解释。但是，电流在物体上或在彼此面对面的几个物体上的分布是一个极其困难的问题，可能引起很奇特的数学研究；解决这些难题对推动数学和物理学的进步都有贡献。普瓦松先生已经用一种巧妙的数学分析，决定了电流在两个面对面的球面上的分布定律。他的计算结

果与库仑的实验完全符合，表明他们的结果所根据的原理是正确的。而且，我们应将这些电力看做是适合于计算的一种数学概念，而不应当看做是电流的分子固有的一种性质。这些电力可能是与亲和力相类似的另外一些力的合力，只在极接近的接触之时才表现出来，但其作用借中介流体，按距离的平方成反比，而传递到显著的距离处去。流体表面上浮着的小物体的引力，对于这种传递，为我们提供一个令人瞩目的例子，将在下章里叙述。

## 注　释

①库仑（Charles-Augustin de Coulomb，1736—1806），法国物理学家。——译者

# 第十八章 分子间的引力

微小的物体之间引力不显著，但在它们的单元结构里以无限多的形式再度出现。凝固、结晶、光之屈折、毛细管里液体的升降，以及一切化合现象都是力所造成的结果，对于这些力的认识是自然科学研究的主要目标之一。物体受到各种引力的作用：其中之一延伸到无限的空间，控制地球和天体的运动；凡是与组成物体的物质的固有结构有关的力，主要是另外一种力，其作用只在小至不能觉察的范围内方才显著。因此，我们不知道这种力对于距离变化的规律；幸而这种力的性质在两物体接近到互相接触之时才产生许多有趣的现象，而且得用数学去研究它们。我将在本章内概略地叙述由这些研究得到的主要结果，以补足自然界里一切引力的数学理论。



第一篇里讲过，一线光从真空到透光的介质里，按入射角的正弦与折射角的正弦之比为常量而屈折。这是折光学的基本定律，是介质对于光的作用的结果，这作用只在不能觉察得到的距离处才表现出来。设想介质的边缘是平面形的，一粒光分子穿越这平面以前受到这平面的垂线周围的介质到处一样的吸引，因同这分子相距显著的各方，有一样多的分子吸引它；因此它们的作用的合力在这垂线方向上。穿入介质里后，光分子继续受到沿这垂线方向的吸引，假想这介质被分为平行于表面、厚度为无限小的许多层，由于上面若干层对于这分子的引力被下面同数的若干层的引力所抵消，光的分子所受到的引力，正如在穿越这表面以前和这表面同距离处的情况；因而在它穿入这透明介质以后，它所受到的引力并不显著，于是它做匀速直线运动。现在，据第三篇所说的活力（动能）守恒原则，求得光分子的初速度在介质表面的法线上的分量的平方常增加一个恒定之量而不管这种初速度有多大。至于与这表面平行的分速度不因介质的作用而遭受变化；整个速度的平方的增量，还有这速度本身的增量，因此与光线的原初方向无关。平行于表面的分速度与初速度之比是入射角的正弦，这分速度与在介质里的速度之比是折射角的正弦，因此这两个正弦之比，等于光线进入介质前后的速度的反比，因此它们之间有不变的比值。它们的平方之差被折射角正弦的平方除后再以真空里光速的平方乘之，便得这介质对于光线的作用；再将这数字以介质的密度除之，便得介质的折射本领（或折射率差）。

如果介质的边缘是曲面，可以在光线穿入之点，以该点的切平面去表示这曲面，因为物体对于光的作用只在离分界面不能觉察的距离处方才显著，我们可以将切面与曲面之间的新月形部分的作用略而不计；因此在光线接触曲面处做一法线，并取入射角与折射角的两个正弦的比值等于这曲面是平面时所具有的比值，便得光线在介质里的方向。

光线从一种介质进入他一种介质时，受到折射，其规则是入射角的正弦与折射角的正弦之比是常数，可见折射只是由于光所受到的两种介质的作用的差异。如果光线穿过分界面是平行的几种透明介质，在每个介质里光速等于光从真空直接进入该介质时所具有的速度，而且与之平行。一般说来，不论光线从真空进入透明介质的方式怎样，其速度总是一样的。

在可感觉到的距离处，作用却感觉不到的假设下，可以将以上的结果推广到密度变化的透明介质的无限小的层内。

利用牛顿所发现的这些原理，光线经过若干多层透明介质以及在大气里的一切运动现象，已经经过严格的计算。这些现象完全不能决定物体对于光的引力定律；而只在感觉得到的距离处不发生感觉得到的效应的条件下，这些现象才表现光服从引力定律。

透明的介质对于各种颜色的光线的影响不同。由于这种差异，一束白光穿过透明的棱镜时，分解为无限多种颜色的光。如果假设各色光的速率不等，便不能解释光的色散里所观测到的现象；因为这样，对于中间光线有相同折射的一切介质都有一样的色散，这与实验发生矛盾，只有实验才能决定色散。



人们曾利用光线穿过不同的玻璃制造的透镜所产生色散现象的不同去消除一般望远镜里物象周围的颜色，因而对天文学上极有用的这种仪器作出很大的改进。

以上所说的光之运动的定律在透明晶体内需要修改，光线在晶体内发生一个奇特现象（初发现于冰洲石内）。一束光垂直地照射在天然的斜方晶体表面上，进入晶体后分为两束光：一束的方向不变，另一束在通过连接这斜方晶体的两个钝固体角的直线，而同表面的正交面相平行的平面里离开原来的方向，因此对这两个角的两边有相同的斜度。这条直线叫做晶体的轴，通过这个轴与表面正交的平面（天然的或人为的）以及一切和它平行的平面叫做这个表面（天然的或人造的）的主截面。

任何入射角的光线在晶体内均可发生分解，其中一束遵循寻常的折射定律，另一束服从惠更斯定律[①]，这定律作为实验的结果，是这位天才科学家最美好的发现之一。他认为光之传播是由于它在以太流体内波动，巧妙地解释了双折射现象。他假设在非晶体内的透明介质里光渡的速度小于光在真空里的速度，而且在各方向都是一样的（各向同性），但是在冰洲石的晶体内，他认为有两种光波。一种光波与在非晶体介质内的情况相同，其速率以光线与晶体面的交点为中心的正球半径表达；另一种光波的速率是变数，为回转椭球的半径所表达，这椭球两极扁平，与正球有相同的中心，其回转轴平行于晶体的轴（各向异性）。惠更斯没有说明这种波动形成的原因，而且光线从一个晶体到另一个晶体时所提供的（下面便要谈到）奇特现象，不是他的假说所能解释的。这假说加以光之波动理论所表现的困难，是牛顿和他以后的数学家未能正确估价惠更斯定律的原因。事实上，这原理与开普勒定律遭遇到同样的命运，由于开普勒不幸将神秘思想渗入他的所有科学著作中，以致经历多年人们还不能认识其定律的价值。可是惠更斯用很多实验证明其定律的正确。著名物理学家沃拉斯顿[②]用巧妙的方法对冰洲石晶体的双折射做了很多实验，他发现其实验结果都与惠更斯的卓绝定律相符合。马吕斯[③]在这方面对于晶体的天然面与人造面也做过一系列的精密实验，他发现实验与惠更斯定律总是最满意地符合。因此我们毫不迟疑地将惠更斯定律列入物理学里最确定与最卓越的成就之中。马吕斯由直接的实验将这定律推广到一切结晶岩。

现在讨论光线受到双折射后所产生的一个现象。设将同质或异质的第二个晶体放在第一个晶体下面的任何距离处，使两晶体相对面的主截面平行于受折射的光线，无论其是寻常的或非常的，从第一晶体折出的与第二晶体折出的有相同的形式，但是，若将一个晶体旋转，使两个晶体的主截面正交，则第一个晶体的寻常折射光线成了第二个晶体的非常折射光线，反之第一个晶体的非常折射光线成了第二个晶体的寻常折射光线。在中间的位置，从第一晶体出来的光线在进入第二晶体时分为两束光，其强度之比等于两个主截面之间的夹角的正弦与余弦的平方之比。有人将冰洲石里这个现象给惠更斯看，他以一位忠实于真理的学者态度，承认这现象不是他的假说所能解释的，这表明很有必要将这些假设和根据它们所推出的折射定律分别开来。这现象表明光线经过双折射的晶体时，经历两种不同的改变，致使其一部分作寻常的分裂，另一部分作非常的分裂。但这些改变不是绝对的；而是与光线对于晶体轴的位置作相对的改变，因为若使两晶体的相对面的主截面彼此正交，则按寻常分裂的光线，便为他一晶体作成非常的分裂。

有趣的是将惠更斯定律应用于分子间的引力与斥力，正如牛顿对于寻常折射所做过的那样；数学家停止在这里，没有追索到力的原因。但要解决这个问题，便须认识晶体介质里分子的形状、光分子的形状、光进入晶体介质后所受到的改变等。由于我们不知道这些数据，只好将力之作用的一般结果应用在非常反射与折射上。这样，便使我对这类现象提出一个新的理论，因其结果与实验符合，使我相信这类现象是由于分子与分子间的引力与斥力所形成的。

这些力的作用最普遍原理之一是活力原理，据这原理，穿入透明介质后光分子的速度的平方的增量（不论光进入介质的方式怎样），在一定方向常是不变量。如前所言，这增量代表介质对于光的作用，其表达式应比非常折射定律的表达式更简单得多，因为后者不但包含有这定律，还依赖于光线进入晶体的那个表面的位置。因此折射问题分为两个部分：(1)决定与介质作用的已知规律对应的折射定律；(2)将这定律应用于晶体分子与光分子的相互作用上。可是，我们缺少解决这个问题的数据，但是第一部分问题可以利用最小作用量原理去解决，而不需要这些数据。

最小作用量原理常可用于受引力和斥力作用的质点运动里。将它应用于光线，可以略去从真空到透明介质里所经过的一段很短的弧，更假设光线进入介质一段可以觉察的距离后的运动是匀速的。于是最小作用量原理对于这问题便简化如下：设光由晶体外一点而到晶体内一点，若将它在晶体外所走的一段直线与其初速度的乘积加在它在晶体内所走的一段直线与其实际速度的乘积之上，则其和应为极小。现在速度的方向由它与两个互相正交的轴所形成的角而决定；由活力原理决定的介质对于光线的作用的规律给出它进入透明介质后的速度，因此最小作用量原理提供光进入介质前后其方向与两轴所成之角之间的两个微分方程式，由此便可将折射光的方向表为原来的方向与两轴所夹之角的函数。于是得出关于介质对光线的作用的非常折射的规律。

最简单的作用定律是其表达式简化为一个常数；于是由上述方法求得折射角与入射角的正弦之比常保持一个不变的数值，这是与以前所讲过的折射律相符的。

这定律以外还有另外一条规律，其表达式里只含折射光线与两轴夹角的正弦的一次乘幂和二次乘幂之项。对于冰洲石而言，如果取晶体的轴为上述的两轴之一，因为这轴与晶体的三条棱边是对称的，容易了解以上的表达式只与这轴和折射光的方向之间的角有关，因而这表达式里只有一个常数更加上另外个常数与这个角的正弦的平方的乘积。将这表达式代入由最小作用量原理所得的两个微分方程式，得到的结果恰好与由惠更斯定律给的公式完全符合。由此可见这定律同时满足最小作用量原理与活力原理，这使我们丝毫不怀疑这定律产生于引力与斥力的作用，而这些力只在看不见的短距离处才起作用。迄至现今这定律还只是一种观测的结果，是极精密的实验误差范围内的近似真理，可是今天出其所依据的作用定律的简单性，我们应当把它看做是精确的定律。

设以光在真空内的速度为单位，则非常折射光的速度是一个分数，其分子为1，其分母是折射光方向上的惠更斯椭球的半径。晶体内寻常光线的速度在各方向上是相同的，等于1被折射角的正弦与入射角的正弦之比除后之商。惠更斯根据实验认识其椭球的同转半径很近似地表达这个比值，这样便将寻常与非常两种折射联系起来。但由连续性原理得知这种值得注意的联系是晶体对于光线的作用的必然结果，而且这只依据一个思想，即将一个晶体对于他一个晶体的轴的位置加以适当改变，寻常光便转变为非常光。因此，这条光线若与沿晶轴正交方向切割的晶体表面正交时，容易知道这轴同由上述表面无限接近的截面所造成的表面之间的无限小的倾角，便足以使寻常光线变为非常光线，反之亦然。这倾角只能使晶体的作用与光线在晶体内的速度产生无限小的改变，因此这速度是非常光线的速度，因而它等于1被椭球的回转半轴除后之商。由于这两个速度的平方之差与非常光线和晶轴间夹角的正弦的平方成正比，故这速度通常大于非常光线的速度。这差数表示晶体对于这两种光线的作用之差，当通过晶体轴所作的人造表面上的入射光是在与晶体轴正交的平面上时，速度为最大。于是非常折射与寻常折射服从相同的定律，不过折射角与入射角的正弦之比在寻常折射是椭球的半短轴，而在非常折射等于半长轴而已。

据惠更斯说，晶体内非常光线的速度以椭球的同一半径表示，因此他的假设不能适合最小作用量原理，但可注意的是，这假设却能适合费马原理，按照这个原理，光从晶体外的一点到晶体内的一点需要的时间最短，因为若将费马原理内的速度表达式颠倒，则费马原理便成为最小作用量原理。在惠更斯的假设里，表达光在晶体内速度的类球体的形状不管如何，惠更斯定律与费马原理总是相符，因而得出可能由于引力与斥力而来的一切折射定律。但椭圆状的类球体满足迄今观测到的双折射现象，以致在这里正如在天体的运动与形状上一样，自然界由简单到复杂，在正圆形之后才出现椭圆。

光线在半透明晶体表面的反射定律可用最小作用量原理与活力原理来说明，但还可用如下的推理将其归属于折射定律。不管使光线从物体反射之力有怎样的性质，我们可以把它看做是一种斥力，它将光所失掉的速度循反方向归还给光，正如弹性力循反方向归还给物体以它所抵消的速度；我们知道这情形遵循最小作用量原理。关于在物体外表面反射的一束光（寻常的或非常的），这原理表达为：光线从一点反射到另一点应循与该表面相遇的一切路径中的最短路程，因为由于活力原理，它的速度在反射前后是相同的。由最短路径的条件推出在与分界面正交的平面上的反射角等于入射角，这是托勒密早已注意的定律。它是物体外表面的一般反射定律。

但是，当光线进入晶体时，分裂为寻常与非常两条光线，这些光线离开晶体时有一部分为其内部表面所反射。反射时，每一条光线（寻常的与非常的）分裂为两部分，以致一束太阳的光线进入晶体后，由于其从晶体出去的内表面的部分反射，形成 4 条光线，其方向的决定法如下：

首先假设进与出两面（我们叫它做第一面与第二面）是平行的。假想晶体的厚度薄到难以觉察，但比两面间的显著作用范围还大，在这种情形里，由以上的推理，我们证明这 4 条反射光只能形成一条，位置在生成光线的入射面里，与第一面形成的反射角等于入射角。现在设想晶体有相当大的厚度，于是在光线出晶体后，由第一面反射的光束所具有的方向，显然和它们在第一个情况里的反射光线平行，因此这些光束将是彼此平行而且与生成光线的入射面平行；不过，不像第一情况那样明显地混合在一起，而为一段距离所分开，晶体越厚，这距离越大。

现在讨论晶体内某一条光线，由第二面出去的一部分与在这面上被反射的另一部分成为两束光，出去的一束光线将与生成光线平行，因为从晶体出去的光线的方向应与进入时的方向平行，由于进入和出去的两面假设是平行的，出去时所受到的力的作用与进入时所受到的相同，但方向相反。设想通过出去的光的方向作一平面与第二面正交，并假想在这平面里晶体之外作一直线经过出去点而与这第二面的垂线在出去光的方向相反的一边所形成的角等于出去光的方向与这垂线所形成的角，最后假想一束太阳光沿这直线进入晶体。这一束光线进入晶体时分裂为二束，由第一面从晶体出去时，其方向与由第二面进入前的方向平行。这两束光线显然是与两条反射光平行的，这同样只能发生于如下的情况中，即由第二面进入的太阳光线分裂出的两束光线，在晶体内各自与两条反射光线的方向重合的情况。非常折射的公式提供由太阳光线分裂出去的光线的方向；因此它们也给出在晶体内反射的两束光的方向。

如果晶体的两面不是平行的，根据非常折射的公式，我们得到生成光线进入第一面时分裂成的两条光线的方向。据相同的公式，我们得到这两条光线中每一条在第二面出去时的方向，由以上作图法，我们推出由第二面进入晶体而形成 4 条光线的两条太阳光线的方向，这 4 条光线的方向将和生成光线被这一面反射而来的 4 束光线的方向相同，这些方向由非常折射的公式给出。因此我们据这些公式得出透明晶体表面对于光之反射的一切现象。马吕斯在这方面做了很多实验，与由最小作用量原理和活力原理所推出的上述定律令人注目地符合，完全证明光在晶体内的折射与反射现象是引力与斥力的结果。而且，他还观测到光被一切物体反射而造成的另外一种奇特现象：即对于每一物体以一定的入射角射入的光线，其反射光完全成为偏振光，致使一物体由反射而生的两个象之一，由于透过一个冰洲石棱镜，而在它的主截面的平面内完全消逝了；在这入射角的界限之外，它的象又会出现。只有金属对于这个普遍规律才是例外，应消逝的象只在金属上面变成暗淡。与从一切物体的光滑表面反射的光线方向相反的偏振光，当其以偏振角照在它表面上时，完全为这物体所吸收。

第二篇里讲过，恒星的光行差是由星光的速度与地球在它的轨道上运行的速度综合而成的现象；因此，假设星光以不同的速度向我们而来，光行差便不会对于一切星都相同。由于光行差很小，不能由现时所用的方法精确测量得这种差数，但是由于光的速度对于它经过透明介质时的折射有相当大的影响，提供了一个很精密的方法去测定各种光线的各自速度。为此，只须在望远镜的物镜前面装上一个玻璃棱镜，然后测量由此造成的星象的视位移。用这个方法得知一切天上的星和一切地上之物所直接发射或间接反射的光线的速度都完全相同。由我的请求，阿拉果先生所做的实验使我们对于物理学上的这个问题没有丝毫怀疑，因其表明恒星的光行差公式的正确性，故对于天文学是相当重要的。

星光对于观测者的相对速度，不是在地球轨道的任何点都是相同的。当星光与地球两者运动的方向相反时，相对速度最大；当两者的运动方向相同时，相对速度最小。虽然因此在星光的相对速度上造成的差数还不及光速的 1/5000，但在光通过棱镜的偏向里造成感觉得到的改变。由于阿拉果先生所做的很精密的实验，没有查出这种改变，我们应该肯定一束单色光的相对速度是一个不变量，并可能为它在我们眼睛里造成光感觉的流体性质所决定。这结论好像还表明在天上的星和地上的物所发的光的等速性里，否则这个等速现象便不能解释。是否还可设想发光体射出无限多种速度不同的光线，只有速度在某一范围内的光线才有刺激视觉感光的性能，其他光线只造成暗而不见的热量呢？热的物体发光，岂不是表明光由热量的增加而形成呢？威廉·赫歇耳对于太阳光谱的热量的实验岂不是证明太阳所发的光线里有看不见的热光，比红光的折射还小，好像具有较大的速度吗[④]？

双折射与恒星的光行差现象，我看好像应将光线赋予发射的体系，这意见若非完全确定，至少有很大的可能。这些现象不能用以太里的波动假说来解释。晶体所形成的偏振光的奇特性质，当其通过平行于第一晶体的第二晶体里时，不能再行分裂，这显然表明一个光分子对于同一晶体的各面的作用不同，而光的运动正如以前所说过的，服从抛射体运动的普遍定律。

笛卡儿首先刊布真正的寻常折射定律，这是开普勒与其他物理学家寻找而未得的。惠更斯在《屈光学》一书中，说他曾在斯涅尔(Snell)的手稿里看到过这条定律，不过其表达的形式不同，且说曾将这结果通知笛卡儿，于是他才推出光之折射与入射两角的正弦之比是常数这个定律。但惠更斯于事后为他的同国人(荷兰)提出这发现的优先权的请求，在我看来并不足以抹杀笛卡儿的功绩，在笛卡儿生前大家早已承认这是他的发现。这位大数学家是据以下两个命题推出他的定律的：即(1)平行于入射面的光线不因反射或折射而改变速度；(2)光在不同的半透明介质里速度不同，在屈光愈大的介质里光速愈大。笛卡儿断定如果光从一种介质进入他种屈折率较小的介质，光线与法线的交角使得折射角的正弦表达式等于或大于1时，于是折射变为反射，反射角等于入射角。这些结果都与实际情况符合；可是笛卡儿提出的论证却是不确切的，令人惊异的是惠更斯与笛卡儿皆根据不确切的甚至错谬的理论，得到真正的折光定律。在这问题上笛卡儿与费马曾有长期的争论，笛卡儿死后其门徒继续争论下去，使费马得有机会将他的极大值与极小值计算法应用于根式。费马用一种形而上学的观点去讨论这个问题，他根据以上所说的原理，去寻找折射定律，找到的正是笛卡儿定律，使他感到惊诧。可是，为了适合他的原理，他发现光线的速度在半透明介质里比在真空里小，而笛卡儿恰好相反，以为光速在介质里比真空里大，费马认为这是不可信的，于是他肯定笛卡儿的证明方法里是有错误的。

第三篇第二章内讲过，怎样由费马原理导出最小作用量原理，他将这原理应用于光在半透明晶体内的运动，使折射与反射定律从这些物体对于光的作用推出。这便表明这一类现象是引力与斥力的结果，因而将惠更斯定律列入精确的真理之内。

仔细考察毛细现象，才发现它们也像光的运动，是多种多样的；它们也随引力变化，可是这种引力在我们的感官所能觉察的距离处，不大会被人查出，我根据这个性质，将它们纳入精确的数学分析里去。先讨论毛细现象中主要的一个，即液体在很细的管腔里上升和下降的现象。

如果将一条很细的柱形玻璃管的末端插入静止的水中，则见管里的水上升，达到的高度与管腔的直径成反比。如果这直径是1毫米，若管的内壁润湿，水可上升到水面之上约30.5毫米（在水温10℃之时）。一切液体都表现类似的现象，只是上升高度各有不同而已，有些液体不但不上升，反而降低到液面下；但这降低度仍然与管内腔的直径成反比；对于水银而言，在内腔口径为1毫米，降低度约13毫米，大理石或其他质料所制的毛细管，均表现类似以上的结果；如果管的内腔很细，液体在其中升或降之度总与它们的直径成反比。

在管子里，一般言之在毛细空间里，若管内液体高于管外液面，则管内液面是凹形的，若管内液体低于管外液面，则管内液面是凸形的。

这些现象在真空里与在空气里相同，因而它们与大气的压力无关；从而它们只是由于液体分子间的相互引力以及液体和管壁间的引力而来。管壁的厚度对于这些现象并无显著影响；液体在毛细管里升降，不论厚度如何，总是相同，只要它的内径一样。管柱与管内壁间有显著距离的圆柱形的各层，对液体的升起并不起什么作用，虽然分别开来每一层都应高出管外的液面，自然会想到各层的作用，不因它们所包含的其他层的插入而受到阻碍，这一类引力正如重力一样，通过这些物体而传递；因而与管之内壁距离稍远的管柱各层，仅由于它们到液体的距离大而作用消失，可见物体对液体的作用正如对光线的作用，只在不能觉察的距离才表现出来。

对于形成毛细现象与光线折射现象，引力作用的方式大不相同。后面这个现象产生于半透明介质的全部作用，当介质的边缘是曲面形时，以前讲过，我们可以略去由这些表面的切平面所造成的新月形里物质的作用，而毛细现象却反而是这新月形里的物质所造成的。将一支玻璃管垂直地浸入盛满水的盆内，设想这支管与一段在它下面弯曲的窄沟道相通，这个沟道的一端达到盆内远处的水面，于是管内之水对沟道里的水的作用小于盆内的水对沟道另端水的作用；两者之差便是在水管表面最低处之点的切平面所割出新月形里的水的作用，它抬起沟道内的液体，并于水面上维持平衡。因此为了解释毛细现象，必须认识这一类新月形体的作用。用分析数学处理，我推出如下的普遍定理：

有关引力只出现于感觉不到的距离处的一切定律里，表面是曲面形的液体团，施在无限窄的、且在任何一点与这表面正交的内沟道上的作用，其分析表达式里共有三项：第一项比其他两项大很多，若液体团的表面是平面形的，它便表达物体的作用；第二项是一个分数，其分子是与引力的定律和强度有关的一个常数，其分母是表面上这一点的最短的密切半径；第三项是一个分数，其分子与上面那个分子相同，其分母是同一点上表面的最长的密切半径。

表面是凸形时，密切半径应该假设为正，凹形时为负。由物体对于沟道内的液体的作用，我们应该了解沟道内液体由于这物体的引力而来的施于与沟道内壁的边正交的基底上的压力（将这基底取为单位）。

利用这个定理与流体的平衡定律，容易得出在一定形状的盆内受重力作用的液体团的形状的微分方程式，由分析数学推出一个二阶偏微分方程式，可是不能用已知的方法去积分它，如果这液体团的形状是回转体，这方程式简化为常微分方程式，而且如果表面很小，可以用收敛很快的近似方法积分它。因此，在很细的圆柱形管内求得液体表面的形状，当管的内径愈小时愈接近于截球形。如果在同一种质料的各种圆柱形管内，这些截球形是相似的，它们表面的半径与管的直径成正比。这些截球形的相似性是明显的，如果考虑到管子停止起作用的距离是如此之短，以致在高倍率的显微镜放大下该距离只等于 1 毫米，而同样的倍率却使管径放大成几米那样长[5]，在这样的情形里管的内表面，在管的感觉得到的作用范围内，可以当做近于平面，因此这范围里的液体从这接近于平面的表面下降或上升。由于在这范围以外的液体只受到自己的作用，它的表面是截球形的，其边缘的切平面既然是在管壁的作用范围的界限处的液体表面的切平面，它们在各种管子里和其内壁差不多都有相同的斜率，因而这些截球形都是相似的。

这些结果的符合表明液体在毛细管内的升和降的高度与其直径成反比的真实原因。因此，当液体在圆柱形管内升起之时，它的表面成为凹形的，它对于以上所说的沟道的作用小于盆内的液体对同一沟道的作用，据以上的定理，这两个作用量之差等于一个常数被差不多是液体表面的截球形的半径除后之商，可是由于在各种管里截球形是相似的，因此这个差及其所造成的液体升出液面的高度皆和管的直径成反比。

如果管内液体的表面是凸形的，如像水银在玻璃管内的情形，管内液体对于沟道的作用大于盆内液体的作用；因此液体降低的高度与这两个作用之差成正比，因而与管的内径成反比。

因此我们可以利用已知直径的圆柱形毛细管里所观测到的液体升或降的高度，去决定同一种液体在任何直径的毛细管里升或降的高度。可是，如果管子不是圆柱形而且其内表面是一个垂直的直棱柱体的表面，液体在这种管内升或降的平均高度是怎样呢？这问题的解决需要将液体的内表面的方程式加以积分，现今的分析数学还不能做这种积分。幸而这方程式可用一个特殊方法处理，导出以下这个奇特的结果，它既给出这个问题的解答，又可以解释许多毛细现象：不管棱柱体的形状与大小怎样，由于毛细作用使液体升高或降低的体积，与水平面在它内部做成的截面的周界成正比。我们可以不用数学，只从毛细作用的效应的观点，对这定理作出如下的证明。

设想液体在垂直的直棱柱体内升高，显然这只能发生于管壁对液体与液体对液体之间的作用；液体与管壁贴近的第一片为这作用所提高，这一片提高第二片，第二片提高第三片，以此类推，直至被提高的液体容积内的重量与趋向于把这份液体提得更高的引力取得平衡。为了决定在平衡态里这份液体的容积，假想在这管的下端有一个理想的第二管，其内壁无限薄，是第一管内表面的延长，由于它对液体没有任何作用，不阻碍管与液体间的相互作用。假设第二管首先是垂直向的，然后沿水平向弯曲，最后再回到垂直向来，一直升到液体表面，在其整个范围内保持相同的形状与粗细[6]。很明显，当液体在平衡态时，在第一、第二两管所构成的沟道的两竖直分支管内的压力应该相同。但是因为由第一管与第二管的一部分所组成的第一竖直支管里比另一竖直支管里有较多的液体，因此产生的压力差应为棱柱体内的垂直引力与这第一竖直支管里的液体所受到的液体垂直引力所抵消。现在仔细地分析这些引力：

首先考察指向第一管下面部分的引力。由于棱柱体假设为竖直的而且是直角的，因而其底部在水平向上。第二管内的液体受到如下两种垂直向下的吸引力：(1)自身的引力，(2)第二管周围的液体的引力。但这两个力为在全部液体的水平面附近的沟道的第二竖直支管里的液体所受到的类似的引力所抵消，因此这里我们可以略而不论。第二管的第一竖直支管里的液体还受到第一管里的液体的垂直向的引力;但这份引力为施于这部分液体的自身引力所抵消;因此这里我们可以不管这两种相互的引力。最后,第二管里的液体被第一管垂直吸引向上,因此合成一个竖直向的力,我们叫它做**第一力**,它的作用是抵消由第一管内液体的升高度产生的压力差。

现在考察作用于第一管里的液体的力。在它的下面部分所受到的引力如下:(1)其自身的引力;但一个物体(如是同体)自身的相互引力不能赋予它以任何运动,因此可设想第一管内液体是凝固的,而不破坏其平衡态。(2)这部分液体为第二管内下面的液体吸引;但是刚才说过这两部分液体的相互引力彼此抵消,因而不应把它考虑进去。(3)这部分液体受第二管外围的液体吸引,由这引力形成一个垂直向下的力,我们叫它做**第二力**。这里我们看出假使引力对于距离的规律,在第一管的分子与液体的分于是相同的,则它们(分子)在等体积内的差别仅在于它们的强度上,这些强度之比正如第一力与第二力之比;由于第二管外围的液体的内表面与第一管的内表面相同,因此这两团物质的差别仅在其厚度上;但是由于这两团物质的引力在感觉得到的距离处是感觉不到的,它们厚度的差别没有在它们的引力上造成任何的差别,只要这些厚度是显著的话。(4)最后,第一管内的液体为管壁吸引竖直向上。设想将这部分液体分为无限多个小的竖直柱体;设由这些柱体之一的上端作一水平面,在这平面下方的那部分管子在柱体内不造成任何竖直向的力;因此只有在这平面上边的那部分管子所造成的竖直向的力,由此可见管的这部分对于柱体的竖直向的力,与管子全部对于在第二管里具有相似位置且相等的小柱体的引力相

同。第一管对于它里面的液体的引力所造成的全部竖直力,因此等于这管子对于第二管里的液体的竖直力;因而这个力等于第一力。

将沟道的第一竖直管里的液体受到的一切竖直引力加在一起,便得到一个竖直向的合力,其方向由下朝上,等于第一力的2倍减去第二力的一倍之差。这合力应与从液面升起的液体的重量造成的压力之差取得平衡;因此这合力等于这份液体的容积与其比重的乘积。现在,由于管子的作用只在不感觉得到的距离处才有感觉得到的效应,棱柱体只对极邻近其表面的液体柱才有影响;因此我们可将管壁的曲率略而不计,而把它们当做是展开在一个平面上;于是第一力与第二力之和等于这平面的宽度(或者说等于管子内底面的周线之长度)与某些常系数的乘积,这些常系数,由以上所说的,可以表示等体积内管子与液体的分子的引力的各自强度;因此刚才所说过的那个合力与这周线成正比,从而上升的液体的容积也和周线成正比。

液体的上表面里所有之点在水平面上之高度的平均值,是其体积被棱柱体的底面积除后之商;因此这高度与棱柱体的周线被底面积除后之商成正比例。

如果棱柱体是一个圆柱体,其底面的周线与其直径成正比,而底面积与直径的平方成正比;因此液体的平均高度与直径成反比。若棱柱体很窄小,平均高度与管内的液体表面上的最低点的高度相差很少。如果液体浸湿管壁(如酒精与水浸湿玻璃杯),这表面便很接近一个半球的表面,容易证明:为了得到高出液面的平均高度,应在其最低点的高度上加上管的直径的1/6,因此这样修订后的高度便与管的直径成反比。盖－吕萨克先生根据很多实验（这些实验用极精密的办法与极仔细的操作，对水与密度不同的酒精、挥发油等液体做成的），证明了由理论推出的这些结果。

升起的液体的体积与底面的周长之比，即使在周线的曲率是不连续的情形（例如周长为直线多边形），仍然保持不变。因为这比例只能为管子对其棱边的作用所扰乱，且只在其范围等于分子的感觉得到的作用范围内；由于这范围小到不能看见，从而误差也应小到完全不能发现；因此我们可将以上这个比例推广到任何底面的棱柱体。如果这些底面都是相似形的，它们便与对应的线的平方成正比，它们的周线与这些线成正比；周线被各自的底面积除后之商，还有，升起的液体的平均高度因而是与这些线长度成反比。

如果底面的周界是内接于同一圆周的多边形，则底面积等于周线与半径之半的乘积；因而周线与底而积之比是一个常数，等于1被半径之半除之。所以升起的液体的平均高度对于所有这些管子都是一样的。

如果棱柱体的底面是矩形，其一边很长，另一边很短，则周线与底面积之比，差不多等于短边之半的倒数。如果底面是正圆，其半径等于短边，则其周线与底面积之比，当和以上之值相同，因此，在这两个情况里液体的平均升高度相同。第一种情况与其下端浸入液体的两个平行平面的情况很近似；因而这两个平行平面间的液体的平均高度等于以两平面间的距离为其内半径的圆柱管里液体的平均高度，这结果与实验完全符合。

如果将一棱柱体竖直地放在另一个空心竖直的棱柱体内，并将它们的下端浸入液体内，则在第一棱柱体的外面与第二棱柱体的内面之间升起的液体的体积，便和这一外、一内的两底面的周线之和成正比。用以上的方法容易证明这个定理。如果这两个底面是相似多边形，则两棱柱体之间升起的液体的平均高度与在另一个相似棱柱体里的情况相同，这一棱柱体的内底面的每边等于另两个棱柱体的底面对应诸边之差。

如果一个空心棱柱体按与水平面斜交的方向，由其下部浸入液体内，则这柱体内的液体升出水平面的体积与棱柱体之棱的倾角的正弦的乘积，不管这倾角如何，总是一个常数。事实上这乘积表示升起的液体的体积内的重量在与棱柱体之边平行方向上的分量；这样，这个重量的分量应与棱柱体及其外边的液体对于其内面的液体的作用取得平衡，这作用显然对于棱柱体的一切倾角相同；升起的液体的平均竖直高度也常相同。

由此可见，若管子对液体的引力强度的 2 倍小于液体对于自身的引力，则升出液面之液体的体积的表达式为负，于是升高变为降低；虽有这一改变，以上的结果仍然存在；故在圆柱形管里的液体的平均降低度与其直径成反比。

管内液体表面与管内壁相交所成之角随它们的引力强度而变。由分析数学推出下面这个定理：管子对于液体的引力强度，等于液体对于自身的引力强度与下面所说的那个角之半的余弦的平方的乘积，这个角是在管子的作用范围的末端和液体表面相接触的平面与管内壁的下部所成之角，这个角与直接和管壁接触的液体表面之边同管壁所形成之角不同。因此假设管的引力强度等于液体的引力强度，则这个角为零，于是在很窄小的圆柱形管里液体的表面和半球的表面很接近，如果这两个引力强度中第一力只是第二力的一半，这个角便成直角，液面为平面；最后，如果管的引力同液体的引力相比是不显著的，则这个角等于二直角，液面则是凸半球的表面。因此这个角的量度提供这些力之比的量度，只要这里所说的第一力的强度不超过第二力的强度。

在管对流体的引力大于流体自身的引力的情况里，很薄的一片液体贴附在管壁上，形成一个内管，于是它提高液体，因而液体表面变为半球的凹面。这是水、酒精与油在玻璃管内的情况。

靠管壁末端并在其感觉得到的作用范围内，其上部的引力不复相同，并且随着液体接近这个末端，引力不断的减少，刚才所说的角发生大的变化。因此将玻璃毛细管插入酒精愈来愈深，直到酒精达到管的顶端，管内液体离液面上升的高度总是一样。于是在这支管子插入酒精的连续过程中，可以看见酒精的表面逐渐不成凹形，当管的顶端达到液体面时，终于成为平面形。

若将酒精逐渐注入玻璃的毛细管里去（这管两端开口并维持在竖直的位置上），亦发生类似的现象。液体降落到管内下端；液体柱的上表面常成凹的半球形；下表面同样是凹形，但随着酒精的倾入，使液柱增高时，下表面变得愈来愈不那样凹，而且如果将管的下端插入在充满这种液体的不定形盆内，当这高度等于毛细作用造成的高度（即液体在管内超出液面的高度）之时，则液柱的下表面便成为平面形的。若管底附着有空气或其他原因不能使液体浸湿管底，则继续注入酒精时，这表面变为愈来愈凸。当这表面变为凸半球形时，液柱的高度为毛细作用造成的高度的两倍。事实上，造成上表面的凹形的吸力与造成下表面的凸形的压力，协助以支持这管里的液柱;由上所说这两力是相等的,第一力足够维持毛细作用形成的高度。如果我们继续注入酒精,则液体的点滴伸长,且在其表面上因此而增长其曲率半径的一些点处发生破裂。于是这液滴从下面的管口溢出,那里再形成一个新的液滴,它变为愈来愈凸,直到形成一个半径等于管的外半径的半球。于是,如果在第一液滴从管底溢出之时,液柱的高度减低,而达到平衡,液柱的高度便是在浸入液体的两个玻璃管里发生的液体升高度之和,这两管的内径是:一为第一管的内径,另一为同一管的外径。这理论的一切结果都得到实验的证明。

现在讨论盛着许多种流体的一个无定形的盆子,这些流体按水平向,一种重叠在他一种上面。假设将一根直棱柱体以其下端管口竖直地浸没在这盆内,管里流体的重量,超过假使没有毛细作用时管内流体应有的重量之数,与假使管下端浸入的流体只有一种时,高出液面的液体的重量相同。事实上,棱柱体与流体对于管内同一种流体的作用显然与上述这后一种情况相同。由于柱体内的他种流体显著升高在下底之上,柱体对于每种流体的作用既不使其升高亦不使其降低。如果这些流体组成为一个固体物质团(这样的假设不致破坏其平衡),它们之间的相互作用显然彼此抵消。



由此推出:如果将棱柱形的管子的下端浸入一种流体内,然后将另一种流体注入管内,它停止在第一种流体上面,管里两种流体的重量与先前管内所含的一种流体的重量相同。上面一种流体的表面将是以其下端浸入这种流体的管里应有的表面。在两种流体接触处的公共表面与它们单独存在时的表面不同,这是由分析数学可以决定的。如果将水、酒精或其他能使玻璃润湿的液体注入玻璃制的圆柱形的毛细管内去，然后将这管的下端浸入水银盆里，我们看见润湿管壁的一部分液体，在水银面上连接成柱形。分析数学应用于这个问题，便发现水银与液体的公共表面，在水银一边是凸的半球面，以致水银的表面与管壁形成之角为零。

设一个无定形的盆里只含有两种液体，**假想将一个直棱柱体竖直地完全浸入这盆里，以致其上部在一种液体内，下部在另一种液体内；由于毛细作用，棱柱体内从盆里液面上升的下部液体的重量，等于同体积的上部被体的重量，加上假使盆内只有这种下部液体时，在棱柱体内升出液面的该液体的重量减掉盆内只有这种上部液体且同一棱柱体以其下端浸入这液体内时棱柱体内上部液体升出液面的该液体的重量。**

为了证明这定理，我们当看到棱柱体与下部液体对于管里那部分下部液体的作用与只有这液体在盆内的情况相同；因此在这两种情形里这液体受竖直向上的同样的作用，显然在后一情形里这液体受到的力等于从液面升起的这团液体的重量；同样，棱柱体上部所含的上部液体，由于棱柱体与液体的作用，受到竖直向下的作用，正如假使盆里只有这液体，棱柱体因其下端浸入这液体时它受到的竖直向上的作用相似；在这情形里棱柱体与液体的作用之和等于棱柱体里高出液面那份液体的重量。最后，棱柱体内下部液体柱由于其本身的重量受到竖直向下的作用，而由于外部液体的压力受到竖直向上的作用。将这些应取得平衡之力综合在一起，我们便得到刚才所宣布的定理。根据这些原理，我们可以决定盆内盛有多种液体时应发生的情况。

毛细管内液体的升和降随温度而变化，这是由于热造成口径的改变，更主要的是造成液体的密度的改变。对于某些流动性很大的液体，如酒精，有如下的普遍定理：在不同的温度里，使管壁润湿的毛细管内流体的升高度，与液体的密度成正比，而与管的内径成反比。

将以上的理论应用于气压计里水银的降低度，我们可以编制一个对应于各种管径里水银降低度的数字表，这样我们才能比较由不同的气压计观测所得结果，而气压计对于天文、物理与大地测量都有其重要性。

数学理论的一个最大的优点，且最适宜于保证理论的精确性的优点，在将貌似无关的现象联系在一起，而决定其间的相互关系，不是据模糊与猜度的思维，而是从精密的计算去处理。因此万有引力将海洋里的潮汐和行星的椭圆运动的规律联系在一起。而上述理论将圆形薄片贴附在液体表面之上，漂浮在液面上的小物体的引力与斥力以及毛细管内液体的上升等现象联系起来。

设在精密天平的一支臂上悬挂一个圆形薄片，且将它放在一种液体的表面上，然后在天平的他一臂所悬的盘里逐渐缓慢地加上一些很小的砝码，我们便会看见这个圆形薄片慢慢地从液面升起，并举起一段柱形的液体。由于砝码增加到一定程度，这薄片终于和这液体柱分离，而这液体柱也坠落到盆里去。使薄片和液体分离所需的重量可以据和薄片同质料的圆柱形毛细管里液体上升高度而定出。假设这薄片的形状是直径很长的正圆，它所提起的液柱的形状便是一个同转体，其下底不确定地伸展在液体团的面上，其上底是这圆形薄片的下表面。由毛细作用的理论推出这液体柱表面的微分方程式；这个表面是凹形的，就是由于它的凹形才将液体维持在悬空的平衡态里；因为，设想在液柱面上的任何一点有一个无限小的孔道，起初在水平向上，然后弯曲竖直向下伸长到液面之下，可见孔道的竖直支管里所含的液体将为由柱面凹形而来的空吸作用(succion)所支持，正如玻璃毛细管里升起之水以类似的原因而维持其平衡。由数学分析得知提起的液柱的重量应该等于天平另一端上所加的砝码的总和，这一部分被提起的液柱的重量也与合乎以下两个条件的液体圆柱的重量相同：(1)这液柱的高度是：以薄片的质料制成的圆柱形管内液体的平均升高度与管的直径乘积被管壁的下表面与作用范围的极限处液体表面的切平面所成之角(这叫做极限角)的余弦除之的平方根；(2)这液柱的底面是：薄片的下表面与这表面在薄片的感觉得到的作用范围的极限处和液柱面相接触的平面的交角之半的余弦的乘积。后面这个角开始等于二直角，继后随着砝码的逐渐增加，将薄片提起而变小，差不多和液体已经达到其上端但还继续深入液体的毛细管里它增大的情形一样，如果以薄片的下表面除刚才所说的圆柱便得薄片在液面的高度，因此由这高度的观测值可以知道薄片与液体表面间的交角。当薄片恰和液柱分离之点，这个角便等于极限角。如果液体润湿薄片，则极限角为零，分离之时液柱的表面如滑轮沟道的表面，其中最窄的部分约为柱高的 7/10。盖-吕萨克先生对于薄片黏附于许多种液体的表面的附着力，做了很精密的实验，得出的结果与由以上的理论所推出的结果有极好的符合，使我们对于这理论的正确性无怀疑之处。

这些实验可以决定各种物质对于某种液体的引力的比例。将

这些物质作成直径一样长而且相当大的圆轮片，且将其放在一种液体的表面上，由分析数学得出在相等的体积内，这些引力的强度与使薄片和液体分离时所需的重量的平方成正比。当薄片对于液体的引力大于液体对于其自身的引力时，由实验只能求得后一种内聚力；因为那时紧贴在薄片下表面的一层液体薄膜形成一个新的薄片，只有它才提起它下面的液体。因此一切为水所润湿的物质（如玻璃、大理石和金属等）所做成的同形状同大小的薄片都同样地附贴在这个液体表面上。但对于薄片的引力小的情形，液体对于薄片的摩擦力与其黏滞性在薄片附着于液面的实验上带来大不相同的结果。这是盖－吕萨克先生对于玻璃圆薄片在水银面上的附着力的实验所得到的结果。由以上的讨论，这附着力的极大值差不多与一个锐角之半的正弦成正比，这个角便是竖直地浸入液体内的玻璃管壁的上表面和在管的感觉得到的作用范围的极端处与液面相切的平面所成之角；可是在压力计的日常观测里，我们知道当水银很缓慢地降落时，这个角可以增大银多，因为水银与管壁间的摩擦力与其黏滞性阻碍了与管壁接触的那部分液体的降落。相同的原因阻碍水银柱和薄片的分离。这分离不能直接发生于薄片与液体两表面之间，很像水银已经形成一团固体一般。那时便须用比造成这现象的力有无可比拟大的力。但是，将薄片提起时，液体柱开始从其边沿处分离；跟着液柱逐渐向薄片中部缩小直到它与薄片分离之时。水银与薄片的下表面之间的摩擦力与其黏滞性，应阻碍这效应，而正如气压计里水银降落时一样，增加薄片与水银两表面接触的锐角；如果在天平的另一端极缓慢地加上微量的砝码，液柱的分子有时间去适应同这个角相适合的新的平衡情况，由此可见使薄片从水银面分离所需的重量可以大大地增加。

浮在液体表面上许多小物体所表现的引力与斥力，也是毛细现象，可用数学处理。假想有两个为相同物质所造成的平行平面，以其下端竖直地浸入不定形的液体内；首先假设液体在两面之间降低；容易看出这降低现象在两面间比在两面外显然较大，而且这两面愈接近时这现象愈显著，这一差异使这两平面被外边液体压缩。如果液体在两面之间升高，效果也是一样。为了说明这个现象，假想两面间的液体里有一无限窄小竖直的沟道，经过液面的最低点，再设这沟道循水平向弯曲而终止于某一平面的内表面上比外面的液体较高之点处。这一点首先受到大气的压力，其次是沟道的竖直支管里的液体的压力。但这些压力为内液表面最低点的切平面所割去的弯月形液体的作用所减少，并且这个作用为沟道的竖直支管（假设这一支管延长到不定形的液面上）里的液柱的重量所平衡；因此这平面的内点受到的压力，小于作用在这平面的对应的外点上的大气压力；从而这个压力差便有使这两个平面更接近的趋势。由分析数学推出如下的定理：不管液体在两平面之间升高或降低，每一平面所受向他一平面靠近的压力，等于一个液体柱的重量，这柱的高度是液体与内外两面接触的端点的高度之差的一半，其底面是从这两点所引的水平线间的那部分平面。因此，当两平面很接近时，它们联合在一起的趋势，按它们之间的距离的平方成反比而增加。所以利用一种中介液体，只在看不见的距离才感觉得到的有作用的力造成一种可以扩展到感觉得到的距离处，遵循万有引力定律之力。

如果两平面是不同物质的，譬如对于其中的一平面液体在其外边降低，对于他一平面液体在其外边升高，而且两者升降之度相等，它们便互相排斥。这两平面之间的液面有一条水平向的回折线，它与外液面齐平。两面之内，接近升高液体之平面的液体，升得不如外边液体那样高，还可看到在液面较低的一边，压力较大。同样，由于在降低其内边液体的那个平面外边的液面比里边的液面较低，内边的压力较大，于是这两平面趋向于分离，不管这两平面怎样接近，分离的趋势总是存在的。但是，如果一个平面外边的液体升高度和他一平面外边的液体降低度有一点差别时，情形便不相同。数学给我们表明它们开始排斥，可是如果使它们不断地接近，这种表观的斥力终于转变为引力，且它随着两者的接近而增大，液体在两面的内边无限地升高或降低。总之，不管两平面排斥或吸引，虽然它们因毛细作用而产生相互的影响，但作用总是等于反作用的。实验证明由理论推出的这些结果。



最后，物体在比重较小的液体里悬浮也是一种毛细现象，可用数学处理。这现象只发生在物体因其毛细作用将液体分开的情形里，于是我们可以体会，为保持平衡，物体应由其重量补充它所排开的液体的重量。一般言之，由于毛细作用，任何形状的物体重量的增加，等于由毛细作用在液面升高那团液体的重量；如果液体向下凹陷，则重量的增加变为减少，于是平衡态的物体的重量，等于这样一团液体的重量，该团液体的体积等于物体在液面下排开液体所占空间的体积或因毛细作用排开液体所留下的真空的体积。

这原理包括流体静力学里关于浸在液体内的物体失重的著名原理[7]；这原理中，当物体完全沉没于液面之下时，便须除去消逝的毛细现象。为证明这个原理，假想有一条相当大的竖直沟道，足以包含这物体与由毛细作用而提高的液体的体积或排开液体所留下的空间；假使这沟道进入液体后先在水平向，继后竖直向上直到液面，其口径保持不变。在平衡态里这沟道的两竖直支管里的液体重量应该相等，因此由于物体的比重较小，它的重量应和因毛细作用升起的液体的重量相抵偿，或者如果毛细作用使液体下陷，由于其比重，它应和这作用所造成的真空相抵偿。在前一情形，毛细作用使物体沉入液体之内，在后一情形，这作用提高物体，因此它可以被支持于液体表面之上，虽然它的比重较大。

就是由于这个缘故，一条很细的钢制圆柱（例如一根很细的钢针）与水面接触时，由于其表面涂漆或其周围的空气层，而浮在水面之上。如果将两个相等而平行的圆柱，循水平向放在水面上，它们相接触的方式好像它们要相互超越，我们看见它们在相依滑动之际，它们的末端并肩齐平。由于液体在两圆柱体接触的两端比相对的两端陷下较多，后面这两端的底面比其他两端的底面受到更大的挤压，因此一圆柱与他圆柱愈来愈趋向于互相联合起来，且正如一个物体系统常因加速力作用，扰乱其平衡状态；在这个状态之外，这两个圆柱应该交替地相互超越而造成振荡，由于它们受到的阻力，这振荡不断地减弱，而终于消失；于是这两圆柱达到静止状态，而两端齐平。

在运动中或以平衡态悬空的一滴液体，如表现在锥状毛细管里或交线是在水平向、交角很小的两平面之间的现象，便很适宜于检验这理论的正确性。在两端开口且位于水平方向的玻璃锥状管里的小水柱或酒精柱向管的顶端流动，据理应该是这样的。原来液柱的表面在两端是凹形的；但这个表面的半径在顶端比在底端小；因此液体对于其自身的作用在顶端一边较小，于是液柱向这一边伸展。如果液体是水银，它的表面是凸形的，它的半径仍然是顶端比底端小；但是由于凸形的缘故，液体对于自身的作用向顶端一边较大，液柱应向底端移动，这是与实验相符合的。

我们可以使液柱自身的重量与液体对于自身的这些作用取得平衡，可使管轴与水平向斜交，将液柱在悬空中取得平衡。由简单的计算得知：如果液柱不长，管径很窄，则管轴与水平向的交角的正弦，在平衡的情况里，很近于同液柱中点与锥顶间的距离的平方成反比，而等于一个分数，其分母是这距离，其分子是液体在圆柱管（其直径是锥形柱中点处的直径）里升起的高度。在水平向的边沿互相接触的两平面（这两平面形成的角等于锥轴与其边的交角）之间的液滴，亦有类似的结果；平分两平面之间的交角的平面与水平面的倾角，为使液体维持平衡，应与锥轴的倾角相同。我们对于这问题所做的实验证明由理论推出的结果。

相交成任何角度的两平面之间的液体的形状，依附在平面上的液滴的形状，虹吸毛细管里液体的流动，以及许多这一类的现象，与以前的现象一样，都可用分析数学处理。理论与实验两方结果的符合，无可辩驳地证明一切物体里皆有一种分子间的引力，它随距离的增加作迅速的减少，而且由于这种分子力在液体里为包含该液体的狭窄空间的形状所改变，便造成一切毛细现象。

由于这些现象可以纳入一种数学理论，为了使它们和自然界里的情况作精密的对比，便须做一系列很精密的实验。随着物理学日益完善而进入分析数学的领域之时，这一类实验更加需要。

实验和理论对比之后，我们可将理论提高到物理学能够达到的准确程度。由我的请求，盖-吕萨克先生对于毛细效应所做的实验，达到天文观测的那种精确度，于是为刚才所说的理论赢得了那种胜利。

当人们找到现象的真正原因时，好奇心又使他们回顾而且考虑为了说明现象所想出的假说与现象接近到什么程度。牛顿在其《光学》的结束处提出的问题里，曾谈到许多毛细现象；他已经看出这些现象是由距离增加，作用便迅速减少的引力而来，他认为化学亲和力是分子间的引力产生的现象，对于他的时代而言，这是一种很卓绝的见解，且已由现代化学家的工作大体得到证实；但牛顿没有提出据分子力去解释毛细效应的计算方法。然后，尤冉(Jurin)曾企图将狭窄管里液体的升高现象纳入一个普遍的原理。他认为水在玻璃管内的升高是由于管与水接触的环形部分的引力；他说："因为只在管的这一部分，水在下落时才离开管壁；因此只是由于这部分的吸引作用才阻止了水的下降。这原因与其效应成正比，因为这个圆周与悬挂水柱皆与管的直径成正比。"可是效应和原因成正比那个原理只能应用于原始因，而不能用于"第一因"所造成的"第二因"。因此，采纳只有和水面相连的玻璃环圈才是使液体升高的原因，我们便不应该肯定升高的液体的重量应和管的直径成正比，因为我们只能将这环圈上各部分的力加在一起，才知道这个环的力。克勒罗在其《地球形状的理论》一书中研究了这个问题，他不用尤冉的假说，而对通过管轴的无限狭窄的沟道里，维持悬挂的水柱处于平衡态的一切力做了精密分析。但是他没有解释主要的毛细现象，即在狭窄的管里，液体的升或降的高度与管的内

径成反比。他只满足于观察，而没有证明有无限多种引力定律可以造成毛细现象。他对玻璃的作用的假设，即以玻璃管对水的作用一直可以达到管轴里的水分子，便使其对于这现象的真正解释相距愈远；但是令人注意的是如果他采取在感觉得到的距离处引力是感觉不到的假说，如果他将用于管轴上的分子力去分析在管的某些部分的作用范围内的分子，便会引导他得到不但是尤冉的结果，而且还可得到我们用第二个方法得到的有关毛细现象的结果。由这方法得知，如果液体完全浸润管壁，我们可以理会到在液体表面之上那部分管壁对它的作用使少许觉察不到的液体上升，而使它悬挂于平衡态里，那时升高的液体柱的重量与管里这一环圈的引力取得平衡。这不是如尤冉所主张的，造成这些效应的是与液体接触的环，因为它的作用在水平向上；这些现象证明管与液体的相互作用绝不在液体的表面上停止。尤冉的原理，虽然不精确，但却导出一个真实的结果，即液柱的重量与管的内底的周线成正比，这结果应该推广到棱柱形的管子，不论它内部的形状以及它的分子对液体的引力同液体分子对本身的引力之比是怎样的。

毛细空间里的液面和液滴的表面与数学家在微分学产生初期称为弹性的表面具有相似性，自然使几位物理学家将液体看作是这些表面的包络面，由于液体的张力与弹力给予这些液体以实验所表示的形态。首先有这种思想的是塞涅尔(Segner)，他认为这只是表示这些现象的一种假想，但是我们同样只能认为这是与在感觉得到的距离处有感觉不到的一种引力的规律有联系的。因此他企图建立这种相关性；但根据他的推理，容易认出其不确切性。他得到的结果与数学的推理和实际情况都不符合，足以证明其意念的不可靠。而且由其研究报告的附注里,他本人亦认为结果不能令人满意。但我们应当公道地说他已为毛细现象的一般理论开辟了门径。当我研究这问题的时候,汤姆·扬[8]也发表了几篇很有卓见的论文,刊于《哲学通报》之内。他和塞涅尔一样,由液面两个互相正交方向上的曲率的考虑去比较毛细作用与液体的表面张力,而且他假设对于同一种物质,这表面常与毛细空间之壁相割于一定的角度而不管这些壁的表面怎样,但这结果只对于这些物质所感觉得到的作用范围内才是正确的,当液体在管壁的极端时,在这范围外,这结果便归无效,正如我们上述关于管的表面和提起液体的圆薄片表面里所看到的情况一样。但汤姆·扬与塞涅尔都没有提出分子引力的假说,可是为说明问题,这是不可避免的;这些假说只能根据类似于我在第一个方法中所提出的证明才能得到,虽然塞涅尔与汤姆·扬的解释已经接触到我的第一个方法,正如尤冉接触到我讨论这类现象时所提出的第二个方法。

我对于毛细现象所以不厌其详地加以推阐,因为不但是由于对这问题本身所表现的兴趣,而且这些现象的理论大大阐明了物体分子间的相互引力,而毛细现象不过是稍微变形的分子力而已。事实上计算给我们证明毛细作用是由分子引力而来,前者与后者之比远远小于引力的作用半径与毛细表面的曲率半径之比。因此,假设后者之比为 1/10000,则水对于其自身的引力(内聚力)超过水在直径 1 毫米的玻璃管的毛细作用(附着力)的 2 万倍;据实验这作用等于 3 厘米的水柱的压力,因而这个力超过 600 米水柱的压力。这样大的压力强有力地压缩水的内层,增加各层的密度,因此它应该超过其厚度比分子作用范围还小的一片孤立的小薄膜的密度。这情形应否假设为水泡的外壳因此变得很轻的原因呢？

分子的引力是促成同质分子的聚合与物体的凝同性的原因，也是异质分子的亲和力的来源。与重力相似，分子力绝不停留于物体的表面而渗透入物体的内部，施作用于离接触处短至不能觉察的距离内：这便是毛细现象所证实的事件。化学亲和力里质量的影响或饱和容量便依靠以上所说的这种分子力的作用，贝托莱[9]曾出色地阐发了这作用所生的效应。例如两种酸作用于同一种碱上，各按其与碱的亲和力大小而分占碱；如果亲和力只在接触处起作用，便不会发生这个现象，因为那时最强的酸完全占据了这种碱。分子形状、电、热、光和其他因素，同这个普适定律相结合而改变了它的效应。盖-吕萨克先生用各种比例的水与酒精形成的混合液所作的有关毛细现象的实验，似乎表明这些改变；因为这些现象不严格地服从由这两种混合在一起的液体的各自引力和比重所得出的定律。

于是出现一个有趣的问题：分子的引力与距离之关系的定律是否对于一切物体皆相同呢？这好像是锐希特（Richter）所观测到的普遍现象的结论：使一种酸饱和的各种碱的比例，对于所有的酸皆是相同；在这情形里，毛细定律对于一切液体皆是相同。

固态物的分子所占的位置使分子力对于物态的改变具有最大的阻力。每个分子，在它的位置上受到无限小的扰乱时，由于它所受到的分子力，使其有回到原来位置的趋向。这便是一切物体皆有弹性力的原因，所谓弹性即物体受到少许变形时必定恢复原状的性质。但是当分子的各个情况受到相当大的改变时，这些分子可能得到新的稳定平衡态，例如锻锤的金属，又如柔软物体受压榨后一般容易保存赋予它的一切形状。物体的硬性与黏滞性我看也是由于它们的分子对于改变其平衡态的反抗的结果。因为热的膨胀力对抗分子的吸引力，所以随热量的增加，黏滞性与分子间的内聚力便会减少，当物体的分子只有很微弱的阻力去对抗它们在物体表面与内部的改位时，这物体便液化。物体的黏滞性虽然大为减弱，但仍有黏滞性，直到温度增高到某程度，黏滞性才不存在或不显著。于是由于每个分子在其一切位置上都获得相同的引力与由热量而来的相同的斥力，所以每个分子便会屈服于最小的压力之下，液体便具有完全的流动性。我们猜想，这很可能发生于温度大大高于它开始凝冻时的温度的一切液体中，例如酒精。只有在这些液体内，毛细现象的定律，如液体的平衡与运动的定律，可以作很精密的观测，因为和毛细现象有关的力是如此之小，以致最微弱的障碍，例如液体的黏滞性和它们与管壁的摩擦力，便足以显著地改变这些效应。分子形状的影响在凝冻与结晶现象里特别显著，例如一小片冰或晶体投入将要凝结之水或晶液内便会很快使水凝结或使晶液结晶；这固体表面的分子和液体分子接触之处呈现最适宜于它们相互联合成为一体的情况。我们可以想见，当距离增大时，形状的影响应比引力的影响更迅速地降低。因此，在与行星形状有关的现象里，例如对于海洋里的潮汐与二分点的岁差，这影响均按距离的立方而降低，而引力只随距离的平方减少。

因此，物体的固态随分子引力与它们的形状而变化，例如一种酸虽然对于一种碱比他一种碱的引力作用在远处较小，但是如果由于它的分子的形状，它和这种碱的接触更紧密的话，它宁肯和这种碱化合或结晶。形状的影响，在黏滞的液体里还很显著，在完全

流动的液体内却变为零。这一切都使我们相信，气态物质里，不但是分子形状的影响，而且分子间的引力的影响，相对于热的膨胀力而言都小到不能觉察了。这些分子好像只对于热力膨胀是一种障碍；因为在大多数情况里，在不改变闭合在一定容积内气体的张力的情况下，我们可以将等积的其他气体置换这气体的一些部分。就是由于这个原因，几种气体接触在一起时，终于混合成为一种均匀气体；因为只有这样，这些气体才达到一种稳定平衡态。如果这些气体之一是水汽，则平衡只能在下列的情形里才能稳定，即扩散的水汽的分量，不超过在等温下流到一个其体积等于这混合气体所占体积的真空里的水汽量。如果这份水汽之量较大，为了取得稳定平衡，超出的部分应凝结成液体。

对在分子引力的相互作用下一个分子系统得到稳定平衡的研究，可以说明许多现象。正如受重力作用的固体与液体的系统里，力学为我们表明有几种稳定平衡一样，化学也表明几种相同的元素可以合成几种不同的永恒态的化合物。有时两种元素结合在一起，由它们结合而成的分子更与第三种元素结合；例如，从表面上看来组成酸的元素与一种碱化合的情况便是这样。有时，一种物质里的几种元素并未互相结合在一起，但却与其他元素结合且形成三重或四重化合物，因而这物质可由化学分析从这种化合物中提取出来。相同的分子还可按其不同面相结合，而形成形状、硬度、比重与光学性能不同的几种晶体。最后，稳定平衡的条件，我看便是决定各种元素在大多数情况里化合时所按的固定比例的条件，而且根据实验这些比例总是最简单的，是整数对整数的比。这些现象都同元素的分子的形状、它们之间的引力的规律、电和热所生的斥力以及其他未知的力有关。由于我们还不知道这些数据和它们的极端复杂性，因而不能将这些化学变化的结果纳入数学分析。虽然有这种缺陷，但我们可由观测到的事实的对照来加以弥补，更由它们的比较，提高到把很多现象联系在一起的普遍关系，这些普遍关系便是化学理论的基础，于是应用于技术上，使其得到改进与推广。

由于物体的各部分都受到引力的作用，其中一种是在空间里无限延伸的，而他一种在我们感官能感觉得到的短距离处便停止其作用，于是我们不禁要问，后面这种力是否与前面那一种力相同，只因物体的形状与其分子间的距离而发生了改变呢？要肯定这个假说，便须假设分子体积与它们彼此间的距离相比是如此之小，以致它们本身的密度比它们集合体的平均密度无可比拟的大。一粒其半径为 1/1000000 米的球状分子，为了使其作用于地面上的引力等于地面的重力，这粒分子的密度当比地球的平均密度大 60 亿倍（$6\times10^{9}$）；可是分子间的引力远远超过这个重力，因为它们使光线有显著的曲折，而光的方向却不因地球的引力发生显著的改向。因此，假使分子的亲和力只是万有引力的一种变形，分子的密度比物体的密度当是无可比拟之大。而且，没有什么理由阻止我们用这方式看一切物体：有些现象，例如在透明物体内光线极易向各方向通过的现象，便有利于这个看法。此外，彗尾里物质极度稀薄的情况，也正是蒸汽物质几乎无限疏松的惊人例子，而且将地球上物体的平均密度看做介于一种绝对密度与这些蒸汽的密度之间，也不是一种荒谬的假说。于是亲和力与聚合的分子的形状和它们各自的位置都有关系，用这些形状的多样性，我们可以说明

引力的多样性，且将物理与天文两方面的一切现象纳入单一的普适定律里去。但是由于我们还不知道分子的形状与其相互间的距离，便使这些解释含糊不清，因而对于科学的进步没有什么裨益。

## 注　释

①惠更斯定律亦称惠更斯原理，是波动理论中说明波阵面在介质中传播规律的基本原理。他认为波阵面上各点就是引起介质波动的波源。这种波源发出的波叫做"子波"；而从波阵面上各点发出的许多子波，经过一段时间后所形成的"包面"，就是原波阵面在这段时间内所传播的新波阵面。根据这个原理，可以说明波阵面在介质中的传播，导出波在分界面时的反射和折射定律，并能初步解释波的衍射和光在晶体物质中的双折射等现象。——译者

②沃拉斯顿（N. H. Wollaston，1766—1828），英国物理学家、化学家。——译者

③马吕斯(S. L. Malus，1775—1812)，法国物理学家。——译者



④拉普拉斯采取牛顿的光之微粒假说，因而不能解释白光分析为无限多种颜色的光谱现象。按光的波动假说，光速等于波长与频率的乘积，而波长与频率成反比，故光速为常数。由于红外线易被物体吸收，而使其中一部分能量转化为分子的热运动的动能，故物体吸收红外光后温度增高。——译者

⑤即管子的作用范围比管径小几千倍。——译者

⑥这叫做 U 形管。——译者

⑦这原理一般叫做阿基米德原理。——译者

⑧汤姆·扬(Thomas Young，1773—1829)，英国物理学家。——译者

⑨贝托莱(C. L. Berthollet，1748—1822)，法国化学家。——译者

# 第 五 篇

# 天文学史纲要

以上几篇，按最直接和最简单的次序，叙述了有关宇宙体系的主要结果。我们首先考察了天体的视运动，然后由这些运动的比较，导致形成它们的真运动。为了提高到支配这些运动的原理，便须认识物质运动的规律，我们对此已经详细地阐述过了。然后，将这些规律应用于太阳系里的天体，于是得知它们之间，甚至构成它们的最小分子之间有一种引力，这引力是与质量成正比而与距离的平方成反比的。最后，更从万有引力定律追索其产生的效应，我们不但推出已知的和天文学家所猜度的一切现象，而且还推出许多崭新的现象，而这些现象更为观测所证实。

人类借智慧作出这些发现并不按以上所说的那种次序。以上所说的发展次序是设想我们已经得到古代的和现代的全部观测，而且为了比较这些观测以推导出天体运动的定律和运动的差数，我们同时使用了今天所掌握的数学和力学的一切知识。可是，由于这两门学科与天文学是携手并进、逐渐完善的，在不同的时代里，它们必然影响天文学的理论。天文学上对于同一类现象常有几种不同的假说，虽然它们和当时还不知道的力学基本定律是有矛盾的；在这种愚昧无知里，人们对于天上的现象曾抱有许多错误观点，因而经历漫长的许多世纪，不认识宇宙的真实体系。可见天文学前进的步伐是蹒跚的、不稳定的，而且它所揭露的真理常与谬误混在一起，只有经过时间的淘汰、观测的鉴别与相关科学的协助，才可能将真伪分辨开来。我们在这一篇里对于天文学发展的历史概略地叙述一个纲要:由此可以看出天文学曾经经过漫长的幼稚阶段,直到希腊亚历山大学派才脱离这阶段,而开始步入科学的境界,可是在中世纪里便停顿不前,经过大约 1000 年的漫长时间,到了 11 世纪,由于阿拉伯人的工作,天文学才稍有进展,最后,天文学从其诞生地亚、非两洲传播到欧洲,还不到 3 个世纪便达到今天这个水平。这个崇高的自然科学的进程里,虽然自很古以来便掺入了由人们的软弱而来的占星术,但由于真正天文学的进展扫除了这一类迷信的障碍,才为现今科学的发展开辟了前进的道路。

# 第一章　古代天文学
# （直到亚历山大学派）

天空的景象必然会引起原始人的注意，特别是在天气晴朗的地方，容易使人们抬头仰望星辰。为了耕种的需要，人们很早便认识季节的循环。跟着便有人觉察在黎明的曙光与薄暮的昏光里有一些明亮的恒星出没于东西两方的天界上，他们便借它们以定年岁的周期。差不多所有的民族都做过这一类的观测，其时期之古老，因年代遥远而不可稽考。可是只有几颗亮星出没的粗浅知识不能形成一种科学；天文学的起源，应在将前人的观测保留下来，而且加以比较之时，因为只有对天体的运动比前人更加仔细的追踪之时，人们方能开始决定这些运动的定律。太阳在与赤道斜交的轨道上运行，月球在恒星间移动，月相与月食的原因，行星及其运动的周期的决定，地的球状及其量度，这一切便是古代天文学所研究的对象；但关于这方面的成就，由于遗留下来的记载很少，因而不能决定其时期与范围。我们只能就所知道的天文上的各种周期而判断其来源很古，而且知道从古代遗留下来的观测，愈古的愈不完善。人事的变迁总是这样，只有工艺才能将往昔的史迹以耐久的方式遗留给后代；由于印刷术是一种近代的发明，早期的文化因无记载，多已被人遗忘。伟大的民族相继磨灭，即使说明他们历

程的遗迹也不存在。古代的名城多已毁灭，其历史与其居民所说的语言亦随之而消逝。例如巴比伦城的遗迹在何处就已很难考证。装饰古代名城的伟大建筑，是前人的艺术和工艺的成就，世界的奇迹，现今所剩余的只是一些模糊的传说与几堆残破的废墟，其源始虽不可考，但由于这些遗迹的宏伟，足以说明古代一些民族的才能。

初期的实用天文学好像仅限于亮星的出没、月亮和行星的遮掩恒星，以及日月食的观测。人们只用出没于曙光和暮色里的恒星去追踪太阳的行径，用圭表去测中午日影长短的变化，行星的运动由其移动的过程中与若干恒星间的角距离而测定。为了认识行星以及其各种运动，古人将天穹分为若干星座；所谓黄道带，是太阳、月亮与那时知道的行星所在的天区，带内计有 12 个星座：

白羊　金牛　双子　巨蟹　狮子　室女

天秤　天蝎　人马　摩羯　宝瓶　双鱼

这 12 个星座还被人叫做黄道十二宫，而用以分辨季节，例如太阳进入白羊座时在喜帕恰斯时代便是春季的开始，跟着太阳便按以上的次序经过金牛、双子、巨蟹……等星座。但由于二分点的逆行运动改变了（虽然很缓慢）季节与其对应的星座的位置，在这位希腊大天文学家的时代，实际的天象和起初规定黄道带的时代[①]的情况已经大有差异。可是天文学家需要计算行星运动的定标点，我们仍然像喜帕恰斯那样，以太阳进入白羊宫为春季的开始[②]，由此可见黄道十二宫里的星座只是用于以标志天体行踪的一种虚拟结构。现今人们已经改用简单的概念与精密的方法，不再使用黄道十二宫而代之以天体对于春分点的角距离来表达它们在黄道上的位置。

黄道带12星座的名称并不是偶然决定的；它们是联系许多研究对象与许多体系的标志。其中一些星座的名字是与太阳运动有关的，如巨蟹与摩羯两座表示太阳在二至点的逆行[③]，天秤座表示太阳过分点时昼夜等长，其他几个星座的名字可能与制定黄道带的民族的农事与气候有关。摩羯或山羊座好像更是位置在太阳行径的最高点而不在最低点。这星座在这最高位置上的时代应在15000年前，那时春分点当在天秤座内，黄道星座与埃及的气候和农事有很显著的关系。假使黄道带12星座不是按照它们和太阳一道东升或在白昼开始时升起来制定，而是根据在黑夜开始时它们从东方升起（举例说，天秤座的升起，那时作为春季的开始）来制定，所有这些关系仍然存在。黄道带的起源，若认为在公元前2500年，比以上所说的15000年应与我们所知道的古代科学，特别是古代天文学的稀少的知识，符合得多。

古代的民族中，中国人在编年史中为我们提供了最古老的观测，这些观测还可用于现时天文学。中国古书中的日、月食由于记载含糊只能用于年代学的考证；但这些日、月食表明帝尧的时代（公元前2000余年），中国已经将天象的观测作为祭祀的根据。历法颁布与日、月食观测已经作为重要的天文工作，为此设有太史或钦天监来管理天文历法的事务。几千年来中国人观测二至日里圭表在中午时所投射的日影长度与天体中天的时刻，并用漏壶以计时，用月食时月亮和恒星的相对位置测定月亮的位置，这样便容易求得太阳与一至点对于恒星的位置。同时，中国人制造有许多种仪器测量天体之间的角距离。综合这些实测工作，中国人很早便知道太阳年的长度大约大于 365¼ 日[4]，并以冬至日为岁首。他们的民用年是按太阴历计算，为了与太阳历调和，他们使 19 个太阳年里含 235 个朔望月[5]，16 个世纪以后卡利普[6]才将这种置闰法介绍进希腊历法。中国历法里每月的日数交替为 29 与 30 日，于是太阴年为 354 日，因而比他们的太阳年短了 11¼ 日；但到了这差数之和刚超过一个朔望月的长度的那一年内便置一闰月。中国人将赤道分为 12 次与 28 宿，在这些次里仔细地决定二至点的位置。中国人记载较长的时间不用世纪而用天干、地支配合的 60 年的周期，更用 60 日的周期以纪日；但东方各国使用的 7 日循环的星期制，在很古的时代中国人已经知道(即将太阴月四等分，以其一份——7 日来作为计时的一个周期)。中国人以太阳每日所经行的弧为一度，对应于太阳年的长度将一周天或圆周分为 365¼ 度；但角度、日子、重量与尺度均采十进制，经历了至少 4 千年之久，为许多国家所采用，可见这制度有许多优点，应推行于全球。



对于天文学有价值的最早的观测是周公所做的，在中国大家仍以崇敬的心情纪念他，因为他是统治过中国的最好的公侯之一。他是周朝开国皇帝武王的弟弟，武王死后他辅佐其侄儿成王。当成王年幼时他以摄政王的身份治理中国，时在公元前 1104～1098 年。孔子在其编选的中国人最尊敬的《书经》里，记载有周公教成王治国修德之道。周公与其助理人曾做了许多天文观测，其中三个幸而保留到今天，因其时间的古老所以珍贵。两个观测是太阳中天时圭影长度的记录，是在冬至与夏至两日于洛阳城所做的极仔细的观测[7]，由这些数据可以求出那时的黄赤交角的度数，结果与现今由万有引力理论所推出的相当符合。另一个观测是在同时期里冬至点在天穹上的位置，也与理论符合，以那时粗糙的方法得出如此精细的结果实在很可钦佩。由于这种显著的符合，使我们不怀疑这些观测的确实性。

公元前 213 年时秦始皇焚书[⑧]，中国早期计算日月食的方法和许多重要的观测数据没有被保留下来，对天文学的有用资料，便须推迟到周公以后约 4 个世纪去寻找了，而地点也移到迦勒底王国[⑨]。托勒密转述了几个古代月食观测，其中 3 个是公元前 719 与前 720 年在巴比伦城所观测的，他曾用以决定月球的运动。喜帕恰斯和托勒密显然没有相当精确的古代观测作为计算数据，认为愈早的观测愈不可靠。这样看来，迦勒底人的观测（据说这些观测远在亚历山大以前 19 个世纪，曾为亚里士多德使用过）没有保存下来，也不是十分可惜的事。但迦勒底人根据其前人长时期的观测，发现日、月食循环的周期是 6585⅓ 日（即 18 年又 11 日 8 时），在这周期内月亮相对于太阳转了 223 周（即 223 个会合周或 223 个朔望月），相对于近地点转了 239 周（近点周），相对于黄赤两道的交点转了 241 周（交点周）。他们在这周期上加入圆周的 4/135，便得到这周期内太阳对于恒星的运动，这计算里假设恒星年是 365¼ 日。托勒密认为发现这周期的功绩应归之于古代的数学家；但据苏拉[⑩]同时代的天文学家吉米吕斯（Geminus）说，这周期的真正发现者是迦勒底人，并且说明他们怎样利用月亮的周日运动与计算月亮的近点角方法而得出这个结果。如果考虑到迦勒底人将月亮相对于它的轨道交点、近地点与太阳复返到同一位置的 223 个朔望月的沙罗周（saros）作为以上所说的日、月食的周期的组成部分，那么他的论证是无可置疑的。这样，在一个沙罗周里

所观测到的日、月食便提供一个简易的方法，去预报以后若干沙罗周里将发生的日、月食的日期。沙罗周与他们计算月亮运动的主要差数所用的精致的方法，需用很多观测数据作巧妙的比较；这是亚历山大学派建立以前最奇特的天文成就。这说明现今知道的古代天文学是从在星辰科学上很有知识的民族而来的。迦勒底人对于宇宙体系的看法是多样的，原来人们对于观测与理论还没有弄清楚的事物应当是这样的。有些哲学家比较幸运，他们在对于宇宙的伟大与秩序具有比较明晰的见解指导下，认为彗星亦如行星，在永恒的定律支配下而运动。

对于埃及天文学，我们知道得很少。金字塔面的方向准确指向四方点[11]，使我们对他们观测的方法有一个深刻的印象，但他们的观测却没有遗留下来。奇怪的是亚历山大学派的天文学家不得不求援于迦勒底人的观测，原因或由于埃及人的观测已经失传，或由于埃及人因恐惧这学派的人得到当时君王的宠幸，出于忌妒心理而不愿将他们的观测告诉这学派的学者们。这一时期（公元前4世纪）以前埃及僧侣的名声已引起早期希腊哲学家的注意。泰勒斯[12]、毕达哥拉斯[13]、欧多克斯[14]与柏拉图[15]都曾引用过埃及人的知识，而且丰富了这些知识，毕达哥拉斯学派对于宇宙结构的理论很可能从埃及人得到一些良好的意见。马可布[16]说埃及人曾提倡水星与金星围绕太阳运行的正确思想。埃及的民用年是365日，分为12月，每月30日，在每年终加上5个额外日。但据傅里叶[17]先生的意见，埃及人因观测最亮的天狼星同太阳一起东升的现象使他们觉察这现象的复返每年稽迟1/4日，于是埃及人提出1461年的天狼周，经过这样长的一个周期，埃及人的月份和节日复返回相同季节。这周期在公元 139 年再度开始。假使如证据所表明的，以前只经过一个天狼周，前一周开始之时当可能是埃及人对黄道星座命名之时，即埃及天文学创始之时。他们观测到 25 个埃及年内有 309 个朔望月，由此给出的每月的长度很接近于每月的实际长度。最后从他们所留下的有关黄道带的知识，知道他们对于二至点在黄道星座里的位置曾经作过仔细的测定。据笛翁·卡修斯[18]的考证 7 日一周的星期制是埃及人的发明。这周期建立在古代天文学的体系上，这体系将太阳、月亮与行星按照它们和地球的距离由远而近地排列：土星、木星、火星、太阳、金星、水星与月亮。一周里每日更分为 24 等分，以这些天体的排列次序而命名，每日更以对应于其第一个等分的天体而命名。印度婆罗门教[19]亦采用星期制而且和我们现今的名称相同。我认为他们和我们以同样方式命名的日子对应于相同的物理时刻。星期制曾用于阿拉伯、犹太、亚述[20]和东方各国。虽然经历了世纪的更替，王朝的变迁，但却一贯地、连续地使用，而不能在这许多民族里找出发明人，因此，我们只能把它看做是天文知识上的一个最古老的成就。由于埃及的民用年是 365 日，如果用每年第一日的名称作为那一年的名称，容易了解年的名称将永远是星期的日子的名称。由此便形成了年的星期制，这种制度为希伯来[21]人所采用，这显然只能是以 365 日为一个太阳年的民族所创立的。

天文知识是一切多神教的基础，其来源是容易解释的：在迦勒底与古埃及，天文学只在庙宇内由僧侣们进行研究，传布这门知识的僧侣在其中掺和了不少迷信。他们向愚昧的信徒宣传英雄与鬼神的神话，只是他们对天象与自然界运转所拟造的寓意故事，由于

模拟是人类精神世界的一种主要动力，这些譬喻的而非真实的故事，在宗教里流传以至今日。僧侣们为了巩固他们的神权，利用人们自然而生的预知未来的欲望，而创立了占星术。由于人们有处于宇宙中心的幻觉，容易相信星辰影响他们的命运，并预兆在其出生时的天象上。这种荒谬的迷信实际是由人们的自负、不安与好奇等心理所造成的。占星术与天文学一样古老，直至17世纪真正的宇宙体系的知识广泛传播以后，这种迷惘的思想才被摧毁，而不复返了。

波斯与印度的天文学，亦如其他古代民族的天文学那样，和它们的古代历史一道湮没于不可稽考的黑暗里了。印度人的星表有人认为是相当先进的，但据考证不能认为是很古的。关于这个问题，我和我不幸的朋友是有分歧的。他的死亡是永久的遗恨，世俗好恶无常的一个可怕事件[22]。以其对于科学和人道主义所做的工作，以其德行和高贵的品质，已经度过其光荣的一生，可惜牺牲于流血的暴政。印度星表分为两个时期，一在公元前3102年，一在公元前1491年。这两个时期为表中所载的太阳、月亮与行星的运动所联系，从第二期星表内所载的这些天体的位置可以上溯到第一期里它们的位置，由此人们找到假设是在第一时期里发生的行星的普遍会合[23]的现象。上述这位有名的学者巴伊，在其所著的《印度天文学》里企图证明第一期的表是根据实际观测而编制的。虽然巴伊能将最抽象的材料讲述得很明白来论证，可是我认为这表内给出黄道里的行星的运动有一公共出发点，很可能是假定的。我们最近编制的天文表，由于将理论和许多很精密的观测加以比较，已经有相当大的改进，但还不能得到印度表内所假设的行星的

普遍会合；对于这个问题，印度的表所提供的行星位置的差异，远比可能有的误差还大得多。事实上，印度天文学里的某些根数，除了时代很早之外，计算的质量是不高的；例如应上溯6千年才能找到他们给出的太阳的中心差。但是和他们测定的误差无关，我们应该注意他们只在日、月食时去考察太阳和月亮运行的差数，而在日、月食时月亮的周年差加到太阳的中心差上，使这中心差增加了一个差不多等于其真值与印度人的数值之差的数量。在印度的星表内，几个根数（例如木星与火星的中心差）与其在第一期内应有的位置有很大的差异；这两个表的一致，特别是它们所假设的五星会合之不可能，表明印度表是现代人所编制的，至少是经现代人改正过的。正是由这些星表所推出的月亮对于近地点、交点，与太阳的平均运动，比托勒密所推出的平均运动较速，由此可说明这些表是在这位希腊天文学家以后所编制的；因为据万有引力定律，我们知道这三种运动自许多世纪以来便有加速现象。因此，这个理论的结果对于月亮天文学异常重要，至今还用以澄清年代学上的问题。但是古印度的天文学素著声誉，不怀疑自远古以来印度人便不断地观测天文现象。希腊人和阿拉伯人开始研究科学时，他们向印度人汲取粗浅的天文知识。表示数目的10个数字的巧妙方法，是从印度传来的，印度人用数字表达数目，同时也表达位置和次序，这是一个很细致而且重要的概念，今天我们看上去这是很简单的概念，而不会感觉到它的功绩。但是这种计数法的简单性与对一切计算的极端容易性，我们应将它放在一切发明的首要地位，如果我们考虑到即使两个最聪明的大学者阿基米德[24]与阿波罗尼奥斯[25]从来没有想到这种简单明了的计数方法，可见这种方法的

发明是不容易的。

希腊人在埃及和迦勒底人之后很长一段时间，才开始仿效他们，从事于天文的研究。要将希腊人的天文知识，从他们先前若干世纪的神话历史里分辨开来是困难的。希腊的学派虽多，但在亚历山大学派以前，却很少从事实际观测的人：他们把天文看做是纯粹臆测的科学，因而喜做不切实际的玄想。奇特的是，但见一大堆宇宙体系的争辩，却无补于知识的进步；许多哲学家（其中一些具有罕见的天才）竟至没有这种简单的认识：认识自然界的唯一方法是用实验的方法向它提出问题。但是如果我们考虑这样一件事实，我们便不感到奇怪：早期的观测只表现孤立的事实，对于急于追索原因的不耐烦的玄想者是不感兴趣的，因而观测到的现象以很缓慢的步伐增加，须经历若干世纪才能将观测的事实积累到足够大的数量，由此人们才会发现现象之间的关系，事物关系逐渐增多之后，再与人们不断提出的玄想（假说）联系起来，才会导致真理的阐明。

希腊人的哲学思想里有时也出现有关天文的良好思想，这是从旅行中所学习到的知识而加以改进的。泰勒斯于公元前 640 年生于米利都（Milet）市，曾留学埃及，同希腊后创立爱奥尼亚学派，他主张地的形状是球，黄道与赤道斜交，并指出日、月食的真正原因。有人甚至说他能预测日食，无疑他使用了从埃及僧侣学来的按日食观测记录而推算出来的日食周期。

泰勒斯的继承人有阿那克西曼得（Anaximandre，公元前 610—前 545），阿那克西米尼（Anaximène，公元前 565—前 500）与阿那克萨哥拉（Anaxagore，公元前 499—前 428）。前两人首先在希腊使用土圭与地图。阿那克萨哥拉因宣传爱奥尼亚学派的真理而被雅典人迫害，他的罪状是企图将自然现象的原因归之于不变的定律，以抹杀神对自然界的权力，他和他的儿子均被判死刑，以其门徒和朋友柏雷克勒斯[26]的营救，改为流刑。由此可见要将真理建立在地球上，常会与流行的错误思想发生冲突，宣传真理的人不止一次遭到不测的灾祸。

从爱奥尼亚学派产生出另一有名学派，其创立人是毕达哥拉斯，于公元前580年生于萨莫斯（Samos），他是泰勒斯的门徒，泰勒斯教他游学埃及，他从僧侣们的巫术学起，直到精通他们的教义。以后他又到了印度，向婆罗门教徒学习。回国后，因受到执政者的压迫，逃亡到意大利，在那里创立了他的学派。爱奥尼亚学派的天文知识在毕达哥拉斯那里得到大发展而传授下去；其主要的贡献便是他所传授的：地球绕其自身旋转并绕太阳运行的两种运动的知识。毕达哥拉斯还将这种知识蒙上一层面纱，以免人们的斥责，但其门徒斐洛劳斯（Philolaus，公元前450—前400）才公开阐明其中的道理。

据毕达哥拉斯学派人言：彗星亦如行星围绕太阳运动；它们不是地面上大气里转眼消逝的现象，而是自然界里的永久结构。关于宇宙体系的这些完全正确的概念，受到森内克[27]的热情赞扬，认为这是人类对于宇宙里的伟大结构的宏伟思想，应使哲学家的精神得到鼓舞。他说“彗星的出现异常稀罕，它们自遥远的空间而来，我们不明白其运行的开始与终结，因而不知道它们的运动规律，是不奇怪的。希腊人对于星辰的计数与命名至今还不到1500年。……有一天来到时，由于若干世纪的不断研究，现今还不明白的事理将会昭然若揭，后代人会对于我们竟不知道这样明显的真理感到奇怪。”毕达哥拉斯学派还认为行星上有生物居住，恒星都是分布在空间里的太阳，它们是各自行星系的中心。这些哲学思想，由于其伟大与正确，应得到我们的赞赏；但是由于它们里面混杂有唯美和唯心的观念，例如他们将音乐的观念应用到宇宙的运动上去，建立所谓《天球谐和论》，而且缺乏同观测相符的证明，它们的真实性与我们五官感觉相矛盾，因而遭到蔑视是不奇怪的。

亚历山大学派以前，希腊天文学史上，为我们提供的重要观测只有默冬[28]与欧克特蒙[29]于公元前 432 年对夏至点的测定。默冬以发现 19 年的周期里有 235 个朔望月而著名，并将其引入希腊历法之中。测量时间与决定季节的最简单的方法是只用太阳运行的周期（阳历）；但由于古代民族的无知，月相却为他们提供了一个很自然的划分时间的方法，因而被普遍采用。他们按月相的往复（特别是朔和望）而举行他们的祭祀、节日与游戏，可是农事的需要迫使他们求助于太阳去辨别季节，但是他们又不愿放弃以月亮运行来计时的老方法，因为他们可按每月的日序得知月龄。于是他们在太阳与月亮的运行周期之间去寻找包含这两周期的整倍数的公共周期。这个最简单的公共周期便是 19 年；因此默冬建立了包含 19 个太阴年的循环周期，其中 12 个年是每年 12 个朔望月的平年；其他 7 个年是 13 个朔望月的闰年。这些月里日数不齐，安排的方式是使 235 个朔望月的一周里，110 个月为每月 29 日，125 个月为每月 30 日。这样的安排法由默冬在希腊奥林匹克竞技会上提出，得到普遍的赞赏和一致的采纳，并将这数字刻于庙额，称为“金数”。但不久人们便察觉这种新历法经过一周之后，新月的出

现时刻便稽迟了1/4日。于是，卡利普提出19年的4倍即76年的周期，并且在这一周之末略去一日。这就叫做卡利普周，这周期既不如沙罗周之古老，其精确度亦较沙罗周差。

亚历山大时代有马赛人皮西亚斯[30]以地理与天文知识知名。他曾在马赛于夏至日太阳中天时测量圭影的长度，这是周公以后最古的这一类观测。这一个观测之所以可贵是由于它证明黄赤交角在逐渐变小。可惜古代天文学家们很少使用圭表观测，其准确度比浑天仪还高。如果仔细测量日影投射在平整表面上的长度，古代天文学家们可能由他们的观测为我们留下现今很有用的两种数据，即太阳与月亮的赤纬。

## 注　释

①太阳周年视行所经过天空里的恒星，在不可稽考的远古时期，便被分为12群，公元前2000多年人们业已将太阳进入白羊座时规定为春季的开始；这以后1800年才是喜帕恰斯的时代。——译者

②春分点（黄赤两道的升交点）现今已由白羊座移至双鱼座。——译者

③逆行即由东向西的运动。——译者

④据《尚书·尧典》载："期三百六旬有六日，以闰月定四时成岁"。——译者

⑤19个太阳年＝365.2422×19＝6939.60日；235个朔望月＝29.5306×235＝6939.69日；故19年的日数差不多与235个朔望月的日数相等。19年的月数＝19×12＝228月，需加上7个月才等于235个月，这便是19年7闰法的来源。中国使用这种置闰法始于公元前6世纪。希腊人Mélon于公元前433年发现这个周期，比中国晚了百余年。——译者

⑥古希腊人卡利普（Calippe）于公元前334年采用在76年内插入28个闰月的方法。——译者

⑦我国的天文实测以利用上圭测日影为最古，最早的记载并不是在《书

经》里，而是在《周礼》中，讲得比较详细的则是《周髀算经》。拉普拉斯在本书中的阐述有误。今河南省登封县的告成镇，古称阳城，相传是周代测影场所之一。现尚保存有唐开元十一年（723 年）南宫说所立的测影台纪念石表及元至元十六年（1279 年）郭守敬进行“四海测验”时所建的观星台。这是我国现存最早的天文台建筑，也是世界上最重要的天文台遗址之一。——译者

⑧事实上，秦始皇并没有将法律、医药、卜筮、星象（天文）、种树等书烧掉。——译者

⑨迦勒底王国即新巴比伦王国（公元前 626—前 583 年）。首都在今伊拉克巴格达南面，王国统治时期，幼发拉底、底格里斯两河流域的文化，特别是数学和天文学有很大发展。——译者

⑩苏拉（L. C. Sylla，公元前 138—前 78），古罗马统帅和独裁者。——译者

⑪即东、南、西、北四个方位。——译者

⑫泰勒斯（Thalés，公元前 640—前 548），古希腊哲学家。——译者

⑬毕达哥拉斯（Pythagoras，公元前 580—前 500），古希腊哲学家、数学家。——译者



⑭欧多克斯（Eudoxe，公元前 409—前 356），古希腊天文学家。——译者

⑮柏拉图（Plato，公元前 429—前 347），古希腊哲学家。——译者

⑯马可布（Macrobe），公元 5 世纪拉丁语作家。——译者

⑰傅立叶（M. Fourier，1768—1830），法国数学家。——译者

⑱笛翁・卡修斯（Dion Cassius），古罗马历史学家，于 155 年刊布其名著《罗马史》，至今还很有用。——译者

⑲婆罗门教是印度古宗教之一，形成于公元前 1000 年代初叶。——译者

⑳亚述：亚洲古国，在美索不达米亚。公元前 1280 年建国，公元前 606 年为后巴比伦所灭。——译者

㉑希伯来：亚洲西部古国。公元前 722 年亡于亚述，前 568 年又亡于罗马。——译者

㉒巴伊（J. S. Bailly，1736—1793），法国政治家、文学家、天文学家、科学院院士兼院长。著有古代、近代和印度天文学史三大卷。法国大革命时被选

为制宪会议主席和巴黎市长，后被逮捕并推上了断头台。——译者

㉓五星会合亦称五星联珠，指金、木、水、火、土五行星并见于一方，是一种极其罕见的天象。——译者

㉔阿基米德（Archimède，公元前 287—前 212），古希腊物理学家、数学家。——译者

㉕阿波罗尼奥斯（Apollonius，公元前 260—前 200），古希腊天文学家、数学家。——译者

㉖柏雷克勒斯（Périclès，公元前 499—前 429），古希腊政治家。——译者

㉗森内克（Sénèque，2—66），古罗马哲学家。——译者

㉘默冬（Méton，公元前 5 世纪），古希腊天文学家。——译者

㉙欧克特蒙（Euctemon，公元前 5 世纪），默冬的合作者。——译者

㉚皮西亚斯（Pythéas，公元前 4 世纪），天文学家、地理学家、北海的探险者。——译者

# 第二章 自亚历山大学派的建立至阿拉伯人的天文学

直至那时，古代各民族因实际的需要或恐怖的缘故，只限于有关季节和日、月食的天象的观测。由很长时间里发现的某些天象的周期和对于宇宙结构的一些猜度(其中混入不少错误)，便是他们的整个理论天文学。到了亚历山大学派，才初次出现用测角仪器所做的观测，并在三角学运算的基础上建立起宇宙体系。于是天文学以一种新姿态出现，后人便遵循这路径而使其日益完善。那时测定天体位置的精度是以前所达不到的。太阳和月亮运动上的差数比以前更加了解，跟踪行星的运动更加仔细了。最后，亚历山大学派产生包含一切天象的天文体系；虽然这体系还远不如毕达哥拉斯学派的体系，但它的优点是由于它建立在观测上面，而又常和观测比较，因而随时可以修改，且将其不完善的初稿提高，以接近于自然界的真实的体系。



亚历山大死后，其将领把帝国瓜分，托勒密·苏代[①]做了埃及王。由于他爱好科学和礼贤下士，招来许多希腊学者到其首都亚历山大城。王子托勒密·费拉德尔福[②]继承了王位和他父亲的遗志，对于希腊学者优礼有加。他还花费大量的金钱与精心的筹划，为他们修建大厦作学府，学府中有天文台和久享盛名的图书馆[③]。

学者们在这座富有仪器与图书的伟大学府里，专心致力于他们的工作，各国王子前来游学请益者不绝于途。由这一学派所掀起的科学研究运动致使人才辈出、盛极一时，于是托勒密王朝在人类学术史上形成一个最繁荣而有名的时代。

阿里斯提尔(Aristille)与提莫恰里斯(Timocharis)是亚历山大学派最早观测者，他们工作于公元前300～前？年年间。他们对于黄道带内主要天体的位置的观测使喜帕恰斯用以发现岁差现象，并为托勒密的岁差理论提供依据。

他们以后，这学派的另一位天文学家是生于萨莫斯的阿里斯塔克[④]。他喜欢研究天文学里最精细的问题，其结果不幸没有遗留下来。他的著作仅存者只有《太阳和月球的大小与距离》，书中他叙述了他决定这两天体的距离之比的巧妙方法。阿里斯塔克测量了月亮明亮部分正是半圆时，日月两天体在人目里所张的角度。这时人目与月面中心的连线和日月两轮中心的连线恰恰正交，他求得以上所说的那个角比直角小1/30，于是他计算出日—地间的距离比月—地间的距离远19倍；虽然这结果很不精确，但却将当时所知道的宇宙的边界开拓了很远。阿里斯塔克在他的书内假设太阳与月亮的视直径均等于圆周的1/180[⑤]，这数字显然太大；但不久便改正了这个错误，因为阿基米德曾取太阳的直径为黄道圈的1/720(即半度)，这是以后几年阿基米德用一个很巧妙的方法求得太阳的视直径平均值。在公元4世纪，亚历山大城有名的数学家巴布斯(Pappus)由于不知道阿基米德的改正值，对阿里斯塔克的著作提出批判。这可能是由于恺撒围攻亚历山大城时，将其有名的图书馆里的藏书大部分焚毁，使阿里斯塔克的许多著作和

其他许多宝贵的图书绝迹所造成的结果。

阿里斯塔克重新提出毕达哥拉斯学派对于地球运动的主张，但是我们不知道他用地球的运动解释天象到怎样一个程度。我们只知道这位精明的天文学家认为地球的运动不能使恒星的视位置产生显著的影响，可见恒星比太阳对于我们的距离有无可比拟的遥远；因此他是古代天文学家里对于宇宙之伟大有正确认识的一人。他的主张由阿基米德的著作《沙盘算》遗留下来了。这位大数学家发现表示一切数的方法，他把数看做是亿万个不断的周期所形成；第一个周期的单位是简单的单位；第二个周期的单位是亿万的亿万倍，如此类推。他用希腊人计数直到亿的字母表达每个周期。为了使人感觉他的方法的优越性，他提出一个计算天球里所含的沙粒数的方法，更将这天球的范围作无可比拟的扩大：他用这个方法去表达阿里斯塔克对于无限宇宙的思想。

天文学史上第一个尝试测量地球的大小的是厄拉多塞内(Eratosthene，公元前276—前194)。很可能，在他以前已有人做过这个工作，但这些测量只留下地球周长的几个估计值，这是用巧妙有余而精确不足的方法求得的，与现今测量所求得的数值相差不远。厄拉多塞内观察到在埃及塞恩城[⑥]，夏至日太阳正照着该处的一口深井底部[⑦]，同时在亚历山大城测量了太阳中天的高度，将这两个观测比较，于是得出两城的太阳中天的天顶距等于圆周的1/50，由于两地间的距离估计为5千个希腊里(stade)，因此围绕地球的经度圈应长25.2万希腊里。对于如此重要的一个研究，这位天文学家不可能只满足于一口井底被太阳照亮的粗疏观测。据我们的这个看法和克勒阿麦德[⑧]的叙述，应该认为这位天文学家曾经在塞恩和亚历山大两城于夏至日观测过太阳中天时土圭之影的长度。这便是他所测定的两城的天顶距和现今测量的结果相差很少的原因。事实上这两城并不同在一个经度圈上，这是他的一个错误。此外，如果他所用的希腊里等于古埃及长度单位一"肘"[9]的300倍（如有人证明的），则厄拉多塞内所估计的这两城间的距离只有5千希腊里亦不正确。但是他的这两个误差，差不多彼此抵消了，这便使人相信厄拉多塞内的结果只是再现其起源已不可稽考的他以前的人所做过的精细的测量。

厄拉多塞内测量过黄赤交角，他测得的两回归线之间的距离等于圆周的11/83[10]；喜帕恰斯与托勒密都使用这个数值而没有加以改变。可注意的是亚历山大学派的天文学家认为亚历山大城的纬度为31°，于是根据黄赤交角的这个测量值，塞恩城恰好在北回归线上，这和他们以前的看法是一致的。

在古代天文学家中，只有出生于小亚细亚比思尼国（Bithynie）的尼斯城（Nicée），生活于公元前2世纪的喜帕恰斯，以其观测的量多质高，并以其由自己的和前人的观测互相比较，得出的重要结果，以及他所用的研究方法，而被人推崇为古代最优秀的一位天文学家。由于托勒密，我们才知道他的主要工作，而且托勒密不断地依据喜帕恰斯的观测和理论，所以托勒密称赞他是"一位具有灵巧的技术、罕有的智慧的天文学家，真理的忠诚爱好者"。喜帕恰斯不满足于前人的成就，乃根据前人的和自己所做的更精确的观测，去重新讨论前人的成就。他相当了解埃及和迦勒底人对于太阳与恒星的观测的不精确，因而为了建立他的太阳理论并确定二分点的岁差现象，必须使用亚历山大学派早期天文观测。于是他将自己在夏至日的观测与阿里斯塔克在公元前 281 年的观测加以比较，测定了回归年的实际长度。他发觉它比当时采用的365¼日要短一些，并认为经过 3 个世纪应减去一天。但他发现用二至日的观测去定回归年的长短精度不足，以用二分日的观测较好。在 33 年间他所作的这一类观测使他得到差不多相同的结果。喜帕恰斯还发现春分至秋分与秋分至春分之间的两段时间不是相等的，而且不为二至日所平分；由春分到夏至为 94.5 日，而由夏至到秋分为 92.5 日。

为了解释这些差异，喜帕恰斯假设太阳以匀速运动于正圆轨道上；但不将地球放在这圆周的中心，而放在距离中心是 1/24 半径处，并且将远地点放在双子座的 $6^{\circ}$ 处。他使用这些数据编制了天文史上的第一批太阳运行表。表内所假设的中心差过大；这是他由日、月食观测的比较而造成的误差，在这一类观测里中心差含有月亮的周年差；可是这误差超过这两种差之和的 1/6，由此在计算这些现象里减少其真值的 1/16。喜帕恰斯还犯了一些错误，如将太阳的轨道看做是正圆的，太阳的线速度是均匀的。今天由于太阳的视直径的观测，我们的看法与喜帕恰斯相反，可是在他的时代这一类观测是不能办到的事。他的太阳运行表虽然有这些缺点，却是他的天才所造成的杰作，致使托勒密将自己的观测依附在喜帕恰斯的理论之上。

这位伟大的天文学家跟着还讨论了月亮的运动。

他比较他所选择的最适宜的日、月食去决定月亮对于恒星、太阳、白道交点与远地点的 4 种运行周期，他求得 $126007^{1}/_{24}$ 日的周期内，包含 4267 个朔望周期，4573 个近点周期，4612 个恒星周期减去圆周的15/720。他求得5458个月内，月亮复返轨道同一交点5923次。这结果是从很多观测的大量工作而得来的，至今这些观测只留存很小一部分，由于这结果的精度之高，并表出了当时这些周期不断变化的长度，应该算是古代天文学上最宝贵的成就。喜帕恰斯还决定了白道的偏心率与黄白交角，他求得的数字和现今由日、月食观测所求得的结果大约相同，我们知道这两个根数都为月亮的出差与月亮的黄纬运动的主要差数所减少。黄白交角的守恒性（虽然白道面对于恒星有变化，而且据古代观测对于白赤空角也是有影响的），是万有引力的一个结果，而喜帕恰斯的观测符合于这个结果[11]。最后，他测定了月球的视差，并用这个数字根据月食时月亮进入地影之点地球影锥的大小，以求太阳的视差，他由这方法得到的太阳视差与阿里斯塔克的结果相同。

喜帕恰斯对于行星做了很多观测，但由于他非常忠于事实，不愿对行星的运动作不确定的假说，他让他的继承人去建立行星的理论。

那时有一颗新星出现天空，引起他编制一本恒星表，使后代人得以认识天空景象可能发生的变化；并且他了解这星表对于月亮和行星的观测的重要性。他所用的方法正是阿里斯提尔与提莫恰里斯所用过的。这个长期艰巨的事业的一个果实便是分点岁差的重要发现。将他自己的观测和以前这两位天文学家的观测加以比较，喜帕恰斯发现恒星对于赤道改位，但其黄纬度不变。他起初怀疑只有黄道带里的恒星才是这样；但他知道恒星的相对位置是恒定不变的，于是他才断定这是一种普遍现象。为了解释这个现象，他假设天球上围绕黄道的极点有一种顺向运动，因而造成二分点对于恒星在黄经上的逆向运动，他察觉这运动在每个世纪里绕过黄道带的1/360[12]。喜帕恰斯以保留的态度刊布其发现，他指出由于阿里斯提尔与提莫恰里斯的观测的精度欠佳，因而他所得的结果是很不确定的。

喜帕恰斯在地理学上的一个贡献是用经纬度的方法确定地面上任何处的位置，他首先用以决定地面上能见月食的地区。他在研究里所需要的许多计算使他发明，或至少改进了球面三角学。不幸关于他这一切成就的著作均已遗失，我们只在托勒密的《至大论》[13]中，才知道喜帕恰斯的工作，这本巨著里载有他的理论的概要，和他的一些观测。将它们和现代的观测比较，使我们认识他们的精确度，直至现今仍然有用，因而对于其他未能留下的观测，特别是行星的观测（古代的行星观测实在很少），使我们感觉遗憾。喜帕恰斯的著作遗留至今的只有一本，即他对于阿拉塔斯[14]诗中所谈到的欧多克斯《天球的评论》的评注，这本书著于分点岁差发现以前。在这个天球上恒星的位置错误很多，由它们的位置推算其产生的时代，所得结果如此不相同，因此牛顿根据这些恒星的粗糙位置建立的一种年代学所推出的某些古代的历史事件的日期与实际的日期颇有出入，是不奇怪的。

喜帕恰斯与托勒密相距大约3个世纪，中间的天文学家有吉米吕斯（Céminus，其著作《天文学》流传至今）、阿格瑞巴（Agrippa）、麦内拉吕斯（Ménèlaus）与斯米尔伦的思翁（Thèon de Smyrne）。在这期间尤利乌斯·恺撒为了改革罗马历法，从亚历山大城邀请天文学家索西琴尼斯[15]来襄赞其事。潮汐的正确认识也是在这个时期，波西当尼斯[16]发现了这现象的规律，由于潮汐与月亮和太阳运动的明显关系，它是属于天文学的问题，博物学家普来恩[17]给予潮汐以正确的描述。

托勒密生于埃及的托勒密城，于公元前130年在亚历山大城享有盛誉。喜帕恰斯的大量工作已经赋予天文学以新的面貌，他遗留给其继承人去做的工作，是注意以新的观测去改进他的理论，并建立还缺少的理论。托勒密遵循喜帕恰斯的意见，在其巨著《至大论》里提出一个完全的天文学体系。

托勒密最重要的发现是月亮的出差。喜帕恰斯以前，人们只从日、月食去研究月亮运动，在日、月食的计算里只需考虑中心差，可是喜帕恰斯所假设的太阳的中心差过大，其中一部分便代替了月亮的周年差。喜帕恰斯认为这不复表示月亮在上、下弦时的运动，于是观测里表现很大的反常性。托勒密仔细地研究了这些反常性，他决定了它的规律，并以更高的精度决定其数值。为了表达这些反常现象，他假想月亮在本轮上运动，而本轮又为一个均轮所带动，均轮围绕地球运行，其运动方向与本轮的运动方向相反。

古代天文学最普遍的一个意见是：等速圆周运动是最完美的运动，因而应当是天体的运动。这种错谬的意见一直留传到开普勒，它阻碍了开普勒的研究很长一段时间。托勒密采用了这个意见，而且将地球放在天体运动的中心，他努力在这个假说下去表达它们的差数。他假设有以地球为中心的第一个均轮，在这均轮上更有第二个均轮的中心在运动，第二个均轮上又有第三个均轮的中心在运动，如是继续下去，直到行星在其上均匀运行的最后一个圆周，叫做本轮。如果这些圆周之一的半径大于其他半径之和，则天体绕地球的运动就为一个匀速的平均运动以及几个差数所合成，这些差数是由各圆周的半径之间和天体及它们的中心的运动之间的比例而决定的；因此将这些比值相乘并加以适当的决定，便可以表示这视运动的一切差数。这便是考虑均轮和本轮的假说的最一般的方法，因为均轮可以看做这样的圆周，其中心在围绕地球做速度大小不等的运动，如它不动则速度为零。托勒密以前的数学家用这个假说去处理行星运动的表观现象，例如《至大论》里曾经说过大数学家阿波罗尼奥斯根据这个假说已经说明了行星运动里逆行与留等现象。

托勒密假设太阳、月亮与行星都围绕地球运动，以由近及远排列的次序是：月亮、水星、金星、太阳、火星、木星与土星。凡是太阳以外的行星都在本轮上运动，其中心在围绕地球的均轮上，其运行的周期等于行星的公转周期。行星在本轮上的运行周期等于太阳的运行周期，行星在本轮上到达与地球最接近之点时，其位置总是与太阳相冲。这体系无法决定均轮和本轮的绝对大小，托勒密只需要知道各本轮与均轮之半径的比值。托勒密也使内行星在本轮上运行，其中心亦在围绕地球的均轮上移动；但这中心的运动等于太阳的运动，行星在本轮上的运动周期，按照现代天文学，即是行星围绕太阳运行的周期；当行星在其本轮上到达最低点时，它的位置总和太阳相冲。这里还是不能决定均轮与本轮的绝对大小。托勒密以前的天文学家对于水星与金星在行星系里的位置，意见是有分歧的。最早，有些人把它们放在太阳里面；另一些人把它们放在太阳外面，后来，几个埃及人更认为它们围绕太阳运行。奇怪的是托勒密从来没有提到过这个假说，如果采取这个假说，这两个行星的均轮便是太阳的轨道。此外，假若他还假设外行星的本轮相

等而且平行于太阳的轨道，他的体系便变为第谷的体系，于是所有行星围绕太阳运行，同时太阳更围绕地球运行，可见只需再进一步便达到宇宙的真正体系了。假设运行周期为一年的本轮与均轮都等于太阳的轨道，用这样的方法上决定托勒密体系里的任意常数，显然使这个运动同太阳的运动相对应。如果对于这体系加以这样的修改以后，便可得到行星对于太阳的平均距离，为地球与太阳间的距离的倍数，因为这些距离，对于外行星是均轮与本轮的半径之比，对于内行星，则是本轮与均轮的半径之比。托勒密体系里这种如此简单与如此自然的修改，在哥白尼以前的天文学家竟然都没有觉察，他们中没有一个人由行星的地心运动与太阳运动之间的关系，去探索其原因所在；没有一个人去寻求行星与太阳和行星与地球两种距离之间的关系；他们只满足于使用新的观测去修正托勒密体系里的根数，而绝没有想到从根本上去改革托勒密的地心假说。

如果只用本轮去满足行星视运动里的差数，便不能同时表示它们的距离的变化。托勒密只能很不完善地认识行星的距离的变化，那时行星的视直径还不能为人测量。但由月亮的观测便足够表明托勒密假说的错误，因为按照这个假说，月亮过近地点时，上、下弦月的视直径应该差不多是过远地点时朔望月的视直径的2倍。而且，观测技术的提高使我们每发现一种新差数，便在它的体系里又加上一个新本轮；既不能为托勒密以后天文学的进步所证实，而只使这体系愈来愈复杂化，仅仅这样便应该使我们认识这体系绝不是自然界里的体系。但是如果将这体系认为是表达天体运动、并使其便于计算的方法，则对于这样一个伟大对象之结构的初次尝试，应当赞扬作者的智慧。可是人们的智慧是有缺陷的：他们将自然现象联系起来而决定其规律之时，常需要假说的帮助。将这些假说限制在这用途上，避免把它们归之于真实情况，而且不断地据新的观测去修正它们，最后，我们才能找到支配现象的真正原因，至少可以补充它们，断定观测到的现象是由已建立的假说应该发展出来的结果。哲学史为我们举出不少的例子，说明在这观点下假说可能提供的好处以及在运用这些假说过程里人们所易蹈入的歧途。

托勒密证实了喜帕恰斯所发现的分点运动。托勒密将他自己的观测和前人的观测比较，发现恒星的相对位置不变，它们的黄纬度总是一样，而黄经度上却有运动，他由此所得的结果大致和喜帕恰斯所猜度的符合。今天我们知道这个运动实际的情况比当时他们所决定的大得多；由于这两位天文学家相距大约 3 个世纪，这说明他们的观测含有相当大的误差。古代观测者还不能精确地测量时间，因而在恒星的黄经的测量上有很大的困难，可是奇怪的是他们都犯有这些误差，尤其是当我们考虑到托勒密引用来支持他的结果的那些观测竟有相当好的符合。因此有人责备托勒密篡改了喜帕恰斯的观测数据，但这责备却没有丝毫根据。我认为托勒密在二分点周年运动上所犯的错误，是由于他过于信赖喜帕恰斯所定的回归年的长短。事实上，托勒密测定恒星的黄经度的方法是用月亮的观测为媒介，将恒星的黄经和太阳的黄经比较，或者先和月亮的黄经相比较，再和太阳比较，因为人们由日、月食的观测精确地了解月亮的会合周期，可是由于喜帕恰斯将回归年定得太长，因而将太阳对于分点的运动定得比实际过小，显然这误差减少了

托勒密所使用的太阳的黄经度。因此托勒密所决定的恒星在黄经上的周年运动应该加上太阳在等于喜帕恰斯在回归年上所犯的误差的时间内所经行的弧度，经过这样改正的数值便很接近实际应有的数值了。由于恒星年是回归年加上太阳经行同分点的周年运动相等的弧度所需的时间，可见喜帕恰斯与托勒密的恒星年应与实际的情况稍微不同；事实上，这一差异不过是他们的回归年和我们的回归年之间的差异的 1/10 而已。

以上这些注解使我们得以研究，是否像大家所想的，托勒密的星表是他根据 90 年 1°的岁差运动而把喜帕恰斯的星表归算到他的时代。这一论点的根据是将其星表内恒星的位置归算到喜帕恰斯的时代时，黄经上一定的误差便消除了；但是根据我们对于刚才说过的这一误差的解释，可以看出人们对于托勒密篡改喜帕恰斯星表而据为己有的斥责是不正确的，至于托勒密说他曾估计过星表内恒星的亮度直到最暗的六等星，也应受到信任，同时他所测量的恒星对于黄道的位置差不多和喜帕恰斯的测量结果相同，因此人们相信托勒密不断地将其观测修改来和喜帕恰斯的结果接近，事实上喜帕恰斯比托勒密是更精确的观测者。

托勒密将其天文体系里的主要根数雕刻在卡诺普[18]的塞腊毕斯[19]庙宇里，这体系为人信从了 14 个世纪，即使今天已经完全被推翻了，《至大论》作为古代观测的宝库，还被人认为是最珍贵的一种古代杰作。不幸书中所记载的只是那时的天文观测的很小一部分。《至大论》的作者只选择了建树其理论所必需的一些观测。他认为天文星表一经编成以后，他和喜帕恰斯用以编制星表的观测便不需和星表一道保留下来而传给后代，以后阿拉伯人和波斯人都遵守这个先例。可是近代天文学认为把恒星精确的观测，只按其自身的价值而不因理论的需要进行汇集，是最适宜于改进星表的一种方法。

托勒密对于地理学也大有贡献，他将当时各地已经测定了的经度和纬度纂集起来，并且发明了绘制地图的投影法。他写过一本《光学》的专著，书中他仔细地讨论了天文折射（蒙气差）的现象；他还编写了有关音乐、年代学、圭表学与力学等方面的各种书籍。对于这样多方面的知识，写出了如此多的书籍，托勒密必然是一位渊博的学者，科学史上首屈一指的人物。当他的体系为自然界的真实体系所推翻之时，人们对于这位统治了1400多年的学术权威表示不满，而责备他篡改前人的发现而据为己有。可是他经常引用喜帕恰斯的工作去维护他自己的理论，这种老实的态度应该看做是对这种控告的辩护。文艺复兴时代在阿拉伯人中与在欧洲，托勒密的假说与当时复古的风尚联系在一起，为知识贫乏的人们和想立刻获得古代人由长期工作才得到的知识的人们所普遍采纳。由于感戴的心情，人们将托勒密抬得过高，可是真实的宇宙体系揭露以后，又把他降得过低。托勒密的声誉与亚里士多德和笛卡儿的声誉得到相同的遭遇，在他们所犯的错误为人认识以前和以后，一般人由盲目崇拜，而转为不适当的轻蔑，原来，即使在科学里，最有益的革命亦不能免掉情感和不公正的批评。

## 注　释

①托勒密·苏代（Ptolémée Soter，公元前323—前283），古埃及托勒密王朝的建立者。——译者

②托勒密·费拉德尔福(Ptolémée Philadelphe),古埃及托勒密王朝第二代君主,于公元前286—前247年在位。——译者

③亚历山大城图书馆于公元前3世纪初叶建于埃及亚历山大城。馆内藏有名家手稿约50万卷。学者云集,研究各种学科。公元前48年被罗马统帅恺撒焚烧过半,残存部分毁于公元7到8世纪。——译者

④阿里斯塔克(Aristarque),公元前3世纪古希腊天文学家。——译者

⑤日、月两轮的直径大约是32′,阿里斯塔克测得的数字是2°,差不多是真值的4倍。——译者

⑥塞恩(Syène)即今天的阿斯旺(Aswan)。——译者

⑦这说明太阳中天时正在该城的天顶。——译者

⑧克勒阿麦德(Cléomède),公元前1世纪希腊天文学家。——译者

⑨肘(coudée),约合0.5米。——译者

⑩这样推出的黄赤交角为28°22′。——译者

⑪开普勒在《哥白尼天文学概略》的结尾处,谈到黄白交角的守恒性,但他解释这现象是很奇特的。他说:"月球,作为地球的卫星或二级行星,应该与地球的轨道成不变的交角,不管这平面相对于恒星的位置有怎样的变化;而且如果古代人对于月球的最大赤纬与黄白交角的观测与这假说不合,我们却不应该抛弃这个假说,而应该怀疑这些观测。"开普勒以适当与和谐为根据也得出一个正确的结果,但是这样,便很容易使人走入歧途,如果人们逞其想象力于猜度之中,我们可能偶然与一个真理碰合,但在经常不可避免的错误之中,便不能认识真理,只有将认识稳固地建立在人类知识的唯一基础——观测与计算——之上,他的发现才有真正价值。

⑫二分点的岁差即是黄道和赤道的交点的缓慢改位。这发现是从比较他所观测和150年前提莫恰里斯所观测的角宿一的黄经度而得到的。从这一观测所求出的岁差是每年46″.8,与根据现今的数值求得当时的岁差48″相差很少。可是喜帕恰斯过大地估计了观测误差,只取了他所得的最小观测值36″作为岁差。——译者

⑬古希腊天文学经托勒密总结在他的文集里,中世纪翻译成阿拉伯文,取名为《至大论》(*Almageste*)而遗留下来,与哥白尼的《天体运行论》并垂不朽。——译者

⑭阿拉塔斯(Aratus,公元前3世纪),古希腊诗人、天文学家。——译者

⑮索西琴尼斯(Sosigènes,约公元前50年),古罗马天文学家和数学家,曾为尤利乌斯·恺撒设计儒略历。——译者

⑯波西当尼斯(Possidonius,公元前133—前40),古希腊天文学家。——译者

⑰普来恩(Pline,死于公元前79年),古罗马博物学家。——译者

⑱卡诺普(Canope),地中海附近、尼罗河边、下埃及的城市。——译者

⑲塞腊毕斯(Sérapis),托勒密朝或罗马时代埃及人所信奉的天神。——译者

# 第三章　自托勒密至欧洲革新时代的天文学

托勒密的工作结束了天文学在亚历山大学派里的进展。以后，这学派还延续了5个世纪；但托勒密的继承人只知道注释他的著作，对于他的理论却无所改进；这600年的长时期里的天象差不多没有观测的人。罗马帝同一向崇拜权力、荣誉与文学，对于科学却没有贡献。罗马共和时代重视演说与战争的才能，因而聪明才智之上多从事政治与军事。科学显得没有什么用处而被埋没在罗马人野心勃勃的对外开疆辟土之中。埋没于内部的争权夺利之中，内讧最后引起内战，使人民所追求的自由烟消云散而代之以暴虐的独裁。由于疆域过于辽阔，罗马帝国终不免于崩溃，在战乱频繁的国家里，科学的研究遭到忽视，即至日耳曼人侵入罗马，科学的火焰衰熄，直到阿拉伯人兴起方才再度发光。

阿拉伯民族为新兴的宗教狂热所鼓舞，迅速向外扩张，领土横跨欧、亚、非三洲，伊斯兰教也传布各地。8到9世纪间阿拉伯帝国逐渐形成，政治经济势力达到最盛时代，科学文化也出现了高潮，对于东西方文化的沟通作出重要的贡献。8世纪中叶，哈里发[①]马佐[②]特别提倡天文学。阿拉伯王子中以爱好科学知名的，据历史记载有阿拔斯王朝[③]阿伦[④]的儿子马孟[⑤]，他于814年在巴格

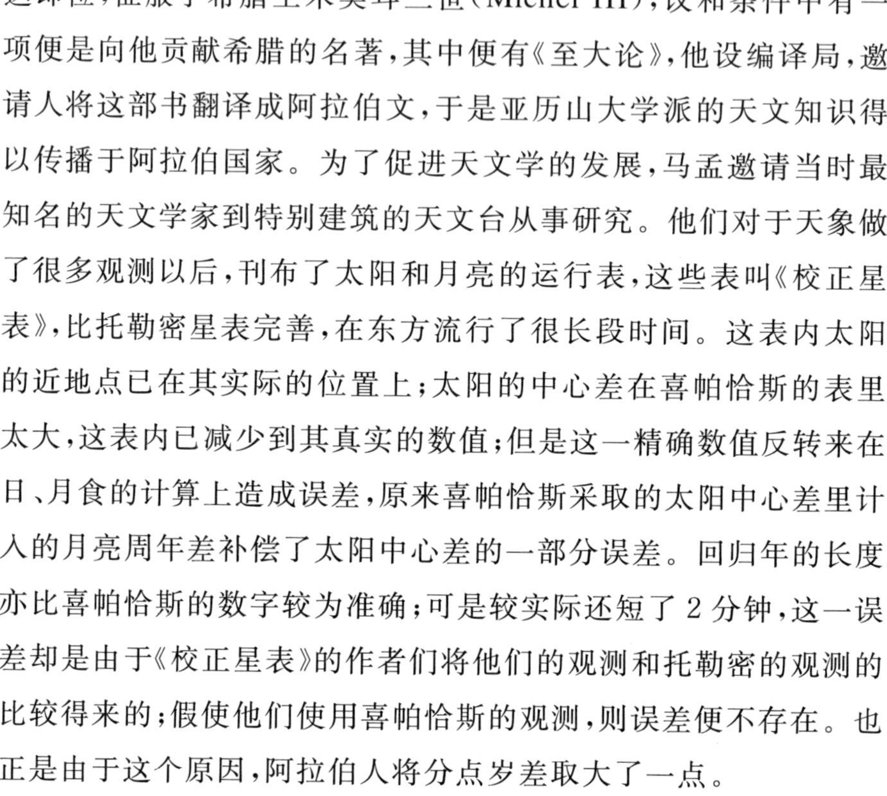

达即位，征服了希腊王米契耳三世（Michel III），议和条件中有一项便是向他贡献希腊的名著，其中便有《至大论》，他设编译局，邀请人将这部书翻译成阿拉伯文，于是亚历山大学派的天文知识得以传播于阿拉伯国家。为了促进天文学的发展，马孟邀请当时最知名的天文学家到特别建筑的天文台从事研究。他们对于天象做了很多观测以后，刊布了太阳和月亮的运行表，这些表叫《校正星表》，比托勒密星表完善，在东方流行了很长段时间。这表内太阳的近地点已在其实际的位置上；太阳的中心差在喜帕恰斯的表里太大，这表内已减少到其真实的数值；但是这一精确数值反转来在日、月食的计算上造成误差，原来喜帕恰斯采取的太阳中心差里计入的月亮周年差补偿了太阳中心差的一部分误差。回归年的长度亦比喜帕恰斯的数字较为准确；可是较实际还短了 2 分钟，这一误差却是由于《校正星表》的作者们将他们的观测和托勒密的观测的比较得来的；假使他们使用喜帕恰斯的观测，则误差便不存在。也正是由于这个原因，阿拉伯人将分点岁差取大了一点。

马孟命人极仔细地在美索不达米亚的广大平原上测量了一度弧的长度，其数值为 200500 个黑肘[⑥]。这测量与厄拉多塞内的测量有一样的不确定性，因为我们不知道当时所用的标准尺的确切长度。我们现今对于这些观测的兴趣只是由它们去反推当时的标准尺的长度。但是这些测量所易犯的误差，不能使我们用于解决这个反推问题，只有在现今观测所达到的精度的情况下，才能使我们由近代的测量去探求我们现在所用的长度单位（米），假使以后米单位不变的话。

马孟与其继承者对天文研究的鼓励，使当时出了许多有名的阿拉伯天文学家，如阿耳巴塔尼(Albaténius，858—929)便是其中一个显赫人物。这位阿拉伯王子于880年间在阿腊克特的地方做他的观测。其专著《星辰的科学》里记载了一些有趣的观测与太阳和月亮的理论的主要根数，这些根数和马孟的天文学家的根数相差很少。由于他这部书经历多年是阿拉伯天文学的一部独有名著，大家认为他对托勒密星表的根数做了有益的校订。但是，从伊本-尤尼斯(Ebn-Junis，？—1088)书中摘译的一章(我请科桑先生为我译的)，使我们知道这订正工作是《校正星表》的作者做的。这一章书更使我们对阿拉伯天文学有简明而广泛的概念。伊本-尤尼斯作为埃及哈里发哈凯姆(Hakem)的宫廷天文学家于公元1000年间在开罗观测天象。他编撰了许多天文学书，而且编制了若干卷天体运行表，以其精确性著名于东方各国，并为以后阿拉伯人和波斯人所编的星表奠定基础。以上所说的从阿拉伯文翻译的那一章书里，还使我们知道自马佐至伊本-尤尼斯两个时代之间，对于日食、月食、二分点、二至点、行星的合与月掩星等现象做了大量的观测，这些观测对于改进天文理论有其重要意义，且使我们认识月亮运行的长期差，并揭露宇宙体系里的巨大变化。阿拉伯人所作过的观测多至不可胜计，以上所说的只是很小的一部分。他们因此才得认识托勒密对十二分点观测上的缺陷。他们将自己所作的观测互相比较，并与喜帕恰斯的观测比较，才精密地决定了一年的长度：伊本-尤尼斯的数字和我们的数字比较只长11秒，根据现今的计算只应超过4秒。从他的著作和法国图书馆所藏的几部手稿，使我们知道阿拉伯人特别注意天文仪器的改进。由阿拉伯人所著的有关天文仪器的书籍，说明他们在这方面的成就，因而

他们的观测精度提高了。还特别值得注意的是，他们还使用漏壶、巨型日晷，甚至摆的振荡以测量时间。虽然如此，他们对于日、月食观测的精度并不超过迦勒底人和希腊人；他们对于太阳和月亮的观测也不比喜帕恰斯的观测优越到能弥补我们同喜帕恰斯相隔年代遥远之不足。阿拉伯人只注意观测，而不从观测去寻找天体运行里的新差数，因此他们对于托勒密的假说不能有所改进。对于现象具有强烈的好奇心使人们一直追索到彻底明了现象的原因与规律，只有近代欧洲的科学家才有这种精神。

波斯人在政治与宗教两方面都受到阿拉伯人的控制，到了11世纪中叶才摆脱哈里发王的束缚。这时期里由于波斯天文学家莪默·伽亚谟[⑦]的研究，建立一种33年内置8闰月的新历法；17世纪之末，卡西尼提出一种比格里历的置闰法更简单、更精确的置闰法时，他当时并不知道波斯人老早已经有了这种置闰法了。13世纪之末，蒙古人在波斯建立的一个庞大封建王国（钦察汗国）的一位大汗将当时知名的天文学家邀请到在马腊哈[⑧]建立的天文台来工作，并请拿西尔当（Nassiredin）担任台长。但是任何国家的王子没有哪个对于天文学的热忱比乌鲁伯格[⑨]更高的了，他应列入最伟大观测者的行列。他在帖木儿汗国首都撒马尔罕编制一部新的星表，是第谷·布拉赫以前最好的天文表。他于1437年用一具大型象限仪测量了黄赤交角，他的观测结果经过蒙气差和他所用的有误差的视差校正以后，他得出的数字比19世纪之初的数字稍大，证实了黄赤交角在不断地变小[⑩]。

中国的史书里曾记载有一些很古的天文观测，即使在24个世纪以后，这些记录还是天文学革新以前和在象限仪上应用望远镜

以前最精确的观测。以上讲过中国人将每年的岁首放在冬至日，为了固定这个时间的起点，中国人曾不断地于二至日及其前后测量圭表上太阳中天时的影长。到中国传教的耶稣会教士哥俾尔[11]是一位最精明的学者，他使我们知道这一类观测自公元前 1100 年延续至公元 1280 年间。由这些观测显然表明黄赤交角的递减现象，其减少量在这 2400 年的时间内达 1/1000 圆周[12]。中国最杰出的一位天文学家是祖冲之[13]，他将自己于 461 年在南京所作的观测和前人于 173 年在洛阳所作的观测比较，决定了回归年的长度，比希腊人和阿拉伯天文学家所定出的数字还要精确；祖冲之求得回归年的长度[14]为 365.24282 日，与哥白尼的数字相差很少[15]。当钦察汗国王在波斯提倡天文学之时，他的哥哥忽必烈[16]于 1271 年建立了元朝，也在中国提倡天文学，他任命中国首屈一指的天文历算家郭守敬[17]为太史令。这位伟大的观测者发明创造了许多种仪器，比其前人所使用的精确得多，其中最名贵的一种是一座高 40 中国尺的圭表，其顶端上有一竖直的铜板，板上有一针眼小孔[18]。郭守敬从这小孔的中心以计算圭表的高度。他测量的影长直达日象的中心。他说："直到现在，人们所观测的是太阳的上边缘，而且难于辨认日影的界线；他们常用的 8 尺圭表实在太短了。因此我使用 40 尺高的圭表，且从日影的中心量起。"哥俾尔为我们谈了这些细节，更告诉我们郭守敬于 1277 年至 1280 年间所做的若干观测。由于这些观测的精确性而愈加珍贵，因为它们无可争辩地证明自那时至今，黄赤交角与地球轨道的偏心率均在不断地变小。郭守敬以卓绝的精度决定了 1280 年冬至点相对于恒星的位置，他认为是与太阳的远地点重合，其实这是 30 年前时的情况。

他所采取的“岁实”恰好与现用的格里历的回归年等长。中国人计算日、月食的方法不及阿拉伯人和波斯人，中国人虽然常与这些民族交往，但却没有利用他们的天文知识，中国人守旧尊古的精神在天文学上亦不例外。

美洲为西班牙征服以前，其历史上留下有天文学发展的痕迹；原来天文最基本的知识，在各民族里都是他们文明的第一批果实。墨西哥人建立 5 日一周制，每月 20 日，1 年 18 个月，以冬至为岁首，并置 5 个附加日。他们以 104 年为一大循环，在这周期里置闰 25 日。这样，他们的回归年长度比喜帕恰斯所推出的回归年还要准确，令人瞩目的是墨西哥人的年几乎与马孟的天文学家们所定出的年等长。秘鲁人与墨西哥人也于二至日与二分日用圭表观测日影的长度。他们为这目的建造了圆柱与三角锥形的表杆。可是专虑到测定回归年长度达到如此精确的困难程度，有人认为这不是美洲土人的工作，而是由旧大陆传过去的。但是他们从哪个民族、借何方式得来的呢？假使这是从亚洲北部传过去的，为什么他们将时间划分得与世界这部分的民族所用的如此不同呢？这些问题显然是很难回答的。

法国图书馆所藏的许多手稿里，有不少是还没有经人整理的观测，它们可能对于天文学有所阐发，特别是对于天体运行上的长期差。这一工作应引起熟悉东方语文的学者们的注意，因为认识宇宙体系里的大变化，并不比帝国的革命更少兴味。后代人可以将现今一系列很精确的观测和万有引力的理论比较，必然会比我们得到更好的符合，可是我们从古人所得到的只是一些不确切的观测。但是若对这些观测加以明智的批判与选择，至少可用其中的一部分，以其数量去补偿它们的谬误，作为比较精确的观测。同样，在地理学上，决定某些地方的位置，我们可以分析旅行人的游记以补充天文观测。因此，自古以来给我们留下的观测虽然不很完善，但却从它们看出地球轨道的偏心率，近日点的位置，月亮对于其轨道的交点、近地点和对于太阳的长期运动等都有变化，此外，行星的轨道根数亦在变化。由周公、皮西亚斯、伊本－尤尼斯、郭守敬、乌鲁伯格与近代人之观测的比较，而发现近 3 千年来黄赤交角的逐渐变小便是彰明较著的例子。

## 注　释

①哈里发(Khalifa，Calife)，伊斯兰国家政教合一的领袖。——译者

②马佐(Almanzor，745—775)，阿拔斯王朝的哈里发，首都巴格达的建立者。——译者

③阿拔斯王朝(Abbasides，750—1258)，首都在巴格达，公元 8、9 世纪为全盛时期，经济文化都出现高潮。——译者



④阿伦(Aaron-al-Reschid，764—809)，阿拔斯王朝的哈里发。——译者

⑤马孟(Almamon，786—838)，提倡文艺，派使者搜集希腊名著，邀请翻译家翻译，公元 830 年在巴格达建立著名的“智慧院”，附设图书馆、天文台与编译局，因而希腊的哲学与科学对阿拉伯文化发生了很大的影响。——译者

⑥黑肘是古代长度单位，定为肘与中指尖端的长度，约合半米。——译者。

⑦莪默・伽亚谟(Omar Khayyam 或 Cheyan，1040—1123)，波斯大诗人、数学家、天文学家。1079 年修订历法，比太阳历精确完善。数学和天文学著作获得世界声誉，著名的四行诗《鲁拜集》(有中文译本)，否定未来世界和宗教信条，谴责僧侣的伪善，强调现实生活，歌颂自由和享乐，但不少诗篇带有悲观厌世色彩。——译者

⑧马腊哈(Maragha)，现在伊朗的城市，中古时期钦察汗国的首都。——译者

⑨乌鲁伯格(Ulugh-Beigh,1394—1449),帖木儿的孙儿,编制了包含992颗星的星表,纠正了阿拉伯人的谬误,对于近世天文学颇有贡献。——译者

⑩参看本书附录六。——译者

⑪哥俾尔(Antoine Gaubil,1689—1758),中文名“宋君荣”,法国耶稣会教士,清康熙六十年(1722)来中国,死于北京,著有《大唐史纲》、《中国纪年论》等书,还留下很多手札。——译者

⑫参看本书附录六。——译者

⑬祖冲之(429—500),我国南北朝时的科学家,推算出圆周率 π 之值为3.14159265。编制历法时自先考虑了岁差,所编《大明历》对于日月运行周期的数据,比当时其他历法更为准确。又曾改造指南车、作水碓磨、千里船等,都很灵巧。——译者

⑭回归年长度在中国历法上叫做“岁实”。——译者

⑮祖冲之所得的结果比哥白尼早1000余年。——译者

⑯忽必烈即元世祖,元太祖成吉思汗的孙儿。——译者

⑰郭守敬(1231—1316),元代天文学家,也精通水利与历算,修治过许多河渠。为了制历,创造了近20种观测天象的仪器,改进了计算方法,并编制了比前人准确的《授时历》。——译者



⑱拉普拉斯和哥俾尔都弄错了。郭守敬创造的“景符”是放置在圭面上的,不是装置在表的顶端。——译者

# 第四章　近代欧洲的天文学

黑暗笼罩西方世界12个多世纪，主要由于阿拉伯人对学术的努力，曙光才降临到近代的欧洲。阿拉伯人给我们带来他们从希腊人得来的知识宝藏，而希腊人又是继承埃及人而得来的。但是可惜的是这些知识在流传中逐渐散失。长时期以来专制魔王挟其野蛮的武力，蹂躏了产生科学和艺术的美丽国家，消灭了文明的成就，甚至创造这些成就的伟大人物的事迹，亦寂然无闻。

卡斯提耳[①]的阿尔丰索十世[②]，是奖励天文学使其在欧洲再生的第一位君王。天文学很少得到这样一位热心的保护者，但是他所聘请的天文学家们，却是一些庸才，他们所刊布的《阿尔丰索星表》是一部不值得花那样多费用的星表。阿耳丰索本人却有正确判断的能力，对于前人解释天象所设想的重叠复杂的均轮与本轮感到惶惑而认为不合理。他说："假使上帝征求过我的意见，天上的秩序可能安排得更好一些。"虽然这些话被人指责为大不敬，可是同时也使人认识到人们还没有了解宇宙的结构。阿尔丰索的时代里，在欧洲由于德国皇帝腓德烈二世[③]的鼓励，托勒密的《至大论》由阿拉伯文首次翻译成拉丁文出版。



我们终于到了这样一个时代，天文学从狭小的圈子里出来，以迅速而连续的步伐，进步到现今我们看到的境界。15世纪里值得提起的天文学家不多，举著名的有普尔巴赫、密勒尔[4]与瓦特鲁斯[5]，他们为天文学的美好时光做了准备，哥白尼以地球自身旋转，并绕太阳运行的理论来解释天象，促进了这些美好时光的到来。哥白尼和阿尔丰索一样，对托勒密体系的极其复杂感到不合理，他从古代哲学家里去寻找比较简单的宇宙结构；他发现有些天文学家认为金星和水星是围绕太阳运动的行星；据西塞罗[6]的记载尼塞塔[7]认为地球应该绕其自身旋转，才可避免天球以不可想象的高速度去完成其周日运动。哥白尼不仅从亚里士多德与普鲁塔克[8]得知毕达哥拉斯学派主张地球与其他行星均围绕处在宇宙中央的太阳运行。这些独特的意见刺激他的思考；他应用这个观点于多年积累的天文观测，满意地看见这些观测很自然地适合于地球运动的理论。天球的周日运动只是地球自转的一种幻觉，二分点的岁差只是地轴运动的一种现象。托勒密用以解释行星的顺行与逆行运动的均轮与本轮都用不着了；哥白尼认为这些奇特运动只是地球绕太阳运动与行星绕太阳运动联系起来所形成的表面现象，他由此推出以前还不知道的各行星轨道的大小。由此可见我们认识到自然界的真相之后，一切都表现真正的宇宙有令人赏心悦目的简单性。哥白尼将他所发现的体系发表于大作《天体运行论》里，为了不受到偏见者的责骂，他说这体系不过是一种假说。他在这本书首页献给教皇保罗三世的题词里说："既然以前已经有许多天文学家随意想到若干圆圈去说明天体的运行，人们也该允许我设想地球可能具有某些运动，也许根据这些运动能够更确切、更简单地说明天体运行的现象。"

这位伟大的天文学家没有亲见其著作的成功，因为他在 71 岁当《天体运行论》第一册样本送到他手里时，他已快要死了。哥白尼于 1473 年 2 月 19 日生于波兰的托伦城（Thorn），他在家里已学习了希腊语和拉丁语两种语言，以后进克拉科夫大学念书。由于他对于天文学的爱好和对于天文学家密勒尔的钦佩，便有研究天文为其终身事业的愿望，于是他游历到天文教学最有成效的意大利去从事进修；在波伦亚，他向玛丽亚（D. Maria）教授学习，以后在罗马觅得一个教书的位置，并在那里做了一些天文观测；但是他终于离开罗马，而定居于弗洛恩堡（Frauenberg），那时他的当主教的舅父为他补上一个僧正的职位。他在这安静的小城里住了 36 年，不断地观测与思考，终于建立了他的地球运动的理论。他死后葬于弗洛恩堡的大教堂内，既无送丧的仪仗又无追思的碑铭；但其名声却随其所证明的真理永垂不朽。他终于消除了人类感官的幻觉，并克服了不明力学定律而产生的错误。

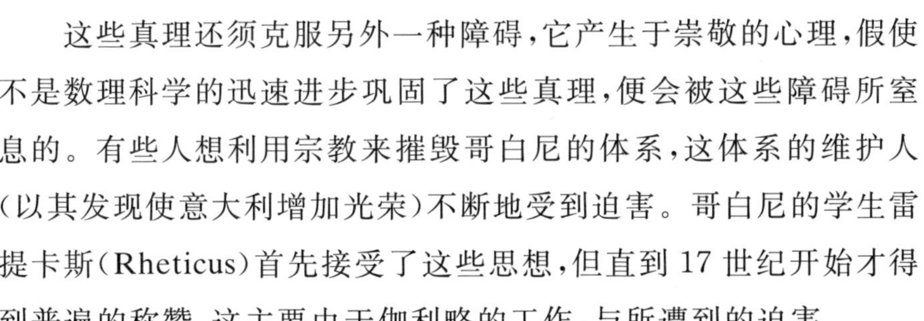

这些真理还须克服另外一种障碍，它产生于崇敬的心理，假使不是数理科学的迅速进步巩固了这些真理，便会被这些障碍所窒息的。有些人想利用宗教来摧毁哥白尼的体系，这体系的维护人（以其发现使意大利增加光荣）不断地受到迫害。哥白尼的学生雷提卡斯（Rheticus）首先接受了这些思想，但直到 17 世纪开始才得到普遍的称赞，这主要由于伽利略的工作，与所遭到的迫害。

一个偶然的机会，工艺为人类发明一种奇妙的仪器，它使天文观测范围扩大与意料不到的精确，使人们在天穹上发现许多新的天体和新的差数。伽利略了解首批望远镜后，便做了一些改进工作。他将望远镜对着天空，发现了木星的 4 颗卫星，这说明行星与地球的相似性；他又认识了金星的位相的现象，从此他不再怀疑金星围绕太阳运行。他看出银河是无数小星所构成,由于光辉的混淆,才使我们用肉眼看上去把它看做是一带连续的白光;他在月轮的明暗分界线上看见的光点,使他认识月球上有山岳峰岭的存在。他还发现日面的黑子和太阳的自转运动,以及土星光环所造成的奇特现象。他发表这些发现时,说明这一切现象都是地球运动的证据,但主教团认为地球运动的思想是与宗教信条相违背的;伽利略在意大利作为宇宙体系的最有名的维护者,被召到宗教法庭或异端裁判所,强迫他取消他的主张,否则便要受到严峻的刑罚。

聪明人对于真理的爱好具有很大的热情。这个宇宙体系的大发现在伽利略心里激起的热情,使他渴望将这真理宣扬给广大的民众,由于为权力所武装的愚昧与迷信只给他以刺激,更增加他的反抗勇气。而且这个赋予我们所居住的地球应有地位的真理,是人们最感兴趣的问题。假使地球在宇宙中心固定不动,那么人类便有理由把自己看做是自然界里值得特别照顾的主要对象,一切有优先权的意见都值得考虑,他们可能合理地寻找星辰和他们命运的关系。可是,如果地球只是围绕太阳运动的一颗行星,那么它在太阳系里便是一个渺小的成员,太阳系在我们看来虽然很伟大,但在无限空间里不过是不显著的一隅,那么地球渺小得更微不足道了。伽利略根据他的观测,愈来愈相信地球的运动,考虑了很久,想写一本书来说明这些证据。但是为了避免他曾经遭受过的迫害,他便想用对话的形式来表达他的观点,这对话中有三个人互相问答,一个是维护哥白尼体系的求知者,一个是亚里士多德信徒的守旧派,另外一个是哥白尼的代言人。读者会感觉到合理的证据在哥白尼一面,但伽利略不敢暴露自己的主张,他希望得到安静

的岁月去进行他的研究工作和度过他的晚年。但是由于这本书使一切反对地球运动的难点都得到解释，受到读者的欢迎，得到很大的成功，因而引起宗教法庭的控诉。伽利略那时已是70岁的老人，再度被召至罗马受异端裁判所的审判。托斯干（Toscane）大公爵代为说情，也无能为力。他被拘囚在监狱里，不断遭到审讯，要他再度取消他的邪说，否则遭到叛教的刑罚。他在教会的淫威胁迫下，不得不在别人代他拟就的悔罪书上签字："我，伽利略，现年70岁，亲临法庭受审，双膝下跪，两眼注视，双手接触《圣经》，以虔诚的信心宣誓：我违背了教义，我诅咒我的罪孽，我悔恨我的过失；宣传了地球运动的邪说……"并且应允："从此不以任何方式，语言或著作，去支持、维护或宣扬地动的邪说。"将整个生命贡献给自然界的研究而取得伟大成就的这位老人，竟被强迫下跪，违背良心，去否认他主张的有明显证据的真理，读者试想这是何等境况！伽利略被判终身监禁，但在大公爵的请求下，旋被准许取保监外执行；但为了不致远离宗教法庭的监视，他不能离开佛罗伦萨地区。伽利略于1564年生于比萨，早年即以才能知名，以后他的学识更得到很大的发展。力学的不少定律和原理是伽利略所发现的，其中最重要的一个是抛物体运动理论，这是他的才智的最伟大成就。双目失明时他还研究了月球的天平动。出狱后3年，即1642年他死于阿尔塞提[9]，为他的成就所照耀的整个欧洲对于这位伟大学者的逝世表示无限的悼惜，且对狠恶的宗教法庭对于他的审判，表示无比的愤怒。

当以上这些事在意大利发生的时候，开普勒在德国发现了行星运动的定律。但是，在叙述这一发现以前，我们应该将哥白尼死

后天文学在欧洲北部的发展史先谈一个梗概。

这一时期里天文学史上出了许多高明的观测者。其中一位显赫人物是普鲁士黑森－卡塞尔邦的统治者威廉四世。他在卡塞尔建造了一所天文台，台内装置有精心制作的仪器，这位大公爵自己使用了这个仪器观测了很长一段时间。他手下有两位出色的天文学家洛思曼(Rothman)与比尔日(Biirgi)，第谷亦因他的推荐，得在丹麦国王腓德烈处工作。

第谷·布拉赫是罕见的一位大观测家，1546 年年底生于丹麦斯堪尼河上的鲁德楚普地方。14 岁时，因当年的日食引起他对天文学发生兴趣，在这样幼年时期很少有人像他那样去思考，预测这种天象的计算的正确性，更渴望知道它们的原理；由于他的监护人和家庭的反对，更助长他向这个愿望发展。他旅行到德国结识了几位天文学家和出色的天文爱好者与他通信往返。黑森－卡塞尔邦的大公爵对这青年特别表示欢迎。回国后受到国王腓德烈的聘请并将波罗的海口的赫芬小岛赐予第谷；于是他在那里修建了一座以"天堡"(Uranibourg)命名的天文台。第谷在那里工作了 21 年，做了非常多的观测并有了几个重要发现。腓德烈国王死后，由于同僚的忌妒，他被迫离开他的天文台。他回哥本哈根，亦不能减轻迫害者的愤怒，一位总理，名叫瓦森多普(Walchendorp，他的名字正如一切滥用权力以阻碍科学发展的人一样，应受众人的蔑视)，禁止第谷继续他的观测工作。幸而鲁道尔夫二世[10]竭力保护他，既给他以高额的薪俸，还在布拉格为他修建一座天文台。1601 年 10 月 24 日他正在工作时不幸染疫死去，可惜的是他正在壮年还能为天文学多做工作的时候便去世了。

第谷对于天文学的贡献举其显著者有：(1)发明新的仪器并改进古代仪器；(2)观测精度比较以前大有提高；(3)编制一部星表，比喜帕恰斯与乌鲁伯格的星表优越得多；(4)发现月球运动上的二均差，即黄白两道的交点与交角的运动上的差数；(5)认识彗星的轨道远在白道以外；(6)对蒙气差有更完善的了解；(7)积累很多行星的观测数据，为开普勒发现的定律奠定基础……由于第谷观测的精度高，他在月球的运动上有几个发现，从而认识太阳与行星的时差[11]不能应用于月球，因此需从时差减去与太阳的近点角有关的部分和一个相当大的数量。开普勒凭其想象力寻找这些现象间的关系与原因，认为太阳的作用力应使地球在近日点比在远日点运行得快。周日运动上这个变化的效应，只有据第谷的观测才能在月球的运动里查出，因为在月球运动里的效应比太阳运动里的效应大 13 倍。但是由于采用摆钟作为计时器时，测得在太阳运动里的这个效应为零，而且测得地球的自转是匀速的，所以弗兰斯提德将和太阳的近点角有关的差数转移到月球上，将其看作是一种表观现象。第谷首先窥见这个差数，把它叫做周年差[12]。由此可见观测改进时怎样会发现隐藏在观测误差里的差数。开普勒的研究提供另外一个更显著的例子。他在其《火星观测的评注》里说“托勒密的假说与第谷的观测有 8 弧分(以 60 分制计)之差，这个差数比托勒密的观测误差小，据托勒密说他的观测误差至少 10′。但上天给我们一位像第谷这样很精确的观测者，我们应该感谢神灵的这个恩赐。一经认识这是我们使用的假说上的错误，我们便应竭尽全力去发现天体运动的真正规律，这 8′是不允许忽略的，它使我走上改革整个天文学的道路，而作成我这部著作里大部分

材料。”

第谷鉴于哥白尼的反对者所给予地动说的攻击，还由于其虚荣心，想将自己的姓名附于一种天文体系上去，使他误解宇宙的真相。他认为地球静止于宇宙的中心，一切天体每天绕宇宙的轴转动一周，太阳带领所有的行星每年一周绕地球运动。按照思想发展的次序，这体系应该出现于哥白尼以前，它表达现象与地动说没有什么不同。不过，我们常可以取一点作为定点，例如若以月球的中心为不动点，只须在一切天体的运动上循反方向加上月球中心的运动便可说明现象。可是假设地球静止在空间里的同时，太阳带着包含地球在内的行星系运动，就物理意义言这岂不是一种荒谬的假说吗？在地球围绕太阳运动的假说下，地球和太阳之间的距离与它的运动周期的关系，如此符合普适的定律，在感觉到类比推理的力量之人看来，还有什么可以怀疑之点呢？我们还不应该像开普勒那样说，在这一点上自然界已经大声宣告这假说的真实性吗？公正地说，第谷虽然是一位伟大的观测者，在原因的探索上却不高明，他既无哲学的头脑而又染上占星术的先见，因而他便企图维护这个伪科学。到了今天地动的理论已为天文学上无数的发现所证实，还有人拒不承认，我们自然应该予以严厉的驳斥，但对于第谷便不应当作同样的对待，因为那时人们感官的幻觉和这理论正好相反所造成的困难没有得到解决。如果恒星的视直径大于其周年视差，则在地球围绕太阳运动的理论内便应给予它们以比地球轨道更大的真直径；可是望远镜里这些恒星缩小为一些光点，这些大天体好像消逝了似的。那个时期的人，还不能了解地球以外的物体怎样能随着地球运动。力学的定律已经解释了这些表观

现象。力学定律已经说明物体只受重力的作用，从高处坠落到铅垂线下很接近其垂足之处，由于落点偏东之度很微，是难以测量的；第谷据其不精确的实验，未能求出预期的结果，便否认地球的旋转；事实上现今我们做这实验亦感到很大困难，当时不能感觉到这种效应是不奇怪的。

第谷的时代里欧洲进行对儒略历的改革。历法的一个要求是将月份与节日安排在相同季节里，而且将农事活动的季节固定在一定的日期内，但是要满足农民的这种需要，便应该按一定的规则置闰一日以抵消太阳年超过民用年(365 日)的余数。最简单的置闰法是尤利乌斯·恺撒在罗马历法上所规定的，即在每 4 个平年的最后一年置一闰日。但是这方法所规定的一年的长度，比回归年稍微长了一点，因而春分日不断地先期到来；尤利乌斯·恺撒以后 15 个世纪，春分日便和岁首接近了 11 天半。为了革除这个弊病，教皇格列高利十三世将 1582 年削掉 10 日，那年 10 月只有 21 天；而且将 1600 年定为闰年；以后每逢百之年只有能被 400 除尽的才是闰年，其他概不置闰。这种置闰法所规定的年还比实际的回归年稍长一点，大约须经历 4 千年春分日才提早一天[13]；但如将 4 千年里最后一个闰年改为平年，则格列高利历的置闰法便差不多是很精密的。而且对于原来的儒略历也没有多大的改变。我认为更好是将冬至日作为岁首，且使每月的日数更加整齐，即以第一月有 31 日，2 月平年为 29 日，闰年为 30 日，其他 10 个月交替地有 31 与 30 日；而且月份皆以它们的序数命名，以便取消每年末后 4 个月不恰当的名称[14]。如果采取以上的置闰法和每月里日数的安排法，格列历便无可非议了。但是这种拟议的改革是否能够实

行呢？因鉴于格列历已经成为欧、美两洲各民族的公用历法，而且它已使用了两个世纪以及宗教的影响，纵然还有这些与主要改革无伤的小缺点，我们应该保留下去，不必再修订了。原来历法的主要目的是用一种简单的置闰法将事件和日序联系起来而且使季节经过很长世纪后仍然出现于一年的同一个月内，格列历完全办到了这一要求。至于历法里有关复活节一类的宗教节日的规定，由于它们与天象无关，我便不在此叙述了。

第谷·布拉赫后期得到开普勒作为他的门徒与助手，开普勒生于1571年符腾堡[15]公爵封地的韦尔市，他是大自然给予科学的罕见人物之一，他使若干世纪工作所预备的伟大理论开花结果。起初科学的职业像是很难满足这位青年极想出人头地的野心。但是在他的智慧上升的阶段里得到麦斯特林[16]教授的指导，终于使他从事天文研究，他以追求荣誉的热情竭尽全力去开辟他的研究事业。

由于寻找因果关系的急切心情，富有活跃的想象的学者常在观测揭露现象的原因以前早已意识到真实的境界。无疑，正确的方法是由现象上溯到原因，可是科学史告诉我们这种缓慢而艰难的步伐却不常是发明者所采取的。可是只凭想象指导的人，前面隐藏着多么多的暗礁。由想象预先料到的原因，如果与事实发生矛盾，有些人却不愿抛弃他们的假说，而去改变事实以迁就他们的假说；甚至阉割（如果我可以这样说）自然界的工作，去适合类似于他们的想象的结构，而不了解到时间终会驱散这些虚幻的幽灵，只有实际观测与理论计算联成一体的结构，才能长久存在。真正有益于科学进步的哲学家是将深思熟虑的想象与理解和实验作严格联系的人，随时努力将现象提高到原因，而唯恐在这过程里陷入歧途。

开普勒从自然秉赋有前一种优点，第谷·布拉赫给他以后一种有益的，而他常违背的训诫，但是在任何情况下，他总能将他的假说和观测对比，而且由于使用不相容原理，使他不断地更换假说，而终于得到行星运动的定律。第谷已能从开普勒早年的著作里充满着图画和数字的神秘组合中，认识出这位青年理论家的天才，当开普勒去布拉格访问这位大观测家时，第谷告诫他特别要尊重观测数据，并为他谋得一个宫廷数学家的职位。几年后第谷死去，开普勒承继了他的名师的宝贵观测，做了最有益的使用，并在这些观测的基础上得到自然哲学上三个最重要的发现。

那是由于一次火星冲日，使开普勒决定首先研究这个行星的运动。他幸运地做了这个选择，原来火星轨道的偏心率在行星系里算是相当大的，当其冲日时与地球异常接近，它的真运动与视运动的差数都比其他行星的差数大，应该比较容易地和比较确定地为人发现其运动的规律。虽然地球运动的理论已经取消了托勒密堆砌在天文学上的许多圆圈，可是哥白尼还保留了一些圆圈去解释行星运动的某些差数。开普勒和哥白尼一样，为天体做等速圆周运动的因袭观念所迷惑，在长时间里用这个假说去表示火星的运动。他在其著作《火星论》里详细地叙述了他经过很多次尝试之后，才认识许多世纪里人们所犯的错误，而越过这错误的障碍；他发现火星轨道的形状是椭圆，太阳在其个焦点上，而且这行星在轨道上运行的方式是其中心与太阳中心的连线（向径）所扫过的面积与所经历的时间成正比例。开普勒将这两个结果推广到所有的行星，而且他根据这个理论于 1626 年刊布了一部名叫《鲁道尔夫星表》，这是天文学上值得称赞的一部星表，因为它是建树在宇宙体系的真实定律上而且摆脱了以前星表里负载着的多重圆圈的第一部星表。

如果我们将开普勒时常混入天文研究里的虚玄的意念分开，这些定律所遵循的可以叙述如下：首先确定火星的角运动的相等性只明显地发生在围绕位于其轨道中心之外的一点的运动里。在地球的轨道上他也发现相同现象，这是将火星的观测相互比较，再据其周年视差的大小，便可由火星的轨道以认识地球轨道的大小。开普勒为天体运动的焦点应在施引力的大天体的中心这一原则所指导，断定这些结果表明行星运动的线速度是变化的，而且在轨道上最大与最小速度的两点上的向径围绕太阳在一天内所扫过的面积是相等的。他将这两点处的面积相等性推广到轨道上所有之点，这样便得出面积与时间成正比的定律。继后火星的观测使他认识这颗行星的轨道是卵形的，在连接极大与极小速度点的直径的方向上伸得特别长，这样终于使他认识火星在椭圆轨道上运动。

假使古希腊人没有研究过平面截割圆锥所形成的曲线，这些美妙的定律可能还不会被人发现。由于椭圆是一种圆锥曲线，它的扁长形态使开普勒想到火星可能运动在这样一种曲线的轨道上，跟着利用古代几何学家对圆锥曲线所寻找出来的许多性质，他肯定了这个假说的正确性。科学史给我们很多的例子，说明应用纯粹几何学在科学上所取得的成就，因为一切都联系在真理的长链上，将几何学的定理应用到自然现象上，有时只需一个观测便足以使表面上像是没出路的情况竟变成繁荣的景象，原来自然现象只是少数不变的定律的数学结论。

爱好真理的心情，可能像毕达哥拉斯学派那样，在人们思想中引起神秘的类比推理的倾向；可是这却引导开普勒获得他的一个最重要的发现。由于他相信行星与太阳之间的平均距离和行星的公转周期应有一种关系，在长时期里他将过两种根数，做了各种奇特的类比，如从几何学的5个正多面体或从音乐上的5个音阶去比拟5颗行星。经过17年徒劳的尝试之后，他终于想到从距离的乘幂与公转的恒星周期的乘幂去作比较，然后求得周期的平方与轨道长轴的立方成正比例的关系。这是一个很重要的定律，他先把这定律应用于木星的卫星系，然后推广到其他行星的卫星系。

开普勒决定了行星围绕太阳所描绘的曲线的形状及其运行的规律以后，他已经很接近这些定律所根据的原则，不能不使他对于这原则无所感觉。这原则的寻找锻炼他活泼的想象力；可是达到这最后一步的时间还未到来，还须等待动力学与微分学的发明。可惜开普勒不直接奔赴最高的目标，而对行星运动的原因作玄虚的空想，又使他走入歧途。他假设太阳有围绕与黄道面正交之轴的自转运动；太阳在它赤道面上发射出来非物质的作用，这作用按距离减少，但保存原有的旋转运动，使每个行星参与这种圆周运动。同时行星由于一种本能或磁力交替地接近和远离太阳，有时在太阳赤道的上面，有时又降落到它的下面，于是总在通过太阳中心的平面上描绘出椭圆形的轨道。开普勒虽然陷入这些歧途里，可是他对于万有引力亦有一些正确的看法，例如在《火星论》里他叙述了一些主要发现。他说：

“重力不过是物与物之间形体相互接合之力，这种力使物体有结合在一起的趋向。

“物体的重力不指向宇宙的中心，而指向它所隶属的圆球的中心；如果地的形状不是正球，则地面上各处的重物不向同一个中心坠落。

“两个孤立的物体彼此相向走去，正如两块磁石相互结合一般，它们所走的距离与其质量成反比。假使地球和月球不为一种活力或他种等效力所抑制而使它们相隔一段距离，它们便会互相结合，月球将走这段距离的 53/54，而地球走其余的 1/54（假设它们的密度是相同的话）。

“假使地球不吸引海洋里的水，由于月球的引力，它们便奔向我们的卫星。

“月球的引力伸向地球，在地上造成海洋里的潮汐涨落现象。”



以上所引的开普勒的一些重要观点，其中已包含有天体力学的萌芽，到了牛顿及其继承者的手里，才得到发展。

奇怪的是开普勒没有将他的椭圆运动定律应用到彗星上去；活泼的想象力又使他迷失了方向，类比推理的线索从他手里逃脱，而失掉了另一个大的发现。据他看彗星是以太里的一种气象现象，他没有去研究它们的运动，他在他所开辟的道路中停顿了，使他的继承者分享本应由他享受的荣誉。在他的时代里，人们方开始窥见寻求真理的方法，聪明人只能根据悟性从事探索，因而常混有很多谬误的思想。在艰难的前进道路上，开普勒不由一系列的归纳推理，将特殊现象推广到普遍现象，更将普遍现象纳入自然界的普遍定律，他感觉更适意、更容易的方法是把一切现象归属于他的想象力所随意创造和修正的适宜与和谐的关系。因此开普勒用音乐的和谐规律去解释太阳系里行星的排列次序。这位伟大的人物在其最后的著作里还很乐于玩弄这种虚幻的玄想，而且把它们看作是天文学的灵魂与生命，开普勒的这种思想方法使我们实在感到别扭。虚玄的思想与真实的发现混淆在一起，无疑是使那时的天文学家如笛卡儿与伽利略虽应用开普勒的定律，而不认为是具有重要性的原因，伽利略曾引用这些定律去证明地球的运动，认为是一个最有力的证据，地球也和其他行星一样，遵循椭圆运动定律，特别是它的公转周期的平方与同太阳的平均距离的立方成正比那个关系。

开普勒的行星运动三定律，在牛顿将它们用作为其宇宙体系理论的基础以前，一直没有得到普遍的承认。

开普勒在天文学上还有一些有益的贡献；他在《光学》一书中叙述了许多有趣的新事。例如他改进了望远镜的理论与制造；他解释了以前还不明白的视觉的机制；他说明月面灰光的原因；他对他的老师麦斯特林引导他作出这个发现，指导他从事天文研究，而且使伽利略采取哥白尼体系，表示敬意。最后，开普勒在其著作《体视测量学》里表达的关于无限的思想，对于17世纪末几何学的改革有很大的影响，微分学的真正发明人费马，在开普勒这思想的基础上，创立起极大值计算的巧妙方法。



这位值得赞扬的伟人，一生在贫苦中度过；当时占星术推算命运的人得到优厚的待遇，而天才只有从发现真理得到的精神上的快乐与后代人的爱戴，可以稍微慰藉同时代人对他的负恩。开普勒得到的报酬相当微薄，为向政府索取欠薪，他去拉提朋，于1631年11月15日染伤寒死在那里。他死前几年高兴地看见，并且使用新发现的对数计算法；这是苏格兰男爵纳皮尔[17]所发明的一种计算方法，与印度人的巧妙计数法合并使用，可将几个月所做的计算减少到在几天完成，我们可以说这方法使天文学工作者的寿命延长一倍，而且使他们少犯错误，以及因长时间计算而造成的不可避免的烦闷。这种完全由学识而来的发明，是人类精神上的宝贵成就；在工艺上人们依赖自然界里的质料与能量才能作出发明，而计算技术却只靠人们自己的创造。

惠更斯紧跟着开普勒与伽利略，在天文学上作出了可贵的贡献。由于他们在科学研究上的高度成就与重要性，很少有人可以和他们相比拟。将摆动的振子用作为计时的仪器是给予天文学与地理学的一个美好的礼物，这个发明更加以望远镜的发明，使这两门学科得到迅速的进展，而惠更斯对这两种仪器的制造与理论都做了相当多的改进。他用他所制造的物镜，发现土星的奇特现象是它周围环绕的很薄的光环所形成的。他对土星的辛勤观测，使他发现一颗土卫。后来他将这两个发现刊布于其专著《土星系》内，这本书内还有一些开普勒滥用的毕达哥拉斯学派的玄虚思想的痕迹，可是在 19 世纪内真正的科学精神得到很大的进步，已使这些玄虚思想不复返了。土卫的数目等于那时知道的其他行星的卫星的数目，惠更斯认为这种相等情况是宇宙体系的和谐性的必然结果，因此他认为再没有卫星可以发现了，可是几年后卡西尼却又发现了 4 颗土星的卫星。惠更斯在几何学、力学与光学上有相当多的发现。假使这位罕见的天才将其离心力的定理与渐屈线(法包线)的研究和开普勒定律联系起来，他便可能在牛顿以前发现曲线运动的理论和万有引力的定律，而这些发现便是由这样的

组合而做成的。

惠更斯的同时代人赫韦吕斯以大量的观测工作知名，特别是由于他对月面的斑纹和月球的天平动的观测。很少观测者像他这样不感到疲乏；遗憾的是他不愿把望远镜安装在象限仪上（这一发明使观测的精度提高到前人所不知的境界）；因而赫韦吕斯的大部分观测在天文学上成为无用。

这个时期里由于学术团体的兴起，天文学得到新的发展。自然界在它的产物与它的现象上千变万化，很难识破其原因，为了认识自然界并强迫它泄露其规律，应有很多人用集体的智慧与努力从事研究。当科学进步到一个阶段，各分科接触增多，而且个人也不能深入到每个领域里去，只有许多学者的协作才能解决问题时，这种团体组织便感到有特别的需要。物理学家须依赖数学家将其所做的实验结果提高到普遍的定律，反过来，数学家须请物理学家将其所计算的结果，加以实际的校验，以期有用于实际，而且由于实际用途，更在数学研究里开辟新的研究途径。科学院的主要职能是提出一种指导的哲学思想，更将这思想传播于全国，应用于一切的研究上。孤立的学者只专心于一种个别的业务，而少听到别人的批评。但在一个学会里，思想的交锋很快便会判断正确与错误，为了取得一致的意见，会员之间便须遵守一种公约，即只能承认符合于观测与计算的结果。实践也证明自科学院成立以来，正确的哲学思想得到了极为普遍的传播。作为一切都须经过理性的严格检查的一个例子，便是科学院排除了统治科学多年的偏见之人，并将他们和前些世纪里有正确思想的人加以区别。科学院提出的某些指导意见，扫除了这时代所流行的某些错误观点，而在以

前会永远流行下去的。对于一切假说既不轻信,亦不轻弃,对于困难的问题与异常的现象,只耐心地期待着观测与实验的回答。人们应当从发现的高度与难度及其用途的广度去评价科学的工作,许多例子向我们表明,表面上似无出息的研究,可以产生一系列的重要发现,科学院应鼓励研究一切事物的真理,而只将为人们智力所限,永远不能达到的追求除外[18]。伟大的理论都能在科学院里成长,而且普遍化,并普及到广大群众,在技术与艺术里发展成很多种用途,使其成为光明和快乐的无穷源泉。聪明的政府当能认识学术团体的功用,而把它们看作是帝国的光荣与繁荣的基础,因而常将它们放在政府的旁边,以便得到它们的光辉的照射,而常可取得很大的利益。

在大量的学术团体中,以其成员的众多和在天文学上发现的重要性而著名的有两个,即巴黎的法兰西科学院与伦敦的英国皇家学会。前者为路易十四世创立于1666年,他认为科学与艺术应该在他在位时大放光明。这位君王在他的宰相柯尔培尔[19]的赞助下,邀请几位外国学者来巴黎工作。当时,惠更斯受重聘从荷兰去巴黎,他是法国科学院第一批院士中的一个,在该院发表其名著《摆钟论》。

多米尼克·卡西尼(Dominique Cassini,1625—1712)亦因此而从意大利被吸引到巴黎。他在巴黎天文台台长任内做了40年的有益工作,得到一系列的发现,丰富了天文学,例如木卫的理论,并根据木卫被木星掩食而决定其运动,发现土星的4颗卫星,木星与火星的自转运动,黄道光,很接近真实数值的太阳视差,编成很精确的蒙气差表,更建立月球天平动的完善理论。伽利略只讨论了纬天平动，赫韦吕斯解释了经天平动，他假设月球常以相同的一面向着白道的中心，而地球便在白道的一个焦点上，牛顿于1675年给墨卡托[20]的信里改进了赫韦吕斯的解释，牛顿以月球匀速围绕自身之轴旋转，同时绕地球以变速运行来比较简单地说明这个现象；但是牛顿与赫韦吕斯同样假设月球的自转轴常与黄道面正交。卡西尼据自己的观测发现白道与黄道相交成一个不变的小角，为了满足赫韦吕斯已经观测过的现象，按照他的观测，天平动里的差数在白道的每一交点周里复回原状，于是卡西尼常使白道的交点与月球赤道的交点相重合。这便是有关宇宙体系的最奇特的一个思想的进步。

大多数天文学院士，多具有罕见的才能，但在这篇天文学史纲要的有限篇幅里不能尽量叙述他们的工作。我只说：将望远镜装置在象限仪上，测微器与量日仪的发明，光线传播的速度，地球的大小，重力在赤道的变小等，这些发现皆是法国科学院里的天文学家的成就。

伦敦皇家学会在巴黎科学院以前几年成立，在天文学上的成就也不亚于法国科学院。该会的天文学会员中可以举出伟大的观测者之一弗兰斯提德与哈雷，后者以推动科学进步的旅行，对于彗星的研究（预测1759年彗星的复返近日点）以及利用金星凌日以测量太阳视差的巧妙方法知名。最后还须提到布拉德累，他是观测者的模范，以在天文学上两个最美妙的发现——恒星的光行差与地轴的章动——驰名千古。

摆钟与装置在象限仪上的望远镜的应用使观测者能够觉察出天体位置的最微小的移动；他们想用以测定恒星的周年视差，因为人们很自然地会想到：地球轨道的直径很长，即使对于遥远的恒星，也会使我们看见它们的位置随时间而有变化，在一年四季里去仔细地观测它们，可能寻出它们的方向有细微改变，观测到的细微变化对于要求的视差效应，有时有利，但一般是不适合的。为了决定这些变化的规律，须使用长焦距的望远镜，而且度盘须划得极端精密。制造这种仪器的工艺家应与观测者共享天文发现的荣誉。英国有名的时钟制造者与机械工程师格拉汉（G. Graham，1675—1751）制造了一具大型象限仪，布拉德累于1727年用这个仪器发现了恒星的光行差。为了解释这现象，这位大天文学家幸运地将地球运动的速度和罗梅尔于1676年由木卫食推出的光速联系起来。我们感到奇怪的是从罗梅尔的发现到布拉德累的发现相隔有半个世纪，竟没有人想到光的传播速度对于恒星位置应产生的极简单的影响。但人们的思想在体系的形成里异常敏锐，总期望从观测与实验给他们带来重要的真理，而不知真理可能就蕴藏在简易的理解之中。例如天文望远镜的发明在玻璃透镜的发明之后3个世纪多，而且望远镜的发明还是由于偶然的机遇。

1745年布拉德累又据观测发现地轴的章动及其规律。在他仔细观测到的恒星视位置的变化里，他却没有发现视差的丝毫迹象。我们还从这位天文学家的工作里窥见木卫运动的主要差数，以后更由瓦经亭加以很大的发展。最后，布拉德累还留下他对上世纪中叶10年间的天象所做的大量观测记录。这些观测的数量之大及其精度之高，使这部观测记录成为近代天文学的主要基础之一，那是近代科学的精致研究的开始时期。布拉德累的观测记录是以后天文观测的典范，由于工艺技术的进步，这些观测记录逐渐完善，同样成为通往天体道路上的标柱，以标志出它们的周期和长期的改变。

这时期中，有名的天文学家在法国有拉卡伊(N.L.La Caille，1713—1762)，在德国有默耶尔，他们都是不疲乏的观测者与辛勤的计算者，他们改进已经完成的理论与天文表，更根据自己的观测编制了恒星表，与布拉德累的星表比较，很精密地记下了18世纪中叶的天空情况。

地面经度圈上弧度与秒摆长度的测量，在地面许多点进行，法国在这工作上是一个典范，测量了穿越法国全境的整段弧长，并派遣院士们到北方和赤道去观测每度弧长和重力变化；为精密测量所决定的自敦刻尔克至福尔门特拉岛的经度圈的弧长，用作制定最简单、最自然的度量衡(即米制)的基础；1761年与1769年两次为金星凌日做了远征观测，还有太阳系范围的近似测定，也是这些远征观测的成果；消色差透镜的发明、航海表、八分仪以及默耶尔所发明波达所改进的经纬仪，默耶尔所编制的相当精确的用以测定海上船只的经度的月离表，以及1781年赫歇耳发现的天王星和它的卫星同新的土卫的发现，更加上以上所说的布拉德累的发现，这些便是18世纪天文学上的主要成就。

19世纪对于天文学说来是一个很幸运的开端，原来1801年元旦意大利天文学家皮亚齐在巴勒姆首先发现一颗小行星(谷神星)，跟着更发现3颗小行星，即奥耳贝斯发现的智神星与灶神星和哈尔丁发现的婚神星。

## 注　释

①卡斯提耳(Castille),公元9—15世纪建立在今西班牙的王国。——译者

②阿尔丰索十世(Alphonse X,1255—1284),卡斯提耳君王,绰号“天文学家”。——译者

③腓德烈二世(Frédéric II,1712—1786),即腓德烈大帝,普鲁士的君主。——译者

④普尔巴赫(Purbach,1423—1468)与密勒尔(J. Müller,1436—1476)都是德国天文学家。——译者

⑤瓦特鲁斯(Wallerus),待考。——译者

⑥西塞罗(M. Z. Cicéron,公元前106—前43),古罗马政治家、哲学家和雄辩家。——译者

⑦尼塞塔(Nicétas),毕达哥拉斯派哲学家,主张地动天静说。——译者

⑧普路塔克(Plutarque,46—120),古希腊传记家、散文家。——译者

⑨阿尔塞提(Arcetri),佛罗伦萨附近的小村庄。——译者



⑩鲁道尔夫二世(Rudolphe II,1552—1612),匈牙利国王,以奖励天文学著名,有以他姓命名的星表。——译者

⑪这是由于地球与行星的轨道的偏心率与轨道和赤道的交角而来的差数。——译者

⑫周年差:由于地球的轨道是椭圆的,月球受到太阳的摄动是有变化的,其周期为一年,其变幅约为11′。——译者

⑬格列历的平均长度较实际的回归年约长26秒,故约经历3千余年有一日之差。——译者

⑭罗马历以春分日所在之月(即现今的3月)为首月,格列历以冬至日后第八日为岁首,因而现今的9,10,11与12四个月的名称沿用罗马历法,叫做September,October,November与December,在拉丁文其含义实际是7,8,9,10月。——译者

⑮符腾堡(Würltemberg),德国西南部的一个地区。——译者

⑯麦斯特林(M. Maestlin,1550—1631),德国天文学家。——译者

⑰纳皮尔(J. Napier,1550—1617),苏格兰数学家,发明对数计算法并编制有纳氏对数表。——译者

⑱一切有智慧的人对于不能理会的事物,应像蒙田(Montaigne)那样说,"愚昧与无求知的欲望是安放漂亮脑袋的软绵绵的枕头。"

⑲柯尔培尔(J. B. Colbert,1619—1683),法国有名的政治家。——译者

⑳墨卡托(G. Mercator,1512—1594),荷兰地理学家,发明一种绘制地图的方法。——译者

# 第五章　万有引力的发现

在说明人类经过怎样的努力才发现天体运动的定律之后，这一章将叙述怎样将这些定律提高到它们所根据的普适原理。

笛卡儿首先试图将天体运动的原因纳入力学。他设想有微粒组成的旋涡，太阳与行星便在各个旋涡的中心。行星的旋涡带动卫星，太阳的旋涡带动行星、卫星和它们的旋涡。彗星的运动无一定的方向将这些旋涡扰乱，正如它们的旋涡将固体的诸重天和古代天文学家们所想象的一切圆轮扰乱了一般。由此可见笛卡儿在天体力学上，正如托勒密在天文学上，同样走入了歧途，但是他们的工作对科学绝不是无用的。经历14个愚昧的世纪，托勒密传给我们由其前人所发现的和他自己所增进了的天文真理。笛卡儿诞生时，由于印刷术的发明与新大陆的发现，宗教改革与哥白尼体系相继而来，这些运动使人们的思想追求新奇的事物。笛卡儿将更有诱惑力的错误，代替旧日的错误，凭借他在几何学上成就的权威，推翻了亚里士多德的难于摧毁的王国，笛卡儿的旋涡理论，由于建立在地球和行星围绕太阳的运动上，起初受到人们的热烈欢迎，但是由于他提出对于万事万物应从怀疑开始的原则，笛卡儿为自己规定应将他的意见作严格的检查，于是他的天文体系很快便为继起的观测所摧毁，这时代里以笛卡儿、开普勒、伽利略等人的发现，更加以人们对于一切事物所抱的哲学观点，使他生存的那个世纪产生文学、艺术的无数杰作，成为人类思想史上最显赫的一个时代。

但天体运动的普遍原理仍留待牛顿去发现。大自然产生伟大的天才时，还须为他先预备好最适宜的环境。笛卡儿将代数学应用于曲线与变函数上，而革新了数学的面貌。费马将微分学的基础建立在他的极大值的计算与求切线的美妙的方法上。瓦里斯[①]、雷恩[②]与惠更斯刚发现运动的传递定律。伽利略对于落体，惠更斯对于渐屈线与离心力的研究导致曲线上运动的理论。开普勒已经确定行星所走的曲线，而且窥见了万有引力。最后胡克[③]已经了解行星的运动是抛出它的原始力与太阳的引力组合而成的结果。因此天体力学这朵花的开放，只等待一个有才智的人来完成，他将把以上所说的这些发现联系起来，更加以普遍化，由此导出引力定律。这便是牛顿在其巨著《自然哲学的数学原理》内所作出的成就。

这位多才多艺的科学巨人于1642年即伽利略死去的一年，生于英国乌尔索普[④]村。他开始学习数学时便表现出他将来在这方面的成就；他将初等数学教科书翻阅一过便全部了解其意义，于是他阅读笛卡儿的几何学，开普勒的光学和瓦里斯的无限算术，跟着他便提出自己的发明，27岁他便发明了他的流数算法[⑤]与光的理论。为了避免别人的嫉妒与发明权的争执，他把他的发现隐藏起来，而不急于发表。牛顿的老师和朋友巴罗[⑥]退休时，将他推荐为剑桥大学的数学教授。他在那里任教时，由于皇家学会与哈雷的请求他才刊布了他的《原理》。他努力维护国王扎克二世企图剥夺剑桥大学的权利，因而于1688年被选为宪法会议议员，更于1701年被选为国会议员。跟着他被国王威廉聘为造币局局长，更为女王安娜授以骑士勋位。1703年被选为皇家学会会长，连选连任。牛顿在他的一生中享受了最高的威望，以致1727年死去之时，受到隆重的国葬。

1666年牛顿回家乡避疫时，开始考虑宇宙体系的问题。由于高山顶上物体所受的重力差不多与地面上相同，使牛顿猜想地心引力可以达到月球，于是他将地心引力和月球的切线方向运动结合起来，认为月球围绕地球运行的轨道可能是椭圆形的。为了验证这个猜想，便须知道地心引力随距离而变小的定律。牛顿认为如果地心引力将月球维系在它的轨道上，行星便也应该由太阳的引力维系在它们的轨道上，他根据面积与时间成正比的定律证明了这个问题；可是牛顿按开普勒的调和定律，即行星公转周期的平方与其轨道长轴的立方成正比的定律，证明了行星运动的离心力，从而太阳对它们的吸引力是与太阳和它们之间的距离的平方成反比的。因此牛顿假定物体在地球表面上的重力亦按照这定律，随其高度的平方而减少[7]。根据伽利略对于落体的实验，牛顿决定了月球在短时间内向地球坠落的距离。这距离是它在这时间内所走的弧的正矢，这也是以地球的半径表出的月球视差的正弦，因此重力按距离平方成反比的定律和观测比较时，便须知道地球的半径。但是牛顿掌握的地面经度圈的长度只是一个有相当大的误差的数字，于是他计算得的结果与他所期待的数字不同，因此他想到月球的重力之外或者还有其他没有知道的力，于是他放弃了他的看法。几年后胡克的信引起他研究抛射体围绕地球中心所走的轨

道。皮卡尔[8]刚在法国测量了经圈上一度的弧长，借助这个测量，牛顿了解月球只为地球的引力维系在它的轨道上，而且这引力是按距离的平方成反比而变化的。按照这定律，他求出落体所描绘的曲线是椭圆，地心在其一个焦点处。于是他考虑开普勒由观测发现的行星的轨道也是椭圆，太阳在其一个焦点处，因此他满意地看见他由好奇心所求得的解答，也能应用于自然界里的大型物体。他发现有关行星的椭圆运动的几个定理，哈雷请他刊布这些研究，牛顿才写成他的《自然哲学的数学原理》于 1687 年终发表[9]。牛顿的朋友彭伯顿[10]为我们提供了这些细节（经过牛顿本人的认可）表明这位大数学家于 1666 年已找到有关离心力的主要定理，这些定理惠更斯只在 6 年以后才刊布在他的《摆钟论》之内。我们可以相信流数算法的发明者早就掌握了这个方法，因而才使他容易发现这些定律。

牛顿假设行星的轨道是正圆，并用其公转周期的平方与其轨道半径的立方成正比的关系，发现引力定律，他跟着证明这关系对于椭圆轨道也是一样有效的，因而说明假使将行星都放在距离太阳中心一样远处，它们受到的太阳引力是相等的。卫星系所受其所隶属的行星的引力亦属相同。牛顿对于地面上的物体，根据精密的实验亦证明有这关系；以后有不少人重做了这些实验，一个密封盒里所含的几种质料，经受气体、电、热与化合力的作用在其混合之时或之后，这物体系统的重量始终没有改变。

跟着牛顿将他的研究推广到一般的情况，才知道抛射体受到指向焦点，而与距离平方成反比之力时，可能运动在任何一种圆锥曲线上；他推出了在这些曲线上运动的各种性质，他决定轨道的曲线形状是正圆、椭圆、抛物线或双曲线的必需条件，只决定于物体的初速度与初始位置。不管物体的初始速度、初始位置与运动的初始方向怎样，牛顿都可指出一种圆锥曲线，是物体可能描绘的，而且以后不会离开的。这便对约翰·贝努里责备他还没有证明凡是受距离平方成反比之力作用的物体所走的曲线只能是圆锥曲线做了回答。这些研究应用在彗星上使牛顿了解彗星也围绕太阳按与行星运动相同的定律环绕太阳运动，其差异只是彗星的轨道很扁长而已，牛顿提出了根据观测决定彗星的椭圆轨道根数的方法。

由卫星轨道的长轴与其公转周期和其所隶属的行星的相同数据的比较，使他求得太阳和伴有卫星的行星的质量与密度以及它们表面上的重力的强度。

考虑到卫星围绕它们的行星运动时，差不多可以把行星看作是不动的，因此牛顿认识到卫星和其所隶属的行星受到太阳的相同的引力。根据反作用与作用相等的原理，牛顿肯定太阳为行星所吸引，行星为其卫星所吸引，因此地球亦为其表面上一切物体所吸引。跟着他将这性质推广到每个物体的组成部分，于是他提出这样一个原理：物体的每个分子吸引其他分子，这引力的强度与其质量成正比和被吸引的分子之间的距离的平方成反比。

这原理不只是满足某些可能用其他方式解释的现象的简单假说，如同表达一个未定问题的方程式里有各种解答那样。这里，问题是由天体观测得来的定律所确定了的，这原理是这些定律的必然结果。行星向太阳的引力为面积与时间成正比的定律所证明；这引力按距离的平方变小，这个关系为行星的轨道的椭圆形所证明；而且周期的平方与轨道长轴的立方成正比的定律，证明太阳的引力对于所有的行星，假设它们距离太阳一般远时，皆属相同，因此行星的重量与其质量成正比。由作用等于反作用的原理，可见太阳被行星吸引亦与它们的质量被它们与太阳之间的距离的平方除后之商成正比。由卫星的运动证明卫星同时受到太阳与它们的行星的吸引，而行星又互相吸引；因此太阳系里所有的天体均按与质量成正比并与距离平方成反比的定律互相吸引。最后，行星的形状与地面上重力的现象为我们证明引力不仅属于作为物质团的物体，而且属于物体内的各个分子。

有了这个原理以后，牛顿才了解由这原理产生出宇宙体系里的现象。将天体表面的重力看作是它里面一切分子的引力的合力，他证明与距离平方成反比的引力定律有一个显著的特征：由密度按任何定律变化的同心层所构成的两个球体的相互吸引的情况，与它们的质量汇集于中心的情况一样；因此太阳系里的天体差不多可以看作是一些引力中心彼此吸引，并吸引其表面上的物体，这结果对于它们运动的有规性大有贡献，于是牛顿了解地面的重力便是将月球维系在它轨道上的引力。他证明地球的自转运动应使地球的两极扁平，并且决定经度圈上弧长与地面各处重力的变化规律。他看出太阳与月球的引力在海洋里造成的振荡，因而形成我们所看见的潮汐涨落的现象。他发现月球运动里几种差数与黄白交点的逆行运动都是由于太阳引力的作用。跟着他把地球类球体的赤道带突出部分当作附在地面的卫星系，算出太阳与月球对于这突出部分的综合引力，使这部分物质围绕地轴所描绘的圆的交点逆行，而这逆行的倾向传递到地球整体上，应在黄赤两道的交点上造成缓慢的逆行运动，这便是人们所观测到的分点岁差运

动。可见这个宏伟现象的原因是由地球的扁度和太阳对卫星系的作用所造成其轨道的交点的逆行运动而来，这是牛顿首先认识而其前人所没有想到的两个原因。开普勒凭其活跃的想象力以为可以用假说解释一切现象，但对于造成岁差的原因却认为无能为力。

可是，除了有关行星和彗星的椭圆运动之外，类球体的吸引以及有卫星的行星的质量与太阳的质量之比，这一切发现牛顿只做了一个开端。他的行星形状的理论只限于均匀结构的情形。他对于分点岁差问题的解决，虽然巧妙而且与观测的结果在表面上是符合的，但在某些方面还有缺陷。对于天体运动的许多摄动，他只讨论过月球运动的摄动，但其中最大的摄动（出差），他便没有研究。他稳固地建立他所发现的原理，但其发扬光大与最后胜利的取得，则留给他的继承人。那时刚诞生的微分学不能使他完全解决宇宙体系理论所提出的困难问题，因而他只能触及一些要领而且还不确定，须待以后严谨的分析才能得到证实。虽然有这些不可避免的缺陷，但这体系里的发现的重要性与普遍性以及数学、物理的一些有趣问题的研究和许多创造性的深入见解，作为18世纪数学家最出色的理论的胚芽，这一切在《原理》内叙述得明白晓畅，堪称为人们在思想史上最优越的成就。

但是科学著作的性质和文学不同。一位天才用完美的文字写出的文学作品可以达到一种不可超越的境界。人们在任何时期都会以一样的兴趣去欣赏文学的杰作，作者的名声不随时间而消逝，因而古典著作的价值永久长存。可是科学著作却和它不同：科学像自然界那样没有止境，由于后代人连续不断的努力，科学的作品常在无限发展之中；某个时期的科学著作好像已经达到空前的高度，但由于后来居上的新发现，又有更一进步的著作出现，致使以前的经典著作居于次要地位。牛顿以后的科学家对于他在《原理》中所提出的发现和他培育的花蕾，他的继承者以更普遍、更简单的语言加以表达与发展，使其开放得更加灿烂；但是一位天才所发现的宇宙的普遍原理终究是一座永垂不朽的纪念碑。

《原理》以外，牛顿还写了另外一本有一样创造性的著作：《光学》，在这两本书里总结了他的许多有价值的发现，表现出科学研究和精美技艺的一种典型：即做实验并将它们纳入计算。书中陈述了他所用的科学方法，即以一系列的归纳推理，将现象追溯到形成的原因，更从原因阐明现象的一切细节。

普遍的定律表现在特殊的现象里，而特殊的事例里常掺杂有许多外来的因素，只有用最巧妙的心思才能将它们分开，而发现定律。实验需要的是选择或造成最适宜于研究的现象，而且使它们发生于变化的环境之中，而观测其间的共同点。因此人们不断地提高到愈来愈广泛的关系，最后才达到普遍的定律，如果可能的话，再由推理或直接的实验去加以核验，或者去考查这些定律是否适合于已知的一切现象。

这便是引导我们寻找真理的最可靠的方法。别的哲学家没有比牛顿更忠实于这个方法的了；没有人像他具有更高的机智（这种机智造就科学的真正天才），从事物中去辨别它们当中所蕴藏的普遍原理，例如，由于机智，他从物体的坠落而悟到万有引力原理。与牛顿同时代的英国科学家遵循他的典范，采用归纳方法，而写出物理与分析数学的许多优秀著作。古代哲学家采取与此相反的方法，凭想象的普遍原因去解释一切现象。他们的方法只产生一些虚玄的体系，笛卡儿用这种方法并没有取得多少成功。与牛顿同时的莱布尼茨[11]、马勒伯朗士[12]以及其他哲学家使用这个方法也很少收到效果。最后，一方面由于从想象而来的假说的无用，另一方面由于使用归纳法而促成科学的进步，因而聪明的人一致采取培根[13]以其智力和雄辩的全部力量所倡导的，且由牛顿使用而取得成效的这个方法。在他们那个时代，笛卡儿用运动、冲力与离心力等明白了然的概念去代替亚里士多德学派的神秘主义；他建立在这些概念上的旋涡假说引起了当时科学家的注意，原来柏拉图学院派的隐晦而无意识的学说已经遭到那时人们的厌恶，他们以为万有引力是法国哲学家所排斥的神秘观念的再现。可是笛卡儿的学说被人认为是虚玄无实，不能解释现象之后，乃转向牛顿提出的引力，才认识它是根据归纳推理而提高的普遍原理，而且再根据它去解释一切天体的运动。假使牛顿只限于将行星与彗星的运动，月球运动的差数，地面弧长与重力的变化，二分点的岁差，海洋的潮汐等看作是引力的效果，而不指出其引力原理与这些现象之间的联系，无疑他会受到再建神秘论的斥责。但是数学家校核其证明，而更加以普遍化之后，发现观测与数学分析的结果有最完满的符合之时，他们一致采用牛顿的宇宙体系的理论，而由他们的研究，这个理论成为整个天文学的基础。许多特殊事实和普遍事实在分析数学上的联系才构成为一种理论。

因此，由严格的计算，从物体的分子间的相互吸引（这引力只在不觉察的短距离处才显著）的唯一原理上推出一切毛细效应，我们才可夸耀说：得到了现象的真正解释。有些科学家鉴于首先提出一个原理的优越性，可是他们却没有弄清楚创造这原理的原因，这样便将自然科学的一些部门导入古人的神秘论，而使其成为无意义的解释。从人们抛弃笛卡儿派的观点去看牛顿哲学，便可看出这两个学派在一个最重要的关键上毫无共同之处，这一点便是由牛顿理论推出的结果与现象有严格的符合。

牛顿用综合法陈述其宇宙体系的理论。当他用分析数学找到其大部分定理之时，他推广了这门数学的范围，并得到求积法的一般结果。可是由于他对综合法的偏爱以及对经典几何学的尊重，他将他的定理甚至流数算法都用综合法去表达。由他对这些表达方式所定的规则，与所举的例证，可以看出他怎样尊重综合方法。我们应和与他同时的数学家一道惋惜，在发表其发明的文章内他没有遵循他达到这些发现的路径，他略去一些结果的证明，好像他更乐意于使读者去摸索。认识一位天才的研究方法，对于科学的进步，甚至对于他本人的荣誉，并不比发现本身更少用处。科学研究的方法经常是极富兴趣的部分，假使牛顿不仅简单地写出最小阻抗的固体的微分方程式，同时更叙述他的分析过程，这便有利于使他写出有关变分法的第一篇文章，而变分法是近代数学里最有出息的一个分支。

这位大数学家对于综合法的偏爱与他的书中所举的例子也许阻碍了他的同时代人将分析数学应用于万有引力原理，因而有可能对天文学的进步作出贡献。这种偏好可能是由于牛顿想将他的曲线运动理论和古人对圆锥曲线的研究以及惠更斯按这个方法刚刊布的美妙的发现联系起来的缘故。而且几何学的综合法还有一个优点，即不会使研究者失掉他的目标，并照亮了从第一批定理到最后结论的整个道路，但是代数学的分析法使我们从事抽象的组合而很快忘记了研究的主要对象，直到最终才把我们带回到研究的目标上来。可是，使用了达到寻找的结果所必需的条件之后，便脱离对象，而沉浸于分析数学的推导里，将一切努力都用以克服演绎过程中出现的困难，最后由于这方法的普遍性，和把力学过程转换为推理的无可估价的优越，这样得到的结果经常是几何学的综合法所不能达到的境界。这便是分析数学的多产性，它能够将特殊的真理、个别的问题翻译成数学这个通用的语言，从它们的表达式里可以看到一大群料不到的崭新的真理。没有任何语言有它这样流畅，它由一系列互相连贯的词句而终结到唯一的、基本的、含义广泛的思想。除了这些优越性以外，分析数学还能够导出一些简单的公式，以后只需按适当的方式去使用它们，只需谨慎地选择适当的未知数，并以几何学作图法或归化为数字的形式很便利地表达结果。牛顿在其《广义的算术》书中举出许多这一类的例子。因此近代数学家认识分析法的优越性，特别致力去推广它的范围和开拓它的界限[14]。



可是几何学的考虑绝不应当放弃；它对于技术有很大的用处。而且我们很想将由分析法所得的各种结果表达为空间里的形象，反之，在方程式的数据里认识出线与面的一切更改与物体运动的变化。几何学与分析数学的联合使这两种学科都大放异彩；分析计算的智慧处理使几何形象显著而使人更易了解、更富兴趣去跟踪其变化；当观测表现了这些形象，将几何学的结果转化为自然界的定律，当这些定律包括了整个宇宙，将它的过去和将来的情况一齐暴露在我们的眼里，这崇高的景象使我们感受到人类独有的最高贵的快乐。

引力定律发现之后50年间,并无显著的成就表现。这个伟大的真理需要这样长的时间,去使人普遍地了解和去征服在大陆上流行的反对它的意见,例如笛卡儿以机械的观点去说明重力;还有几位有权威的数学家或许出于自尊心,想出不同的体系去反驳牛顿的理论,可是他们的工作却推进了分析数学。牛顿的同时代人中只有惠更斯最称赞牛顿发现的功勋,他承认大的天体按距离平方成反比互相吸引以及牛顿按这定律所推出的一切结果,如行星、卫星与彗星的椭圆运动和有卫星陪伴的行星的表面重力。在这些方面他给予牛顿以公允的评价,但由于对重力的原因持有错误看法,他不承认分子与分子之间的引力,以及行星的形状和其表面重力随行星的形状变化的理论。可是我们应当看到万有引力定律对于牛顿的同时代的人乃至牛顿本人都没有感觉到以后由数学和观测的进步所赋予它的确定性。欧拉、克勒罗和德朗布尔首先将分析数学应用于天体的摄动,他们不认为在土星的运动与月球近地点的运动上观测与计算结果的离差是由于近似值上的与计算上的误差,而却认为是引力定律还没有确切的建立。但这3位大数学家及其继承人校核了以前计算的结果并改进了计算的方法,而将近似值推进到必须达到的程度,终于承认只用唯一的引力定律便能说明宇宙体系的一切现象,而且给予天文理论与天文表以意料不到的精度。哥白尼用地球和其他行星围绕太阳运行的理论,以编制天文表,至今还不到3个世纪。哥白尼后一个世纪,开普勒才将只与太阳引力有关的椭圆运动,介绍到天文表里去,而现在又加入行星系里各天体相互吸引而来的很多差数,一切经验主义都被驱逐出天文表,而只从观测吸取一些必需的数据。

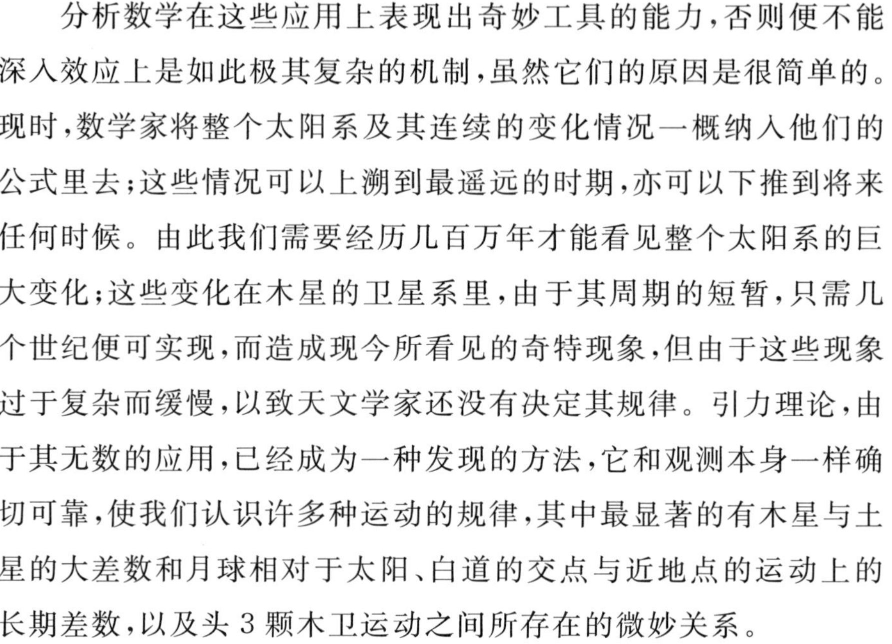

分析数学在这些应用上表现出奇妙工具的能力，否则便不能深入效应上是如此极其复杂的机制，虽然它们的原因是很简单的。现时，数学家将整个太阳系及其连续的变化情况一概纳入他们的公式里去；这些情况可以上溯到最遥远的时期，亦可以下推到将来任何时候。由此我们需要经历几百万年才能看见整个太阳系的巨大变化；这些变化在木星的卫星系里，由于其周期的短暂，只需几个世纪便可实现，而造成现今所看见的奇特现象，但由于这些现象过于复杂而缓慢，以致天文学家还没有决定其规律。引力理论，由于其无数的应用，已经成为一种发现的方法，它和观测本身一样确切可靠，使我们认识许多种运动的规律，其中最显著的有木星与土星的大差数和月球相对于太阳、白道的交点与近地点的运动上的长期差数，以及头3颗木卫运动之间所存在的微妙关系。



根据这个方法，数学家知道从观测里，正如从丰富的矿藏里取出天文学最重要的根数。假使没有分析法，它们将永久不能为人发现。数学家根据太阳、行星与卫星的公转周期和它们的周期差与长期差的展开式，而决定它们各自的质量；又据木卫被木星掩食的观测而算出光速与木星的椭率，比直接观测所求得的精度还高；天文学家还定出天王星、土星与其光环的自转和这两颗行星的扁率以及它们的卫星轨道的位置；太阳和月球的视差，地球类球体的椭率，均表现在月球运动的差数上，以前讲过月球由其运动对于改进了的天文学泄露了地球的扁率，而最早的天文学家由月食只知道地是球形的。月球一向被人认为是赐予地球以照明其黑夜的，由于分析法与观测合并使用，它后来成了航海人最可靠的向导，使人不致因误差的长期积累陷入迷失航向的危险。月球运动理论的改进是半世纪以来数学家的工作成果(航海人利用这一改进方能准确地定出他登陆的地点),而且在这短暂时间内地理学由于使用月离表与航海表,所得到的进步比以前许多世纪里的进步还大。因此这些卓绝的理论综合了可能给予发现的一切价值:即题材的伟大与有用,结果的丰富与克服困难的价值。

为了达到这个目的,应该同时改进力学、光学、观测法与分析术,而这一切主要有赖于天体物理[15]的需要而迅速进展。人们还可使它更确切、更简单;但后代人无疑会以感激的心情对待近代数学家,他们不曾将任何没有决定其规律与原因的天文现象遗留给后代。公允地说,如果英国产生了万有引力的发现者,但主要由于法国数学家的工作与法国科学院所颁发的奖金才使这个发现得到多方面的发展以及在天文学上引起革命[16]。

节制天体运动与形状的引力并不是存在于它们的分子之间的唯一作用力;这些分子还服从于其他同物体内部结构有关的引力,这些力只在我们感觉不到的短距离处才表现出来。牛顿提供计算这种力的第一个例子,他指出光线在两种不同的透明物质中传播时,由于介质的引力使光线屈折,而服从于经验早已表现的一个关系:即折射角的正弦与入射角的正弦之比是常数。这位伟大的物理学家在其《光学》一书中也推导出同类的内聚力、亲和力和那时所知道的化学现象与毛细现象。他便这样奠定了化学的真正原则,但它得到科学界普遍采用比万有引力原理还迟。可是他对毛细现象只提出一个不完善的解释,其完整的理论是其继承者的工作。

万有引力原理是自然界的根本定律抑或仅是一个未知原因的

一般效应？能否将亲和力纳入这原理之内呢？牛顿比他的几个门徒更谨慎，没有对这些问题表示意见；由于我们还不明白物体的本性，因而不能满意地回答这些问题。对此我们不能作出什么假说，只限于对这原理与数学家应用这原理的方式，陈述我们的一点意见。

牛顿据作用与反作用相等的原则，肯定天体的每个分子应像它受到的吸引力那样去吸引别的分子，因此引力是施引力的物体内每个分子的引力的合力。当这些力的作用的方式还没有弄清楚之时，作用等于反作用的原则便难理解。例如惠更斯根据这原则去研究弹性物体的碰撞，发现这原则不是以说明分子与分子间的引力。因此他须根据观测去证实这种引力，俾使牛顿理论内这一重要点不致有任何的怀疑。天体现象可以分为三类：第一类包括天体中心相互接近的趋势；例如行星与卫星的椭圆运动及其与它们形状无关的相互的摄动。第二类包括被吸引物体的分子向吸引物体的中心接近的趋势；例如海水的潮汐、分点的岁差与月球的天平动。最后，第三类，我认为应是同施引力的物体的分子对于被吸引物体的中心与自身的分子的作用有关的现象；例如由于地球的扁率而产生的月球运动的两个差数，木卫与土卫的轨道运动，地球的形状与重力在地面上的变化，都属于这一类现象。数学家为了解释重力，假设每个天体周围有一个旋涡，可能说明相对于前两类现象的牛顿理论；但正如惠更斯那样，他们应推翻建立在施吸引物体的分子作用上的第三类现象的理论。这些理论与一切观测的完全符合，对于分子与分子间的引力，现在不应有任何的怀疑。按距离平方成反比的引力定律是从一个中心发射出的力的定律。这像

是其作用表现在显著的距离上的一切力(例如电力与磁力)的定律,因此这定律确切地适合一切现象,由于其简单性与普遍性,它应当看作是严格的,这定律的一个明显性质是:假使宇宙里一切物体的大小、它们之间的距离与它们的速度按比例而增加或减小,它们将描绘出的曲线完全与它们已描绘的曲线相似;因此宇宙可以逐渐缩小到想象得到的最小空间,对于观测者总表现相同的外貌。因此,这些外貌与宇宙的大小尺度无关,正如由于力与加速度成正比的定律,这些外貌便与它们在空间里的绝对运动无关。因此,自然界的定律的简单性只允许我们观测和了解其间的比例关系⑰⑱。

引力定律给予天体相互吸引以一种特性,正如它们的质量几乎汇聚于其重心时那样。这定律还赋予天体的表面和它们运行的轨道以椭圆形状,这是球与圆以外最简单的几何图形,古人认为天体的形状与轨道都应是球和圆。

引力由一体到他体的传播是瞬时的吗?引力传递的时间,如果我们感觉得到的话,主要表现于月球运动的长期加速度上。我曾用这方式去解释月球运动的加速度,我发现为了满足观测,引力的传播速度应该是光速的 7 百万倍。月球运动上长期差的原因,今天已经相当了解,我们可以确定引力的传播至少要比光速迅速 5 千万倍。因此我们可认为引力的传播是瞬时的而不怕产生任何感觉得到的误差。

引力还可使原来静止的物体系统里产生运动并不断地使这系统处在运动之中;因此,如果像几位哲学家那样,主张引力终久会将宇宙的物体全部汇聚在它们的公共质心上,便是一种错误的思想。应该常为零的只有这个质心的运动以及在一定时间内,这物体系统内所有的分子围绕质心所扫过的面积，投影在任何一个平面上的总和。

## 注　释

①瓦里斯(John Wallis,1616—1703)，英国数学家。——译者

②雷恩(Christopher Wren,1632—1723)，英国建筑学家。——译者

③胡克(Robert Hooke,1635—1702)，英国物理学家。——译者

④乌尔索普(Woolthorp)英国林肯郡格兰桑营城外的小村。——译者

⑤流数算法(Calculus of fluxions)，即现今的微分学。——译者

⑥巴罗(Issac Barrow,1630—1677)，英国数学家、希腊文教授。——译者

⑦在无限远处引力为零的一切定律中，只有自然界的定律才使牛顿的这个假设有效。

⑧见本书第 83 页注①。——译者

⑨第二年有人提出社会体系的原理，牛顿曾协助建立这些原理。——译者



⑩彭伯顿(Henry Pemberton)，英国物理学家。——译者

⑪莱布尼茨(G.W. Leibnitz,1646—1716)，德国自然科学家、数学家、唯心主义哲学家。——译者

⑫马勒伯朗士(N. Malebranche,1638—1715)，法国唯心主义哲学家。——译者

⑬培根(F. Bacon,1561—1626)英国哲学家，归纳逻辑的首创者。——译者

⑭将分析数学应用于月球运动的研究，提供了这种优越性的一个例子：这些应用容易给出的不但有二均差(牛顿用综合法费了很大气力得到)，而且还有牛顿没有用引力定律处理的出差。若用综合法必不能得到月球运动的其他许多差数，而把这些差数的数值(由分析法所定)来表达观测，可使它们和由大量观测与理论综合编制的最好月离表，有相同的精度。

⑮这里似指天体力学而不是现今所说的天体物理学。——译者

⑯天文学史应以感激的心情记载一位官吏对天文学的奖励。1714 年巴黎议会的议员儒页先生(M. Rouillé de Meslay)在遗嘱里给予科学院一笔巨款,设立两项每年颁发一次的奖金,题目是天文理论的改进与海洋里经度的测定。这些奖金多次为国外的有名数学家得到。他们的论文所表现的高深的研究,完全达到奖金捐赠者的目的。

⑰数学家为了证明欧几里得的平行"公理",一直没有成功。可是,人们对于这条公理和欧氏根据这条公理所推出的许多定理没有怀疑。因此,人们对广延性的理解含有一种不证自明的特性,否则便不能严格地建立这个平行的性质。一个有限范围的概念,例如正圆,便不含有与其绝对大小有关的概念。但是如果想象将圆的半径不断缩短,则圆的周长与其一切内接多边形的周长,按相同的比例缩短。我认为这种性质,是比欧氏平行公理更自然的公理。令人惊奇的是,在万有引力的结果里重新出现这个性质。——译者

⑱公元前 300 年左右,希腊数学家欧几里得把人们公认的一些事实列成定义和公理,其中最突出的一条是平行公理,即在平面上过直线外点只能作一条和这直线不相交的直线。现今已不把这条公理看作是公理,而认为是假说或约定的命题。在平面双曲线几何里,约定过一点可引二直线与已知直线平行,而在平面椭圆几何里则约定没有这样的直线可引。后面这两种几何学叫做非欧几何,应用于相对论。它们和欧氏几何在表面上似有矛盾,但它们都反映了现实空间的相对真理。——译者

# 第六章　宇宙体系的研究与天文学将来的进展



本篇所叙述的天文学史纲要，包括三个不同的时期：即关于现象，支配现象的定律与这些定律所依靠的力三个方面。它使我们认识天文学在其发展进程里所遵循的途径，也是其他自然科学应当仿效的范例。第一期里包括哥白尼以前天文学家对于天体视运动的观测和他们为了解释这些观测结果以使其便于推算而提出的假说。第二期里有为哥白尼由这些视运动观测所推出的地球绕自身的轴自转与绕太阳公转和开普勒所发现的行星运动定律。最后，第三期里牛顿在这些定律的基础上提出万有引力原理，且许多数学家将分析数学应用于这原理，推导出一切天文现象和行星、卫星与彗星运动上的许多差数。于是天文学变成了用力学解答的一个重大问题，天体运动的根数是力学方程式里的任意常数。力学得以十分确定地解释大量的各种天文现象，而且解释这些现象的原理又是异常简单。我们绝不害怕新发现的天体会否定这个原理，我们可以预先肯定它的运动必然遵循这一原理：这便是我们从天王星与新发现的 4 颗小行星上所看到的，而且彗星的每次出现，为我们提供新的验证。

无疑，太阳系的结构是这样的：太阳是一个巨大的球，居于太阳系内一切天体运动的主焦点处，它以 25.5 日的周期绕其自身旋转；它的表面上覆盖着一层发光物质的海洋；它的外面有行星和它们的卫星在接近正圆的轨道上运动，而这些轨道和太阳的赤道的交角很小。无数彗星和太阳接近后，便运动到远距离处去。证明太阳的引力范围比我们所知道的行星系的边界还伸展得更远。太阳这颗恒星不但将其引力施于这些行星，使它们环绕它运行，而且发光和热，散布于它们上面。由于它的恩施，使地上动物与植物生长；由类比推理，使我们设想它的作用也可能在别的行星上产生类似的效果；因为我们很自然地会想到既然地球上万物如此繁荣，怎么在像木星那样大的行星上会是不毛之地呢？既然木星和地球一样，也有其昼夜和岁月，而且我们看见它上面也有变化，因而使我们想到它上面也有很活跃的力量。习惯于地球上温度的人类，好像不能生活于其他行星上面；但是对于宇宙里温度不同的星球上，不是应该有无限多种有机体去适应吗？既然环境与气候使地上的生物有如此多的种类，在其他行星及其卫星上的生物不是应有更多的种类吗？最活泼的想象力也不能肯定地回答这个问题，但生物存在于其他行星上，至少是很有可能的。

虽然行星系里各成员的根数不同，但是它们之间却有相互的关系，由这些关系使我们看出它们的起源。如果加以仔细的考察，我们便会看出它们有许多相同之点：行星皆环绕太阳在差不多相同的平面上，由西向东运行；卫星绕其所隶属的行星亦循相同的方向，且差不多与行星在同一平面上；最后，太阳和我们观测过自转运动的行星与卫星也循相同的方向差不多在其运动的平面上自转。这一方面，卫星表现一种令人注意的特性。它们的自转周期恰好等于它们绕其隶属行星公转的周期，因此它们常以相同的半球面对着其隶属的行星。这情况至少对于月球与迄今我们已知其自转的几个卫星，如4颗木卫与最外一颗土卫是这样的。

这些奇特现象绝不是没有原因的。如果运用概率计算，这些现象属于偶然的概率是1比200万亿($1:2\times10^{14}$)，这比许多我们并不怀疑的历史事件还要确定。因此，我们应当相信有一个基本原因支配行星的运动。

太阳系里另外一个同样显著的现象，是行星与卫星的轨道偏心率很小，而彗星的轨道却很椭长，太阳系里天体的轨道在大偏心率与小偏心率之外，没有中间的情形。我们不得不承认，这是有规则的因素引起的效果：机遇绝不会给予一切行星以几近于圆形的轨道；因此，这种现象必需是由于决定这些天体运动的原因使它们得到近于圆形的轨道。此外，彗星的轨道偏心率既大且它们又运动在一切方向上，这也应该是必然的结果；因为考虑到彗星的运动有些是逆行的，而且轨道与黄道的交角大多超过90°(所有为人观测过的彗星的轨道交角平均大于90°)；如果这些天体原来是任意被抛射到空间的，便应该是这样。

这个根本的原因究竟是什么呢？我在本书的最后一个附录里提出一个假说，它可能是产生上述现象的原因，但是我以保留的态度提出这个假说，因为它不是从观测或计算得出的结论。

不管真实的原因怎样，有一点是可以确定的：行星系的根数被安排得使其具有最大的稳定性(如果没有行星外的作用去扰乱它的话)。就是由于这个原因，行星与卫星的轨道非常接近于正圆，其运动所在的平面几乎相同，而且循着同一方向运行，行星系只环绕一种平均状态做微小的摆动，永远只偏离很小的量。这些天体的自转与公转的平均运动是匀速的，而且它们对于太阳的平均距离是不变的，一切长期差数都是周期性的。最大的差数是影响月球运动的差数，特别是它相对于近地点与白道和黄道的交点以及太阳的几种运动的差数；这些差数可以达到几个圆周之大，但经过很多个世纪以后，它们又会恢复原状。在这漫长的时期里，如果没有地球类球体的吸引的话，月球表面的各部分将挨次对着地球，但实际上由于扁球状的地球的引力，使月球的自转参与这些大的差数，因此不断地使月球以相同的半球对着地球，而使我们永远看不见另一个半球。同样头 3 颗木卫的相互引力开始便形成，并且维持我们所观测到的它们的平均运动之间的关系，这关系表明木卫 1 的平黄经减木卫 2 的平黄经的 3 倍，加木卫 3 的平黄经的 2 倍，常等于两个直角。由于天体间的引力，每个行星的公转周期总是相差很少；行星的轨道与其赤道的交角的变化常在很狭窄的范围之内，因而对季节的温度仅带来微小的改变。从同我们在地球上所看到的如此值得赞赏的情况相类似的观点来考察，大自然很像在行星运动的周期上做了特殊的安排，以保证它上面的生物个体的生存与种族的绵延。

主要由于行星系与卫星系受到位于其中央的巨大的太阳与本行星的吸引作成这些系统的稳定，而这些天体间相互作用和外来的引力不断地扰乱这种稳定。假使木星的作用忽然停止，则环绕它运动得很有秩序的木卫，便会立刻离散，有些环绕太阳运行在很椭长的轨道，另有些循双曲线轨道无限地离开太阳。由此可见由太阳系的仔细研究，使我们知道需有一个很强的中心力，才能维持整个体系和它的运动的规则性。

如果数学家不准备把他们的视线扩展到更远，而在自然的根本规律里去寻找表现在宇宙秩序里的现象的原因，那么只是以上这些考虑便足以解释太阳系的结构。某些现象曾被人纳入这些规律范围之内。例如地极在地面上的稳定和海水在地面上的稳定平衡这两个现象对于生物的生存都是很需要的，它们不过是地球的自转运动和万有引力的简单结果。地球因自转使它变为扁球状，而且其自转轴成为一个主轴，这样便使地上的气候与日子的长短，没有什么变化。由于重力的缘故，最密的地壳接近于地心，其平均密度超过地面的水的密度，这样便使海水得到稳定平衡，而对狂涛加以遏制。这些现象和其他好像已经得到解释的现象，使我们认为一切都依靠这些定律，只是其间的关系，有隐显程度的不同而已，对于某些隐晦难知的关系，更聪明的办法是承认我们的无知，而不要在追索我们感兴趣的事物的本源时，仅仅为了镇定我们的不安的需要，去用想象的原因说明它们。

这里，我情不自禁地指出牛顿所陷入的歧途，他就在这点上离开了他已经应用得很有成效的方法。自从这位大数学家刊布他对宇宙体系与对光的发现以来，他从事另外一种玄想，企图寻找出大自然的创造者赋予太阳系加上述的结构的根本动机何在。牛顿在《自然哲学的数学原理》的附录[①]内对于行星与卫星差不多在同一平面内，接近正圆的轨道上循相同的方向运行的奇特现象解释后，他还说："这些异常奇特的现象完全不是由于机械的原因，因为彗星在天空任何方向上、偏心率很大的轨道上运动，……太阳、行星与彗星的这种美妙的安排，只能是一位全智全能的上帝的创作。"

他在其《光学》一书的结尾处再度表达他的这种思想。假使他知道我们所证明的行星与卫星的安排的条件正是保证它们得到稳定的条件，那会使他的信仰更加坚定。他说："一种盲目的趋势，绝不能使一切行星做这样的运动，而只有一些几乎不显著的差数，这些差数可能是由行星与彗星的互相摄引而来，而且经过长时期以后，它们（差数）可能大到一个境界，需要这体系的创造者再度加以调整。"但是，他不曾想到行星的这种安排其本身岂不会是这些运动定律的一种效应吗？而且牛顿所介入的这位大智者岂不是需要另外一种更普遍的现象去支配他吗？据我们的猜测，这种更普遍的现象可能是在广袤的空间里聚集成团的稀薄的星云物质。我们不是还可以说行星系的稳定性早在大自然的创造者的意想里吗？这体系内天体的相互摄引力，正如牛顿所想到的，不能改变其稳定性；但在太空里除光以外可能还有其他流体，由于它们的阻力以及太阳发出辐射而使其质量的减少，最后应使行星的安排遭到破坏，为了维持这种安排，无疑须出现一种变革。可是居维叶[②]先生以其罕有的智慧，已经为我们证明有很多绝种的动物，它们表现在他研究过的许多化石里，这些是否表明自然界里表面看上去是很固定的东西，也有一种变革的趋向吗？太阳系虽然伟大而且重要，也不应在这个普遍定律之外；这体系的伟大是相对于我们的渺小而言，在我们眼里它是很大，但在宇宙里它却是感觉不到的一滴微尘。试追溯人类智慧的发展及其所犯的错误的历史，我们便会知道"最后因"常在我们认识的界限的前面退却。这些"最后因"，在牛顿的时代，为了解释流星，是安放在大气里的，但被牛顿搬到了太阳系的边界，因此它们在哲学家跟里是愚昧无知的说法。

莱布尼茨与牛顿就谁先发明微积分的争论中，曾激烈地批评牛顿请求神灵来调整太阳系的秩序。他说："这是认为上帝的智慧与能力是很狭隘的见解。"牛顿同样激烈地反驳被莱布尼茨赞美为永恒奇迹的前定的和谐性。他们的后代人并不承认这些虚无的假说，但承认这两位天才在数学上的成就：即万有引力的发现并把它应用到天体现象上所做的努力，永远会得到后人的称赞与感激的。

现在将我们的眼光超越太阳系转向分布在广袤空间里的无数太阳（恒星），这些太阳对于我们距离如此之远，以致在它们的中心处会看不到地球轨道的整个直径。有些星星的颜色与亮度呈显著周期性改变，它们表面上有大的斑块，因其自转，这些斑块或隐或现于我们的视线里。有些星忽然出现，异常地明亮了几个月之后又跟着消逝。例如 1572 年第谷·布拉赫在仙后座内所看见的那颗星。在很短的时间内，它的亮度超过最明亮的恒星和木星，甚至白昼可以看见。它的光线跟着衰减，16 个月后便完全不见了。它的颜色也有显著的变化，起初白色，继后橙色，终于像土星那样灰白色。在距离我们如许远处，使我们能感觉到这些变化，那么这些庞大天体上所发生的变化当是怎样的剧烈呀！它超过我们在太阳表面上所看见的变化不知若干倍，这使我们相信大自然不是永恒不变的，也不是到处一样的！这些已经看不见的星，当其明亮时，并没有改变它们的位置。因此在星际空间里有不少看不见的暗黑天体，其数目可能和看得见的星一样多。

恒星可能不是均匀地分布于空间，而是聚集成团，其中有些团可能包含几十亿颗星之多。我们的太阳和一些最亮的星可能是属于这种集团中的一个，这个集团从我们这里看去好像环绕天穹而

形成银河。我们将望远镜指向银河，在其视野里同时看见很多颗星，这表明它们在空间深处，其距离之遥远，超过天狼星与地球之间的距离千倍，因此由这些星中的大部分所发出的光线达到我们这里，需要很多个世纪的时间。在无限远的观测者眼里，银河系的外貌不过是一个小小的连续的白色光斑，因为即使在很好的望远镜里，光渗现象也会将星星之间的距离掩盖了。因此在许多星云中，有些星云可能是很多颗星的集团，在它们内部看去也像我们所看见的银河。如果想到空间里所散布的星星与星系的难以分辨，以及它们和我们之间的距离的遥远，在如此不可思议的伟大宇宙里，我们的想象力，无论怎样高超，很难看出宇宙有什么界限。

赫歇耳使用大型望远镜观测星云以追求其凝聚度的演变，而认为这种演变须在若干世纪后才能为我们所觉察。他观测的星云不只一团而是很多团，正如我们在大森林里研究树木的生长过程，由林中年龄不同的许多树木的情况，而了解个体发展的经历。赫歇耳首先观测分布在天空各部分占有相当大范围的各种集团的星云物质。他发现其中一些是具有一个或几个不很亮的核的疏散集团，另外一些中部的核比外围的星云气更亮。有些核周围的大气与外边的一个凝聚团分离，因而形成多重的星云；即由周围有大气的很邻近的几个亮核所形成的星云；有时星云物质以均匀的方式凝聚成所谓“行星状星云”。最后，还有凝聚度最大的成为恒星所组成的星云（星系）。根据这种哲学观点而分类的星云，很可能将来转变为恒星，即以前明亮的星云气成为现在的恒星。这样根据星云凝聚度的演变，可以认为从前太阳的周围有一个广大的气圈，我由太阳系的现象的考察追溯到那个时代，正如本书最后一个附录里所说的那样。循着相反的途径得到这样显著的巧合，即现时看见的星云便是太阳系从前的情况，因此我认为这种想象具有相当大的可能性。

将彗星的形成与星云的形成联系起来，我们可以将彗星看做是在若干太阳系之间飘荡的由宇宙里分布极其众多的星云物质所凝聚而成的小星云。这样，彗星对于太阳系而言，正如过客似的流星对于地球那样。彗星为我们看见时，很像星云，以致我们常把这两种天体混淆起来，只是由于彗星的运动或由于星云气出现在天空的部位，人们才能辨识它们。这假说能说明彗星愈接近太阳时，彗头与彗尾便愈加发展；彗尾虽长，但却异常稀薄，不使透过彗尾的星光变暗；并且说明彗星向四面八方运行，和轨道的偏心率很大等事实。

根据望远镜观测所提出的以上的设想，可见太阳系的运动是极复杂的。月球绕地球运行的轨道差不多是正圆；但从太阳上看这轨道便成了一系列的外摆线(圆外旋轮线)，其中心在地球轨道的周界上。同样，地球也描出一系列的外摆线，其中心在太阳围绕其所隶属的星系的重心所作成的曲线上。最后，太阳自己也描出一系列的外摆线，其中心在太阳所隶属的星系的重心，围绕宇宙重心做成的曲线上。天文学已经前进了一大步，它使我们知道地球的运动以及月球与卫星在地球及其隶属的行星的轨道上所描绘的外摆线。但是要认识行星系的一切运动需经历若干世纪，如果还要认识太阳与恒星的运功，所需时间之长当更难想象了！已经有观测给我们表明这些运动；太阳及其系内一切成员有一种向武仙座去的整体运动；但恒星的视运动，好像是它们的自行与太阳系的自行的综合效应。我们还发现很特殊的双星运动；双星从望远镜里看来是很邻近的两颗星所形成的现象，其中一星围绕他一星运动。有些双星的相对运动相当迅速，只需经过不多岁月，便可求出其运动的周期。

恒星的这一切运动，它们的视差，变星亮度的周期性变化，以及它们自转运动的周期；编制星表以记载恒星在其发光时期的位置，乃至星云形态的连续变化（其中一些已相当显著，特别是猎户座的美丽星云），这一切有关恒星的现象，当星未来天文学的主要题材。天文学的进步依靠时间与角度的测量和光学仪器的改进。前两种已经获得相当大的成就，但在仪器的改进上应多加以努力与鼓励，因为若能制成大口径的消色差透镜，无疑在巨型望远镜里我们会发现现时还看不见的天体和它们的现象，特别须将这些大型仪器安装在赤道附近的高山上空气明净的地方。

我们还须在自己所在的太阳系里作出更多的发现。天王星和它的最近发现的卫星，使我们猜测还有几颗迄今尚未发现的行星。以前人们已经想到木火两行星间应有一颗行星，以满足行星轨道之间的距离差不多按水金两行星之间的距离的 2 倍递增定律（波德定律）。这种思想导致 4 颗小行星的发现，这些小行星对于太阳的距离与这级数所要求的火木两行星间应有一颗行星的距离相差很小。木星对于这些小行星的作用，由于它们轨道的偏心率与黄道的交角之大，产生很大的差数，在天体摄动的理论上产生新的问题，更使理论得到新的发展。

在这理论里，行星根数的决定及其近似展开式的收敛性，都依靠观测精度的改善与分析数学的进步，要这样，理论才能日益精密。天体运行的多种长期差数是由它们之间的相互吸引而来，并且已为观测所看到，它们将是按世纪为单位而发展的。使用大型望远镜观测卫星，必然会改进它们的运动理论，也许还可能因此发现新的卫星，精密而众多的测量将决定地球的形状及其表面重力中的差数。整个欧洲即将布满三角测量网，而使各地区的地理位置，曲率半径和面积大小都得到确切的测定。海里潮汐涨落现象，及其在两半球上各港埠内的奇特变化，将由长期的观测并和重力理论比较而测定。于是我们才会明白地球的自转与公转是否因受它表面上的变化和很可能是由空间深处而来的陨石的冲击而发生改变。新彗星将出现，有些在双曲线轨道上运行，在许多太阳系之间飘荡；有些在椭长的轨道上运行，当其再度来到太阳附近时，它们的形态与亮度可能发生变化；我们应当对于将来出现的彗星作这一类的观测，并观测它们给予行星的摄动和它们所受到的行星的摄动，以及它们与大行星接近时可能使其轨道遭受的改变；最后还须研究行星与卫星的运动轨道，由于受恒星的引力和星际空间介质的阻力作用，而发生的改变。以上这些便是太阳系提供给未来的天文学家与数学家研究的主要题材。

天文学，由其目标的崇高与理论的完善，是人类精神的最美好的成就，也是人类智慧的卓越作品。由于受了感官的幻觉与自负心的诱惑，许多年代里人类以为自己是天体运动的中心，他们的虚妄遭到天象使他们恐惧的惩罚。但是经过几个世纪的研究才揭开遮蔽人们正视宇宙体系的帘幕。于是人们才认识自己居处在太阳系里差不多看不见的一颗行星上，而太阳系在广大无边的空间里不过是一个不能觉察的小点。这发现所导出的最崇高的结果，使人们坦然正视它所赋予地球的地位，并表明人类虽然在极渺小的基地上测量天体，而人类自身是何等的伟大！让我们维护并增进这些深奥知识的宝库，和由思想得到的幸福与快乐。这些知识既给予航海术与地理学以重要的贡献；但它更大的益处在于解除天象引起我们的恐惧，且摧毁由于我们对于自然界的规律的无知所产生的错误；假使科学的火炬一旦熄灭，这些谬见与恐惧又会迅速回来的。

## 注　释

①这附录不见于这巨著的第一版内，这说明牛顿在那时还只专注于数理科学的研究。可惜他过早地放弃了这种科学研究，这对于科学和他自己的荣誉是不幸的。

②居维叶（G. Cuvier，1769—1832），法国动物学家、比较解剖学的奠基者。——译者

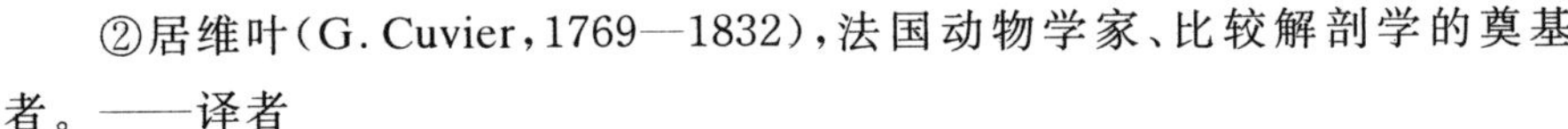

# 附录一

耶稣会会员哥俾尔是精通中国天文学的一位传教士，曾刊布过一些有关中国天文学史的文章。他在《虔敬信札》第二十六卷中再度讨论了这历史的古代部分。我在 1809 年的《法国天文年历》中也刊布这位传教士的可贵手稿，题目是中国在二至日太阳中天时对于圭影长度的观测。在这些文章内，我们得知周公观测用的 8 尺(中国尺)之表建立在河南省洛阳城。他首先仔细地在地上绘出一条子午线并将日影照射的地面铺成水平。他测得中天日影的长度在夏至日为 1 尺半，冬至日为 13 尺。由这些观测可算出黄赤交角，但应加入几个改正数。最大的一个是太阳半径的改正，因为圭影的末端表示太阳上边缘的高度，为了得到太阳中心的高度须从上边缘的高度减去视半径。奇怪的是古代观测者，即使亚历山大学派的天文学家，也忽视了这个如此需要与如此简单的改正数，这样便会在地理纬度上产生大约等于太阳视半径那样大小的误差。第二个改正数是天文折射(蒙气差)，由于这是没有经过观测的，可假定是对应于气温 10℃，气压为 0.76 米水银柱压时的数值，而不会有显著的误差。最后，第三个改正是太阳的视差，即将观测由地面归算到地心的改正。使用这三个改正值于上述的观测，求得太阳中心对地心的高度，在夏至日为 79°.1144，在冬至日

为 31°.3132。由这两个高度求得在洛阳的北极高度(即纬度)为 34°.7862,这与教士们对于该地纬度的观测的平均结果符合;并由此算出周公时代黄赤交角为 23°.9007,我们估计周公的时代是公元前 1100 年间,而不致有大的出入。使用我的《天体力学》第六篇里的公式算出那时的黄赤交角应为 23°.8645。若是考虑到行星的质量还未确定,圭影观测的误差,特别是由于半影使本影不易确定,两者之差约 130″,应该看做是很小的。

周公还观测过冬至点相对于恒星的位置,他测定冬至点距离中国星座女宿(始于宝瓶座 ε 星)两个中国度。中国人对圆周的划分法是使其与每年内的日数相等,即使得太阳在黄道上每天经过一度,如果周公时代之年为 365¼ 日,则两个中国度相当于现今的 1°.9714。当时星的位置用赤道坐标表示,据观测这颗星的赤经为 268°.0286,根据《天体力学》公式推出它在公元前 1100 年的赤经应为 268°.8538。为了消除这 2971″之差便须上溯 54 年,即观测时期当在公元前 1154 年;如果考虑到周公观测的年代既不确定,而且观测本身也不很确切,这个差不算是很大。在冬至发生的时刻上亦有误差;但最大的误差恐怕在于将冬至点关联到宝瓶座 ε 星的方法上。不管周公利用了这颗星与太阳过中天之间的时刻差,或是在月食时测量了月亮与这颗恒星之间的角距离。这是中国天文学家所用的两个方法。

# 附录二

迦勒底人由于长期观测发现在19756天内有669个朔望月(即对于太阳的会合周期),717个近点月(即对于近地点),726个交点月(即对于黄白两道的交点)。他们在日月两星的位置上加入4/45个圆周,便可在这期间得到723个恒星月,和54个恒星年。托勒密曾谈到这个周期,认为是古代天文学家的发现,但没有提到迦勒底人,但苏拉时代的天文学家吉米吕斯(他给后人留下一本《天文学纲要》)说无疑这是迦勒底人的贡献。他不但说这周期是迦勒底人的发现,而且还谈了他们怎样计算月亮的位置与近地点间的角度。他们假设在月亮运动从最小到最大速度之间,它的角速度在半个近点周内每日加速1/3度,在另半个近点周内,它同样地减速。可是他们却将原应是与月亮的近点角的余弦成正比的增率误为均匀的加速了。虽然有这种错误,但是以上所说的那个方法,却不能不归功于迦勒底天文学家的智慧。这是亚历山大学派创立以前所遗留下来的仅有的卓越成就。上面所说的那个周期是假定恒星年的长度很近于365¼日;至于阿耳巴塔尼所说迦勒底以恒星年为365.2576日,只能属于喜帕恰斯以后的数值。

# 附　录　三

在古希腊地理学家斯塔朋(Strabon)所著的《地理学》第二篇第四章内，他说，据喜帕恰斯说在拜占庭[①]，表影与表长之比和皮西亚斯在马赛所观测的结果相同，在同一篇第五章内又说据喜帕恰斯，夏至日在拜占庭表影与表长之比是 41⅘ 与 120 之比。无疑，托勒密是根据这个观测，在《至大论》第二篇第六章内将一年中最长白昼的长度 5/8 天文日的纬圈作为通过马赛的纬圈，这便是夏至日太阳中天时表影与表长 41⅔ 与 120 之比。皮西亚斯至迟是亚里士多德的同时代人，因此将他的观测认为是在公元前 350 年，不至于有大的误差。作天文折射、太阳的视差和太阳的半径改正之后，求得夏至日在马赛太阳中心的天顶距为 $19^{\circ}.4747$。马赛天文台的纬度是 $43^{\circ}.2969$。如果在这数字里减去以上的天顶距，则得皮西亚斯时代的黄赤交角为 $23^{\circ}.8222$。这个数字与周公时代所测得的数字比较已显得有所减少。由《天体力学》的公式算出公元前 350 年黄赤交角为 $23^{\circ}.7685$。这个计算结果与皮西亚斯的观测结果之差 $193''$，已在这一类观测误差的界限之内了。

**注　释**

①拜占庭，君士坦丁堡的古名。——译者

# 附　录　四

喜帕恰斯通过比较很多月食观测得出：1°在 $126007^1/_{24}$ 日内月亮对于太阳运行 4267 周，对于近地点运行 4573 周，对于恒星运行 4612 周，但少了 7°.5；2°在 5458 个会合周（朔望月）里，月亮对于其轨道的交点运行 5923 周。根据这些数字，在 $126007^1/_{24}$ 日内月亮的运动有如下的结果：

对于太阳 ………………… 1536120°
对于近地点 ……………… 1546280°
对于轨道交点 ………… 1666991°.60431

月亮的这些运动的数值和近代观测的全部数据比较，很明显地表现出它们里面有由引力理论而来的加速度。人们决定了本世纪的起始时刻（即 1800 年），事实上这些运动的数值，在上述的 $126007^1/_{24}$ 日内，以上所举的三个量分别增多了 +860″.9，+3558″.1与 +140″.2。自喜帕恰斯至现今，这三种运动上的加速度是明显的，而且我们可以看出月亮相列于太阳的运动的加速度小于它相对于近地点的运动的加速度约 4 倍，然而它比月亮相对于交点的运动的加速度大很多；这与引力理论大致符合，按引力理论计算，这三者之比应是：1∶4.70197∶0.38795。喜帕恰斯认为巴比伦城在亚历山大城东方 2913 秒。据博尚① 的观测，巴比伦城还在东方 481 秒，这该是由于喜帕恰斯从他本人和迦勒底人的观测之比较而定出的月亮的平均运动稍有增加而造成的。

托勒密没有给我们留下喜帕恰斯关于月球运动的历元，但是他对于这些运动所作的改变很小，且他常说他的结果与喜帕恰斯的观测有接近的趋势，因此允许我们设想喜帕恰斯的历元与托勒密星表的历元相差很少；这历元便是拿朋拿萨尔[②]历元，即公元前 746 年 2 月 26 日，亚历山大城平正午那时：

月亮的角距离对于
- 太　阳　　$70^{\circ}.6167$
- 近地点　　$88^{\circ}.8167$
- 升交点　　$84^{\circ}.2500$

如果只根据近代的观测所测定的对应于本世纪起始时刻的月亮平均运动，上溯到上述那个历元，又如果与最近的观测符合，更假设亚历山大城在巴黎之东 6680 秒，于是求得的以上这三种角距离的数值分别比上列数值小 $-1^{\circ}.4684$，$-6^{\circ}.8912$ 与 $-0^{\circ}.7384$。这些差数太大，不能认为是由于古代或现代观测的误差，因此无可辩驳地证明月亮的运动里有加速度的存在，因而必然出现长期差。日、月之间角距离的长期差（因为太阳的平运动是匀速的，所以这长期差与月球的平运动的差数相同），在拿朋拿萨尔的历元时刻是 $1^{\circ}.8432$。欲得到在同一历元月球对近地点与对轨道升交点的角距离的差数，应将以上的数字分别用 4.70197 与 0.38795 乘之。这样这三个长期差数便分别为：$1^{\circ}.8432$，$8^{\circ}.6669$ 与 $0^{\circ}.7150$；将这三个差数加在以上三个差值里，于是上述三个差值便减小成以下三个数：$+1349''$，$+6393''$与 $-84''$。经过这样归算以后，尚余的这些差值便可以认为是由于古代和近代的观测误差；因为，例如将由布拉德累的观测所决定的交点的平均长期运动与近些年来(即近半个世纪内)的观测比较,在它的数值上至少还有约 $0'.3$ 的不确定。

## 注 释

①博尚(P.J.de Beauchamp,1752—1801),法国天文学家。——译者

②拿朋拿萨尔(Nabonassar),迦勒底国王,公元前 747—前 734 年在位。——译者

# 附 录 五

马孟的天文学家，从他们的观测求得太阳的最大中心差为1°.9833，比我们现今的数字大212″。阿耳巴塔尼、伊本－尤尼斯与其他许多阿拉伯天文学家们所求得的结果和这数字相差不远，这无可辩驳地证明自从那时至现今，地球轨道的偏心率在减小中。这些天文学家也求得太阳远地点的黄经在公元830年等于82°.6500，这与数学家根据引力理论所推出的对应于那时的数值(82°.842)大致符合。由引力理论求得的太阳远地点对于恒星的周年运动为11″.81而与以上所说的这一观测所给出数值只差0″.65。最后，将他们对于二分点的观测和托勒密的观测比较，求得同归年之长为365.240706日。在803年前不久(即《校正星表》编成前25年)，阿拉伯天文学家阿耳尼瓦亨迪(Alnewahendi)将他的观测和喜帕恰斯的观测比较，求得更精确的回归年长度为365.242181日。阿拉伯天文学家一致认为黄赤交角是23°.5833，但这结果受到当时的错误的太阳视差的影响，这点至少据伊本－尤尼斯的观测，是可以肯定的，他做了错误的太阳视差和天文折射的改正之后，定出公元1000年代的黄赤交角之值为23°.5739。据理论算出这个角在那个时期应是23°.5808，两者之差为－25″，这是在阿拉伯人观测误差的范围之内的。伊本－尤尼斯的天文表的

历元证实月球运动有长期差；木星与土星的大差数同样为这些历元和这位天文学家在开罗所观测的这两颗行星的合所证实。这个观测是阿拉伯天文学家最重要观测之一，发生于 1007 年 10 月 31 日巴黎平时 0.16 日。伊本-尤尼斯发现那时土星的地心黄经比木星的黄经大 1440″。布瓦尔先生根据我的理论和布拉德累、马斯克利恩与英国皇家天文台的全部观测所编制的星表给出这超差为 1682″，观测与计算间之差仅是 242″，比这种观测可能有的误差还小。

# 附　录　六

郭守敬对圭表在太阳中天时的影长观测，载入1809年的《法国天文年历》，它们给出1280年太阳运动的最大差数为1°.9583，比现今的数字大122″；还给出同年的黄赤交角为23°.5340，比现今的数值大245″。由此可见这两个根数的减小为这些观测所证明。

乌鲁伯格对于黄赤交角的观测经过天文折射与视差的校正之后，给出其于1437年之值为23°.5300；比以上的数值小，这是应该的，因为这两个观测的历元相差157年。下表明显地证明黄赤交角在2900年间的逐渐变小：

| | 黄赤交角（观测值） | 黄赤交角的观测值－理论值之差 |
|---|---|---|
| 周公（公元前1100年） | 23°.9007 | 130″ |
| 皮西亚斯（前350年） | 23°.8222 | 193″ |
| 伊本－尤尼斯（1000年） | 23°.5739 | －25″ |
| 郭守敬（1280年） | 23°.5340 | －20″ |
| 乌鲁伯格（1437年） | 23°.5300 | 42″ |
| 1801年 | 23°.4659 | |

# 附　录　七

由前章所叙述的，我们可以根据下列五个现象去追溯行星系原初运动的原因：(1)行星按相同的方向且差不多在同一个平面上运动；(2)卫星运动的方向与行星相同；(3)行星、卫星与太阳的自转运动和它们的公转运动有相同的方向，而且它们的赤道面相距很近；(4)行星与卫星的轨道的偏心率很小；最后，(5)彗星轨道的偏心率大，而且与黄道面的交角也大，两者都是任意的。

据我知道，自宇宙体系的真实情况发现以来，只有布封[①]曾企图追溯行星和卫星的起源。他假想从前有一个彗星坠落在太阳上，将物质的洪流碰溅到远方去，在距离太阳不等处再集合为大小相异的球体；这些球体上的物质后来冷却，变为暗黑的固体，因而形成行星与卫星。

这个假说只能适合上述5个现象中的第一个，因为，很明显，这样形成的一切天体应该大约在通过太阳中心与产生这些天体的物质洪流的方向的平面内运动；其他四个现象据我看便不能根据这个假说去解释了。实际上，行星的分子的绝对运动应该指向其重心运动的方向；但不能由此得出行星的自转运动也在相同的方向上，例如地球可能由东向西自转，但其每个分子的绝对运动却是由西向东，这也应适用于卫星的公转运动，据这个假说，其方向不一定和行星的公转运动方向相同。

还有一个现象，即行星轨道的偏心率小，不但据布封的假说很难解释，而且和由这假说推出的结果恰好相反。由向心力原理知道，如果有一物体围绕太阳运动，原来是掠过其表面出去的，每转一周之后它会回到原来出发点去；因此，如果行星原先是从太阳分离出去，当它们每次转向太阳时，便会和太阳接触，于是它的轨道不会是正圆，而是偏心率很大的椭圆。事实上，从太阳逐出的物质洪流不能确切地比拟为掠过其表面的一个球体；这洪流里各部分彼此所受到的冲力与相互的引力可以改变它们的运动方向，因而使它们的近日点远离太阳。但是它们的轨道应该是很椭长的，至少也只该由最奇特的偶然遭遇才作成这样小的偏心率。最后，在布封的假说里，我们不能了解为什么已观测过的一百多颗彗星的轨道都很椭长，可见这假说很不适合以上所说的现象。我们试研究是否能追溯出行星系起源的真正原因。

不管原始物质的性质怎样，因为它产生或支配行星的运动，它便应包含一切行星，而且由于行星之间的距离很大，原始物质只能是范围极其广大的流体。要使行星环绕太阳在差不多是正圆的轨道上、循相同的方向运动，这流体应是围绕这颗星（太阳）的大气。因此由行星运动的研究使我们想到太阳的大气，由于其所具有的高温，原先的分布必然远远超出所有的行星的轨道之外，以后不断地收缩以至现今的边界。

在我们所假想的太阳的原始状态里，它像我们在望远镜里所看见的星云，它是周围有星云气的，或亮或暗的一个核所构成。当周围星云气向核的表面凝聚时便变成一颗恒星。如果按类比推理，认为恒星都是这样形成的，我们可以想象在上述星云气状态以前，还有其他状态，星云物质愈早愈弥散，而核心也愈早愈暗淡。追溯到尽可能早的时候，便可达到异常弥散的星云气，以致我们几乎怀疑其存在。

有些肉眼可见的恒星的奇特分布，多年来已引起有科学思想的观测者注意。米切耳[②]已注意到昴星团里恒星密集于狭小空间之内，很少可能只是由于偶然的机遇，他断定这群恒星和天空中类似的星团，为一个根本原因或自然界的普遍规律所造成的结果。这些星团是由有几个核的星云凝聚的必然结果；因为显然，星云物质不断地为几个核所吸引，终于会形成像昴星团那样的一群星。同样，有两个核的星云可以凝聚成两颗很邻近的恒星，彼此围绕其公共重心运转，这便是我们已经认识其运动的双星。

可是，太阳的大气怎样会决定行星和卫星的自转与公转运动呢？如果这些物体深入太阳的大气里，它们受到大气的阻力便会坠落于太阳上面，于是我们可以猜测行星由离太阳远处的几重环圈上的气体凝聚而成，冷却时它们便在太阳的赤道面上分离出去。

现在回头去看第六篇第六章所叙述的结果。太阳的大气不能伸展到无限远；它的极限在由其自转而来的离心力和重力取得平衡之处，随着冷却使大气收缩且使邻近太阳表面的分子凝聚于其上面，自转运动的速度便增加；依据面积定律，太阳上及其大气内每个分子的向径所扫过的面积在其赤道平面上的投影的总和是一个常数，因而当这些分子愈接近太阳中心之时，自转运动便应该愈加迅速。由于这运动而来的离心力因此变得愈大，于是离心力和重力平衡之处愈接近这个中心。这样，我们自然可假设在某一给定时期太阳大气伸展到它的极限处，冷却时大气应该抛弃其极限处的分子和由于太阳自转加速而挨次产生的那些极限处的分子。由于它们的离心力和重力取得平衡，这些被抛出的分子仍然继续围绕太阳做圆运动。但是这种平衡的情况不会发生于太阳赤道面附近的纬度圈上的大气分子里，因为这些分子由于重力，当大气愈收缩时，愈和太阳表面接近，因此它们不能离开太阳面，而且由于这运动，这些大气分子趋近于太阳的赤道面。

现在讨论挨次被抛出去的气体环圈。这些气体很可能由于其凝聚与分子间的相互引力，而形成围绕太阳运行的许多个同心气环。每个气环里分子间的相互摩擦应该使其中一些分子加速，另一些分子减速，直至它们一起得到同样的角速度。于是距离太阳中心愈远的分子具有愈大的线速度。下面那个原因还应使速度的差异更大。离太阳最远的分子，由于冷却与凝聚，便互相接近，以形成气环的外部，又因这些分子所受的力常指向太阳，是一种向心力，所以它们所扫过的面积与时间成正比例；可是当分子愈互相接近时，保持这个面积常数须使运动速度加快。据相同的原因，近于内部而腾向气环以形成其内层的分子的速度应该减少。

如果一个气环里的所有分子继续凝聚不散，它们终于会形成一个液体或固体的环圈。可是，在气环的各部分和冷却的历程里，这种形成所需要遵循的极其严格的规律，使得这种现象极其稀罕。太阳系里只出现了唯一的例子，即土星的光环。每个气环一般破裂为若干个物质团，以差不多相同的速度，继续在等距离处围绕太阳运行。这些物质团可能形成扁球，具有与公转方向相同的自转运动，因为其内部分子比外部分子的线速度小的缘故。因此这些分离出去的团块物质形成几个气态的行星。但是，如果其中一团的引力足够强大之时，它将持续地吞并其周围的其他气团，于是气环终于形成唯一的气体扁球，围绕太阳公转，更循公转的方向自转。这是最常见的情况；但是太阳系里也出现一个特殊的例外，即在木火两行星之间运行的4颗小行星，除非采取奥耳贝斯[③]先生的看法，认为这4颗小行星原来是一颗大行星爆炸而分裂成的几颗速度不同的小天体。

现在，再回头看刚才说过的其形成经过气体阶段的行星，由于其表面冷却所发生的进一步变化，我们看到每颗行星的中心处产生一个核，因周围大气不断凝结而增大。在这状态里，行星很像以上讲过的处于星云状态的太阳；因此冷却时应在其大气的几个环圈上产生和以上讲过的类似现象，即按行星自转的方向围绕行星中心运动的气环和卫星，且沿同一方向自转。土星光环里的物质围绕其中心有规律地分布在土星的赤道平面上，便是这假说的自然结果，否则这现象便得不到解释；据我看，土星的几圈光环是其大气的原始范围的遗迹与大气的逐次收缩（退却）的证据。总之，行星与卫星的轨道偏心率小和它们与太阳的赤道而的交角也小，以及它们的自转与公转运动的方向都和太阳自转的方向相同，这一切奇特现象都是我们所提出的假说的必然结果，因而表明其有很大的可能性，这可能性还可由下述的讨论而得到加强：

按照这个假说，围绕行星运动的天体是由行星的大气挨次抛出的气体环而形成的，行星的自转运动愈来愈快，运动的周期小于这些不同的天体的公转周期，这正类似于行星与太阳比较时的情况[④]。这一切都得到观测的证实。土星的最内一圈光环的周期根据赫歇耳的观测是 0.438 日，而土星的自转周期只有 0.427 日。两者之差 0.011 日虽不大，但却是应该的，因为土星的大气因冷却而分布在其表面上的一部分，自从光环形成以来由于其分量不多，而且距离土星表面很近，它应该使土星的自转稍微加快一点。

假使太阳系完满无缺地遵循这些规律而形成，则系内各成员星的轨道必然是正圆的，而且其轨道平面及其赤道平面和光环都与太阳的赤道面相合。但是由于无数的变异因素，如这些大气团物质各部分的温度和密度可能有的差异，因而产生轨道的偏心率和轨道平面与太阳的赤道面发生偏离。

在我们的假说里，彗星是行星系以外的客体。我们讲过，彗星可以看作是许多太阳系之间飘荡的，且由空间里分布很多的星云物质所形成的小星云，当它们来到太阳的引力作用范围那部分空间时，太阳便迫使它们在椭圆或双曲线轨道上运行，因为它们的速度可能指向各方，故彗星循各方向运动，并与黄道形成任何交角，这些都与观测的事实符合。根据以上对于行星与卫星的自转与公转运动循相同方向且差不多在同一平面上，是由于星云物质的凝聚而形成的解释，也可以说明为什么彗星的运动不符合这个普遍规律。

彗星轨道的偏心率大，也是我们假说的一个结果。如果它们的轨道是椭圆的，这些轨道必然很椭长，因为这些椭圆的长轴至少等于太阳的作用范围的半径。这些轨道也可能是双曲线的，因为这些双曲线的轴，若对于地球—太阳间的平均距离而言，不算很长，则它们的运行轨道显著地以双曲线出现。可是，据已经知道轨道根数的一百颗彗星，没有一颗像是在双曲线轨道上运行的；因此作成显著双曲线轨道的机遇对于其相反的情况而言，异常稀罕。彗星很小，因为它们只有当其近日点距离不大时才能看到。迄至现今，彗星的近日距不超过地球轨道直径的2倍，经常还不及这轨道的半径。由此可见要这样接近太阳，在进入太阳的作用范围时彗星的速度的大小和方向应在一个狭窄的界限之内。在这个界限内用概率分析计算，形成显著双曲线轨道的机遇与形成易于同抛物线相混淆的双曲线轨道的机遇两者之比，据我所得至少是6000：1。原来进入太阳作用范围的星云能够为人看见之时，一般在椭长的椭圆或双曲线轨道上运行，但由于这双曲线的轴长，在我们看见的那部分轨道明显地与抛物线相混淆，由此可见迄至现今我们没有观测到双曲线轨道的彗星是不奇怪的。

行星的摄引力和以太介质的阻力可能将一些彗星轨道(其长轴比太阳作用范围的半径短得多的)改变为椭圆；这改变也可能由两个彗星相遇而造成；因为根据我们关于彗星形成的假说，太阳系里应有很多彗星，只有那些很接近太阳的才可以观测到。我们相信1759年出现的那颗彗星的轨道(其轨道长轴只是地球—太阳间的距离的35倍)便是经过这种改变的。此外如1770年与1805年的彗星的轨道还经受过更大的改变。

如果彗星形成时曾经深入太阳和行星的大气，它们便应循螺旋线而落在这些天体上，这种冲击可能使行星的轨道平面与赤道平面偏离太阳的赤道面。

如果从太阳大气抛出的物质里有容易挥发的分子，不能互相结合或与行星结合，当其继续围绕太阳运行时，它们便应该表现为黄道光，因其异常稀薄或它们的运动同它们相遇的行星的运动极其接近，所以不会受到行星系内其他成员的阻抗。

如果对于太阳系的一切情况加以深入的研究，我们的假说便会显得愈有可能。行星的原始形态是流体的，这清楚地表现于它们的扁球形状，也符合于它们的分子间相互吸引的定律；对地球而言，由赤道至两极，重力有规律地减小，也是一个证据。由天文现象上溯至原始的流体状态，也表现于自然历史（博物学）的现象里。可是要在那里去寻找这些现象，便须考虑混合在气态中的一切地上物质，当温度降低使它们的元素结合起来时，所形成的无数种类化合物，其次还须考虑温度降低后，在地球内部与表面，在其一切产物里，在大气的组成与压力里，在海洋里，在它所溶解的物质里，所引起的不可思议的复杂变化。最后还须考虑突然的变化，例如火山的大爆发，在不同的时期，会扰乱这些变化的规律性。由此看来，把地质学与天文学联系起来，就可能在许多事物上得到确实和恰当的结果。

太阳系里最奇特的现象之一是由观测发现每颗卫星的自转与公转的角运动严格的相等性。完全可以肯定这不是偶然的效应。万有引力理论向我们极其确切地表明，如果起初这些运动相差很少，便会产生这种奇特现象。于是行星的摄引力在两种运动之间建立起完全相等性，可是同时它也在卫星的轴上产生指向行星的一种周期性的振荡，这振荡的幅度由这两种运动的原始差异而决定。默耶尔对于月球的天平动的观测，以及由我的请求布瓦尔和尼科勒两位先生所作的同样观测，都没有找到这种振荡，因此造成这振荡的这两种运转的差异当是很小的，可以看作真有其事地说，有着一个特殊的原因，首先把这差异限制于非常狭窄的限度，在这限度之内，行星的摄引力便能够使自转与公转的平均运动严格地相等；而这原因最终消灭了由这相等性所产生的振荡。这些效应的两个方面都是我们的假说应有的结果；我们可以理解气态中的月球由于受到地球的强大引力而形成椭长的扁球，其长轴应不断地指向地球，这是由于气体受到作用于它的微小力便会屈服的缘故。只要月球处于流体状态里，地球的引力以同样方式继续作用，终于会使月球的这两种运动不断地接近，使两者的差值减少到限度之内，而开始建立起它们之间的严格相等性。跟着引力便应逐渐消灭月球类球体的长轴（它指向地球）由这种等时性所产生的振荡。也正是这颗行星（地球）表面所覆盖的流体，由其摩擦力与阻力消灭了其自转轴的原始振荡，地球自转轴现在只有太阳和月亮的作用所造成的章动。这也使我们易于了解卫星的自转与公转运动的相等应阻碍其大气再产生环圈和第二级卫星。迄今观测也没有发现类似的情况。

木星的头3颗卫星还有一种比上述现象更奇特的现象：即木卫1的平黄经减木卫2的平黄经的3倍加木卫3的平黄经的4倍等于两个直角。这等式的成立绝非由于偶然。但是要造成这一等式，这3颗木卫的平均运动起初便须接近这样一个关系：即木卫1的平均运动减木卫2的平均运动的3倍加木卫3的平均运动的2倍应为零。于是它们的相互引力便能严格地建立起这个关系，而且使木卫1的平黄经减木卫2的平黄经的3倍加木卫3的平黄经的2倍恒等于半个圆周（即两个直角）。同时这些引力更产生同这些平均运动起初对于以上所说的关系的偏离有关的一种周期性差数。无论德朗布尔怎样仔细地去寻找这个差数，可是他没有找到。

这说明这差数异常之小。因此这很可能是它消逝的原因。据我们的假说，木卫一旦形成后绝不是在完全真空里运行；太阳与行星的原始大气里最不易凝结的分子形成稀薄的介质，其阻力对每个木卫是不同的，这阻力可能逐渐使它们的平均运动接近所说的关系，且当这些运动因而达到必要的条件以使这3颗木卫的相互引力严格地建立这个关系之时，相同的阻力不断地减少这关系所产生的差数，而终于使它小到不能觉察。最好将这些效应比拟为以高速度在很小阻力的介质里运动的摆。起初它运行很多圈；但这圆运动不断变小，变为一种振荡运动，而这种振荡又因介质的阻力越来越减小摆幅，以至停止，于是这个摆在达到静止状态之后，便继续保持这种状态而不再运动了。

## 注 释



①布封(Leclerc de Buffon，1707—1788)，法国博物学家，进化论的先驱。——译者

②米切耳(John Mitchell，1724—1793)，英国天文学家，首先说明有星团的存在。——译者

③奥耳贝斯(H. Olbers，1758—1840)，德国天文学家，曾发现几颗小行星，首先用物理方法研究彗星，并发明计算抛物线轨道的方法。——译者

④开普勒在其《火星运动论》中，用从太阳表面发出的非物质的因素，解释一切行星循相同方向的运动，他说这些因素保存了它们在太阳表面上的自转运动，而将这运动赋予行星。他断定太阳自转的周期应比水星的公转周期短。伽利略由观测立刻证实了这个推断。无疑，开普勒的假说是不能成立的，但可注意的是，他将行星公转的方向与太阳自转的方向同等看待，这种倾向显得异常地自然。

**图书在版编目(CIP)数据**

宇宙体系论/(法)皮埃尔·西蒙·拉普拉斯著;李珩译.—北京:商务印书馆,2017
(汉译世界学术名著丛书:120年纪念版:珍藏本)
ISBN 978-7-100-14733-0

Ⅰ.①宇… Ⅱ.①皮… ②李… Ⅲ.①宇宙学—研究 Ⅳ.①P159

中国版本图书馆CIP数据核字(2017)第159833号



汉译世界学术名著丛书
(120年纪念版·珍藏本)
**宇宙体系论**
〔法〕皮埃尔·西蒙·拉普拉斯 著
李珩 译
何妙福 潘鼐 校

商务印书馆出版
(北京王府井大街36号 邮政编码100710)
商务印书馆发行
北京市松源印刷有限公司印刷
ISBN 978-7-100-14733-0

2017年12月第1版 开本710×1000 1/16
2017年12月北京第1次印刷 印张30¾
定价:155.00元